T0225221

Molekulare Populationsgenetik

Wolfgang Stephan · Anja C. Hörger

Molekulare Populationsgenetik

Theoretische Konzepte und
empirische Evidenz

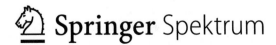 Springer Spektrum

Wolfgang Stephan
Biozentrum Martinsried
Universität München
Planegg-Martinsried, Deutschland

Anja C. Hörger
Fachbereich Biowissenschaften
Universität Salzburg
Salzburg, Österreich

ISBN 978-3-662-59427-8   ISBN 978-3-662-59428-5   (eBook)
https://doi.org/10.1007/978-3-662-59428-5

Die Deutsche Nationalbibliothek verzeichnet diese Publikation in der Deutschen Nationalbibliografie;
detaillierte bibliografische Daten sind im Internet über http://dnb.d-nb.de abrufbar.

Springer Spektrum

Planung/Lektorat: Sarah Koch

Springer Spektrum ist ein Imprint der eingetragenen Gesellschaft Springer-Verlag GmbH, DE und ist
ein Teil von Springer Nature.
Die Anschrift der Gesellschaft ist: Heidelberger Platz 3, 14197 Berlin, Germany

für Evelyne, Aurélien und Ariane

Vorwort

„Evolution" ist ein Begriff, der aus dem Lateinischen kommt, und die zeitliche Veränderung von Eigenschaften einer Population von Organismen beschreibt. Diese Veränderungen können in der Vergangenheit stattgefunden haben, aber auch in die Gegenwart hineinreichen. Manche dieser Veränderungen erfolgen sehr schnell, wie z. B. die Entwicklung von Insektizidresistenz. Andere evolutionäre Veränderungen aber sind extrem langsam und geschehen auf einer Zeitskala von Hunderten Millionen bis Milliarden von Jahren, wie die Entstehung von mehrzelligen Lebewesen aus Einzellern. Die Populationsgenetik beschäftigt sich mit Veränderungen, die auf einer relativ kurzen Zeitskala stattfinden, und zwar innerhalb des Lebensalters von Populationen oder zwischen nah verwandten Arten. Ihr Ziel ist es, diese Veränderungen auf der Grundlage der Genetik zu erklären. Der Fokus der molekularen Populationsgenetik liegt dabei auf der genetischen Information, die in der DNA enthalten ist.

Für alle evolutionären Prozesse gilt, dass genetische Varianten, die anfangs selten sein mögen (z. B. neue Mutationen), entweder relativ bald verloren gehen oder sich unter den Individuen einer Population durchsetzen, sodass sie eine hohe Frequenz erreichen und die Population sich dadurch vom anzestralen Zustand unterscheidet. Die Aufgabe der Populationsgenetik ist es, die Mechanismen zu identifizieren, die einen solchen Frequenzanstieg ermöglichen oder verhindern. Zu diesem Zweck wurden Methoden entwickelt, die sich stark von Verfahren aus anderen Gebieten der Biologie unterscheiden. Insbesondere sind hier die mathematischen Modelle zu nennen, die seit Anfang des letzten Jahrhunderts benutzt werden, um evolutionäre Prozesse quantitativ zu beschreiben. Eine wichtige Aufgabe dieses Buches ist es, zu zeigen, wie Modelle uns helfen können, evolutionäre Prozesse zu verstehen.

Diese Modelle werden in diesem Buch stets im Zusammenhang mit einer biologischen Fragestellung präsentiert und analysiert. Unser Ziel ist es, auf diese Weise einen Überblick über die wichtigsten Konzepte der molekularen Populationsgenetik zu vermitteln, ohne die Anbindung an die Errungenschaften der klassischen Populationsgenetik zu vernachlässigen. Wir gehen bei dieser Unternehmung davon aus, dass Grundkenntnisse sowohl aus der klassischen Genetik als auch der Molekularbiologie vorhanden sind. Wir erwarten aber nicht, dass alle Studierenden und Leser dieses Buches mit den Grundlagen der Mathematik und Statistik vertraut sind, um die theoretischen Ableitungen und Datenanalysen zu verstehen. Wir haben deshalb am Ende des Buches im Kap. 13 das nötige Grundwissen der elementaren Mathematik, Wahrscheinlichkeitstheorie und Statistik bereitgestellt.

Die mathematischen Ableitungen, die in der Regel in **Boxen** dargestellt werden und dadurch vom Haupttext getrennt sind, können mithilfe von Kap. 13 durchgearbeitet werden. Zusammen mit den **Übungen** soll dadurch das Verständnis der Modelle und theoretischen Konzepte der Populationsgenetik wachsen. **Lösungsvorschläge** zu den Übungen werden im **Anhang** des Buches angeboten. Der Haupttext, der die Modelle und Konzepte zusammen mit den jeweiligen Fragestellungen verbal beschreibt und daraus Schlussfolgerungen zieht, kann aber gelesen und verstanden werden, ohne auf die Boxen und Übungen einzugehen.

Unser Buch ist in erster Linie für Studierende der Evolutionsbiologie geschrieben. Die Zielgruppe umfasst Studierende, die fortgeschrittene Bachelor-Kurse oder Veranstaltungen auf dem Master-Level besuchen und ein Interesse an den genetischen Grundlagen der Evolution entwickelt haben. Daneben dient das Buch beginnenden Doktorandinnen und Doktoranden, ihr populationsgenetisches Wissen aufzufrischen. Auch Wissenschaftler aus anderen Fachgebieten, wie der Bioinformatik und Humangenetik, die sich mit einzelnen Themen der Populationsgenetik vertraut machen möchten, sollen von der Lektüre dieses Buches profitieren können. In einem **Glossar** am Ende des Buches sind die wichtigsten Grundbegriffe der Populationsgenetik zusammengestellt. Alle Begriffe, die bei der ersten Erwähnung fett gedruckt sind, sind darin zu finden.

Im Kap. 1 beschreiben wir die phänotypische und genetische Variabilität von Populationen. Wir zeigen dabei, wie sich die Messung der genetischen Variabilität mit der Entwicklung der technologischen Möglichkeiten verändert hat und durch die Einführung moderner Sequenziermethoden revolutioniert worden ist, sodass gegenwärtig molekulare Polymorphismen in großen Stichproben genomweit entdeckt werden können. Ferner behandeln wir die Frage der Erhaltung der genetischen Variabilität (in Relation zum Hardy-Weinberg-Gesetz). Prozesse, die zu Veränderungen der genetischen Variabilität führen und damit Evolution ermöglichen, werden ab dem Kap. 2 schrittweise eingeführt, beginnend mit Mutation und genetischer Drift (der zufälligen Auswahl von Gameten aus dem Genpool während der Reproduktion). Das Kap. 3 ist dann dem Einfluss von Populationsdemographie (z. B. *bottlenecks*) und Populationsstruktur (Migration) gewidmet. In diesem Kapitel werden auch Ansätze der Populationsgenomik eingeführt. Die Neutralitätstheorien von Kimura und Ohta im Kap. 4 bilden den Abschluss des ersten Teils des Buches, in dem ausschließlich neutrale Mechanismen betrachtet werden. Die wichtigste Evolutionskraft ist jedoch zweifellos die natürliche Selektion. Im Mittelteil des Buches (Kap. 5–7) behandeln wir die klassische Selektionstheorie und beschreiben die Wechselwirkung der natürlichen Selektion mit anderen Evolutionskräften, einschließlich Mutation, genetischer Drift, Migration und Rekombination. In den Kap. 8–10 demonstrieren wir, wie verschiedene Formen der natürlichen Selektion im Genom durch Untersuchung von Einzelnukleotidpolymorphismen (SNPs) nachgewiesen werden können, insbesondere positiv gerichtete Selektion, balancierende Selektion und purifizierende Selektion. Die letzten zwei Kapitel befassen sich im Unterschied zur Behandlung der molekularen Variabilität im restlichen Buch mit der Variation von phänotypischen Merkmalen (Kap. 11) und der sie beeinflussenden polygenen Selektion (Kap. 12).

Das Material, das wir in diesem Buch präsentieren, reicht für eine Vorlesung mit vier Semesterwochenstunden (mit Übungen) oder eine vergleichbare Veranstaltung aus. Um in diesem Zeitrahmen zu bleiben, mussten wir eine Auswahl unter den möglichen Themen treffen. Manche Gebiete der molekularen Populationsgenetik, die gegenwärtig bearbeitet werden, konnten wir deshalb nicht berücksichtigen, wie z. B. Ansätze der experimentellen Evolution, die in den 1960er- und 1970er-Jahren verbreitet waren und nun wieder aktuell geworden sind. Wir hoffen trotzdem, dass unsere Auswahl von Themen die wichtigsten Gebiete der modernen Populationsgenetik repräsentiert, obwohl diese Einschätzung sicherlich subjektiv ist und unsere eigenen Interessen widerspiegelt.

Bei der Entstehung des Buches haben uns mehrere Kolleginnen, Kollegen und Studierende unterstützt, denen wir herzlich danken möchten. Besonders danken wir Brian Charlesworth für die Diskussion von Haldanes Analyse des Birkenspanner-Beispiels, Axel Meyer für seine Kommentare zur schnellen Adaptation von afrikanischen Buntbarschen, Aurélien Tellier für die Einblicke in die Theorie der negativ frequenzabhängigen Selektion und Matthias Affenzeller, Hans-Peter Comes, Tobias Grasegger und Andreas Tribsch für allgemeine Kommentare zum Buch. Unser Dank geht schließlich auch an den Springer-Verlag, der uns ermuntert hat, dieses Buch zu schreiben, und uns dabei professionell begleitet hat. Insbesondere möchten wir hier den Enthusiasmus von Frau Dr. Sarah Koch, Frau Carola Lerch und Frau Annette Heß erwähnen, die sich unermüdlich eingesetzt haben.

Ein besonderer Dank gebührt auch unseren Lebenspartnern Evelyne Keitel und Aurélien Tellier, deren Erwartungswert für Geduld und Verständnis während der Produktionsphase des Buches um einen schwer zu schätzenden Faktor erhöht wurde.

Murnau am Staffelsee   Wolfgang Stephan
Rosenheim   Anja C. Hörger
im März 2019

Inhaltsverzeichnis

Phänotypische und genetische Variabilität

1

Evolutionäre Veränderung kann nur stattfinden, wenn die Variabilität, die zwischen den Individuen einer Population existiert, vererbbar ist (Darwin 1859, Kap. 1). Variabilität, die nicht vererbt wird, ist für das Evolutionsgeschehen unwichtig. Die Populationsgenetik unterscheidet zwischen phänotypischer und genetischer (oder genotypischer) Variabilität. Viele beobachtbare Merkmale **(Phänotypen)** von Individuen sind sowohl durch ihre genetische Zusammensetzung **(Genotypen)** als auch durch die Umwelt beeinflusst. Im Folgenden werden wir zunächst die phänotypische Variabilität von Individuen einer Population einer Art beschreiben und dabei zwischen diskreter und quantitativer Variabilität unterscheiden (Abschn. 1.1). In Abschn. 1.2 werden wir uns mit der genetischen Variabilität befassen und beschreiben wie diese gemessen werden kann und in Abschn. 1.3 werden wir mit dem **Hardy-Weinberg-Gesetz** eine erste theoretische Grundlage einführen, mit der man evolutionäre Prozesse in Populationen erklären kann.

1.1 Phänotypische Variabilität

Die phänotypische Variabilität reicht von **diskreten Polymorphismen** (diskrete Variabilität) bis zur kontinuierlichen Variation in der Morphologie, im Verhalten und in der Physiologie von Organismen (quantitative Variabilität).

1.1.1 Diskrete Variabilität

Manche phänotypische Merkmalsunterschiede zwischen Individuen einer Population sind diskret, d. h. sie lassen sich in endlich viele, klar unterscheidbare Klassen einteilen. Beispiele sind die Haarfarbe beim Menschen oder die Blütenfarbe bei vielen Pflanzenarten (z. B. beim Löwenmäulchen *[Antirrhinum]*).

W. Stephan und A. C. Hörger, *Molekulare Populationsgenetik*,
https://doi.org/10.1007/978-3-662-59428-5_1

Andere Merkmale hingegen variieren kontinuierlich (z. B. die Körpergröße beim Menschen; Abschn. 1.1.2). Diskrete Polymorphismen sind in der Natur relativ selten zu finden, jedoch zählen dazu bekannte Beispiele, wie die Flügelmuster der Schmetterlinge aus der Gattung *Papilio* und der Schalenpolymorphismus der Bänderschnecke *Cepaea nemoralis*. Bei beiden werden Farbunterschiede durch verschiedene **Allele** eines einzigen genetischen Locus verursacht (Sheppard 1975). Es handelt sich dabei um **monogene Merkmale**. Die unterschiedlichen Banden-muster bei *Cepaea* werden jedoch durch die Allele eines anderen Gens hervor-gerufen.

Während die oben genannten diskreten Polymorphismen mit bloßem Auge beobachtet werden können, wurden weitere Beispiele mithilfe des Mikroskops oder durch biochemische Methoden entdeckt. Berühmt sind der Blutgruppenpoly-morphismus beim Menschen, der durch immunologische Studien gefunden wurde (Race und Sanger 1975), und die chromosomalen Inversionen bei der Taufliege *Drosophila melanogaster,* die durch die Untersuchung von Riesenchromosomen im Lichtmikroskop entdeckt wurden (Powell 1997, Kap. 3; Sperlich 1988, Kap. 9).

1.1.2 Quantitative Variabilität

Anders als die oben beschriebenen diskreten Polymorphismen haben **quantita-tive Merkmale** typischerweise eine (nahezu) kontinuierliche Verteilung. Neben morphologischen Merkmalen, wie Größe und Gewicht, gehören sehr viele physio-logische Eigenschaften und auch der IQ des Menschen zu dieser Kategorie von Merkmalen. Quantitative Merkmale werden in der Regel von einer Vielzahl von Genen kontrolliert und sie werden daher auch als **polygene Merkmale** bezeichnet. Dies unterscheidet sie von den oben besprochenen diskreten Polymorphismen, die meist von einzelnen oder wenigen Genen bestimmt werden. Diese Erkennt-nis hat traditionell dazu geführt, dass quantitative Merkmale von der **Quantita-tiven Genetik** behandelt werden, während diskrete Merkmale und damit auch die Evolution individueller Gene der Populationsgenetik obliegen. In den letzten Jahren haben sich jedoch beide Fächer vermischt. Wir tragen dieser Entwicklung gegen Ende dieses Buches Rechnung (Kap. 11), nachdem wir den Bereich der Populationsgenetik abgesteckt haben.

1.2 Genetische Variabilität

Der vererbbaren phänotypischen Variabilität liegt meist eine genetische Basis zugrunde; ein phänotypisch beobachtbarer Polymorphismus basiert in der Regel also auf einem Polymorphismus auf DNA-Sequenzebene, der verschiedene Ursachen haben kann (siehe Abschn. 1.2.3). Wenn auch die Untersuchung von Variabilität aufgrund des Fehlens adäquater Methoden lange auf die phänotypische Ebene beschränkt war, ermöglichte es schließlich die Entwicklung molekularer Methoden ab der zweiten Hälfte des letzten Jahrhunderts, auch die genetische

Variabilität in Organismen zu messen. Mittlerweile ist es sogar ohne größeren Aufwand möglich, Polymorphismusdaten in kompletten Genomen zu erheben. Dieser Abschnitt soll einen kurzen Überblick über die Entstehungsgeschichte und Anwendungsbereiche der wichtigsten Messmethoden genetischer Variabilität geben.

1.2.1 Gelelektrophorese von Proteinen

Die Variabilität in einzelnen Genen wurde zunächst gemessen, indem die entsprechenden codierten Proteine untersucht wurden. John Hubby und Richard Lewontin (1966) benutzten für ihre Experimente lösliche Proteine (meistens Enzyme) von *Drosophila pseudoobscura* und Harry Harris (1966) solche von Menschen. Beide Gruppen verwendeten die Gelelektrophoresetechnik, um in großen Stichproben von Individuen nach Polymorphismen zu fahnden, die die Migrationsgeschwindigkeit auf einem Gel in einem elektrischen Feld beeinflussen. Die variablen Loci, die durch diese Methode entdeckt wurden, heißen **Allozymloci**. Die experimentellen Methoden sind im Detail in der Monographie von Diether Sperlich erklärt (Sperlich 1988, Kap. 9).

Das Bandenmuster, das nach der Färbung auf dem Gel sichtbar ist, ist im Falle eines monomeren Enzyms leicht zu interpretieren. Für **diploide** Individuen findet man dann entweder eine ‚*fast*' (F)- oder eine ‚*slow*' (S)-Bande, falls das Individuum an diesem Locus homozygot ist, also auf beiden Chromosomen das gleiche Allel am entsprechenden Locus trägt, und zwei Banden für ein heterozygotes Individuum, bei dem sich auf den beiden Chromosomen zwei unterschiedliche Allele am entsprechenden Locus befinden. Falls zwei Allele in Heterozygoten detektiert werden, werden diese als kodominant bezeichnet. Für dimere Enzyme ist das Bandenmuster komplizierter, kann aber in den meisten Fällen auch interpretiert werden.

Die Gelelektrophorese wurde in den Jahren nach ihrer Einführung sehr häufig verwendet, um die genetische Variabilität zu messen. Das wichtigste Ergebnis dieser Untersuchungen war, dass die genetische Variabilität in sehr vielen Spezies unerwartet hoch ist. Die durchschnittliche Heterozygotie bei Vertebraten, d. h. die Wahrscheinlichkeit, dass die beiden Allele eines diploiden Locus unterschiedlich sind, erreichte Werte bis zu 20 % und bei Invertebraten noch höhere (Nei 1987, Kap. 8). Diese Resultate waren nicht im Einklang mit der Lehre der klassischen Schule der Populationsgenetik, die postulierte, dass von den meisten Genen nur jeweils ein hochfrequentes Wildtyp-Allel existiert, während die Varianten selten sind (Muller 1950).

Die Gelelektrophorese von Proteinen hat mehrere Nachteile: Sie konnte nur auf lösliche Proteine angewendet werden. Ferner wurde die Variabilität eines Proteins nur dann beobachtet, wenn die elektrische Ladung zwischen den Allelen verschieden war. Deshalb wurde sie bald durch andere molekulare Verfahren verdrängt, die die genetische Variabilität direkt auf der DNA-Ebene untersuchten. Bevor wir diese besprechen, wollen wir jedoch zuerst einige Grundbegriffe der

Populationsgenetik einführen, um die molekulare Diversität zu charakterisieren
(Box 1.1). An Allozymloci lassen sich diese Begriffe besonders leicht erklären.
Zunächst ist durch simples Zählen der variablen Loci festzustellen, wie groß die
Proportion der polymorphen Loci ist (z. B. in *D. pseudoobscura* nahezu 30 %).
Ferner lässt sich leicht die Frequenz der Genotypen *SS, FF* und *FS* sowie der
Allele *F* und *S* ermitteln. Schließlich können wir daraus die Heterozygotie *H* eines
Gens berechnen, wie es in Box 1.1 beschrieben wird.

**Box 1.1 Berechnung der Genotyp- und Allelfrequenzen sowie der Hetero-
zygotie**

Wir betrachten ein **autosomales Gen** mit zwei Allelen *F* und *S* in einer
diploiden Population. Diese Allele können drei Genotypen bilden: *SS, FF*
und *FS.* Wir nehmen an, dass unsere Stichprobe aus $n = 100$ Individuen
besteht und die Anzahl der Genotypen direkt durch Elektrophorese wie folgt
bestimmt worden ist:

Genotyp	*SS*	*FF*	*FS*	Gesamt
Anzahl	26	32	42	100

Dann erhalten wir die **Genotypfrequenzen** f_{SS}, f_{FF} und f_{FS} durch Division der
Anzahl der Genotypen durch die Größe der Stichprobe *n:*

Genotypfrequenz	0,26	0,32	0,42	1

Die **Allelfrequenzen** f_S und f_F können mit folgenden Formeln aus den Genotypfrequenzen berechnet werden:

$$f_S = f_{SS} + \frac{1}{2}f_{FS} \qquad (1.1)$$

und

$$f_F = f_{FF} + \frac{1}{2}f_{FS}. \qquad (1.2)$$

Der Faktor $\frac{1}{2}$ berücksichtigt, dass ein heterozygotes Individuum im Unterschied zum homozygoten nur ein *S*- oder *F*-Allel enthält. Im obigen Beispiel
erhalten wir mit diesen Formeln $f_S = 0,47$ und $f_F = 0,53$. Ferner bemerken
wir, dass sich die Allel- und Genotypfrequenzen jeweils zu 1 addieren. Dies
gilt ganz allgemein für Frequenzen und Wahrscheinlichkeiten und folgt aus
der Additionsregel der Wahrscheinlichkeitsrechnung (Gl. 13.13).

Falls die Stichprobe einer Population mit **Zufallspaarung** (in der Individuen ihre Paarungspartner ohne Rücksicht auf den Genotyp aussuchen) entnommen ist, können wir die Heterozygotie *H,* also die Wahrscheinlichkeit,

dass die zwei Allele an einem autosomalen Locus eines diploiden Individuums verschieden sind, folgendermaßen ausdrücken (Übung 1.6):

$$H = 1 - f_S^2 - f_F^2. \tag{1.3}$$

In anderen Worten, $H = f_{FS} = 2f_F f_S$ ist die Frequenz der Heterozygoten in der Stichprobe und $G = 1 - H = f_S^2 + f_F^2$ die Frequenz der Homozygoten. Falls keine Zufallspaarung vorliegt, gelten diese Formeln für Heterozygotie und Homozygotie nicht (siehe obiges Beispiel). Weitere Details zu diesem Thema finden sich bei Charlesworth und Charlesworth (2012, Box 1.2).

1.2.2 Messung genetischer Variabilität mittels Restriktionsenzymen

Diese Technik wurde Ende der 1970er-Jahre im Labor von Charles Langley entwickelt und hauptsächlich bei der Taufliege *Drosophila melanogaster* angewandt. *D. melanogaster* wurde verwendet, da man homozygote Fliegenlinien herstellen konnte, in welchen an jedem Locus nur ein einzelnes Allel existierte. Ferner waren zu dieser Zeit für viele Gene bereits Klone vorhanden, die man als Proben benötigte, um molekulare Varianten zu identifizieren. Bei diesem Verfahren wird DNA von einer Stichprobe von homozygoten Linien durch Restriktionsenzyme verdaut. Diese Enzyme schneiden die DNA an kurzen spezifischen Sequenzen, die in der Regel vier oder sechs Basenpaare (bp) lang sind. Falls die Allele von verschiedenen Linien unterschiedlich sind und sich an den entsprechenden Restriktionsschnittstellen unterscheiden, können beim Verdau unterschiedlich lange DNA-Fragmente entstehen, die man auf einem Agarosegel mithilfe eines elektrischen Feldes auftrennen und dann anhand einer radioaktiven Sonde identifizieren kann (Sperlich 1988, Kap. 9). Die molekularen Varianten, die auf diese Weise entdeckt werden, heißen Restriktionsfragmentlängenpolymorphismen (RFLPs, *restriction fragment length polymorphisms*).

Bei der Analyse der Daten müssen Annahmen gemacht werden, wie etwa, dass die Differenzen der Restriktionsschnittstellen zwischen den Linien durch einzelne Nukleotidänderungen verursacht werden (anstatt durch **Insertionen** oder **Deletionen**). Außerdem kann in einer Genregion im Allgemeinen nur ein kleiner Teil der Sequenzvariabilität erfasst werden, auch wenn zehn oder mehr verschiedene Restriktionsenzyme verwendet werden. Von diesen Nachteilen abgesehen können mit dieser Methode aber relativ große Stichproben untersucht werden (Aquadro et al. 1986). Die Methode konnte später auch auf diploide Spezies angewendet werden, bei denen keine homozygoten Linien zur Verfügung standen. Auch heute wird sie in teilweise abgeleiteter Form – z. B. als *amplified fragment-length polymorphism* (AFLP) oder *restriction site associated DNA sequencing* (RAD-Seq) – zur Untersuchung großer Stichproben verwendet. Bei diesen Abwandlungen werden die Restriktionsfragmente noch mittels der Polymerasekettenreaktion (PCR) vervielfältigt (Amplifikation) und bei der RAD-Seq-Methode zusätzlich sequenziert.

1.2.3 DNA-Sequenzierung

Durch die Sequenzierung der DNA von Individuen einer Stichprobe kann im Prinzip die vollständige Information über die genetische Variabilität der Stichprobe erhalten werden. Die Sequenzierung ist also im Allgemeinen nicht auf bestimmte Teile des Genoms beschränkt, von denen Klone existieren (die z. B. für die Restriktionsanalyse nötig sind). Schwierigkeiten können aber auch beim Sequenzieren auftreten, etwa in Regionen repetitiver DNA. Nach der Erfindung der PCR-Amplifikation in der zweiten Hälfte der 1980er-Jahre wurde die DNA-Sequenzierung die beliebteste und am meisten gebrauchte Methode, um genetische Variabilität zu studieren.

Die meisten Varianten, die durch Sequenzieren in einer Stichprobe entdeckt werden, sind **Einzelnukleotidpolymorphismen** (**SNPs,** *single nucleotide polymorphisms*). Das sind Änderungen, die an homologen Nukleotidstellen durch die Substitution einer einzelnen Base durch eine andere entstehen. Viel seltener hingegen sind Insertionen und Deletionen von DNA-Stücken (sogenannte Indels) zu finden. Diese Stücke können wenige Nukleotide umfassen, aber auch mehrere Kilobasenpaare (kb) lang sein (z. B. Transposons). Indels sind hauptsächlich in den nicht-codierenden Genregionen zu finden, da sie meist den Leserahmen eines Gens verschieben, sofern es sich nicht um eine Insertion oder Deletion eines oder mehrerer **Codons** handelt.

Die erste systematische Sequenzierstudie von mehreren Allelen eines Locus wurde von Martin Kreitman (1983) durchgeführt (also bevor die PCR erfunden wurde). Kreitman isolierte elf unterschiedliche Klone des Alkoholdehydrogenase-Gens *(Adh)* einer weltweiten *D. melanogaster*-Sammlung und sequenzierte diese mithilfe der Maxam-Gilbert-Methode. Fünf der Allele trugen die elektrophoretische *F*-Variante und sechs die *S*-Form. Die Ergebnisse der Sequenzierung sind in Abb. 1.1 zu sehen.

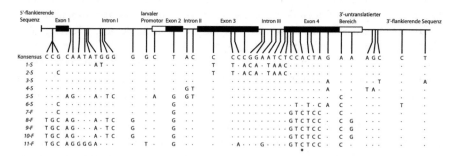

Abb. 1.1 Polymorphe Nukleotidstellen in elf Sequenzen des Alkoholdehydrogenase-Gens *(Adh)* von *Drosophila melanogaster.* Nur die Unterschiede von der Konsensussequenz sind zu sehen; *Punkte* bedeuten, dass keine Abweichung von der Konsensussequenz besteht. Insertionen und Deletionen (Indels) sind nicht gezeigt. Das *Sternchen* in Exon 4 gibt die Stelle an, an der das Lysin (codiert durch AAG) des *S*-Allels durch Threonin (ACG) des *F*-Allels ersetzt wurde, wodurch der elektrophoretische Unterschied zwischen den *F*- und *S*-Allelen verursacht wird. (Modifiziert nach Li 1998, Abb. 9.1, mit freundlicher Genehmigung von Oxford University Press, USA)

Die Sequenzierung brachte folgende interessante Ergebnisse:

- Die Nukleotidvariabilität (d. h. die Variabilität pro Nukleotidstelle) war hoch: 43 von den 2379 **alignierten** Nukleotidstellen waren variabel; d. h. 43 SNPs wurden entdeckt, aber nur sechs Indels, die alle in den nicht-codierenden Regionen zu finden waren.
- 42 SNPs waren **still,** und nur ein SNP in Exon 4 war **nicht-synonym;** dieser machte aber den Unterschied zwischen den elektrophoretischen F- und S-Varianten aus.

Die Beobachtung, dass in den codierenden Regionen die Anzahl der nicht-synonymen SNPs viel kleiner ist als die der **synonymen** SNPs wurde in anderen Sequenzierstudien bestätigt. Sie deutet darauf hin, dass nicht-synonyme Mutationen von der natürlichen Selektion in Populationen in niedriger Frequenz gehalten oder ganz eliminiert werden, da sie für das Funktionieren von Proteinen nachteilig sind. Nur wenige nicht-synonyme Mutationen erweisen sich als vorteilhaft und bleiben in Populationen erhalten. Das *Adh*-Gen von *D. melanogaster* stellt einen solchen Fall dar, da hier nur *ein* nicht-synonymer SNP entdeckt wurde, der in relativ hoher Frequenz vorkommt. Wir kommen in Abschn. 4.3.1 darauf zurück. In nicht-codierenden Bereichen eines Gens (z. B. Introns) ist die Variabilität ähnlich hoch wie an synonymen Stellen. Dies gilt jedoch nicht für regulatorische Sequenzen.

Neben SNPs und Indels werden in Sequenzierdaten auch andere Typen von molekularen Varianten entdeckt. Insbesondere die repetitiven Sequenzen, die als sogenannte *tandem arrays* vorliegen, haben dabei eine große Bedeutung, um die Individuen einer Population zu charakterisieren. Dies wird beispielsweise auch in der Forensik als sogenannter genetischer Fingerabdruck genutzt. Als *tandem arrays* bezeichnet man Gencluster, die durch Tandem-Duplikation einer Sequenz entstehen. Je nach Länge teilt man sie in Mikrosatelliten, Minisatelliten und Satelliten-DNA ein. Mikrosatelliten weisen eine große Anzahl von Sequenzwiederholungen (100 oder mehr) auf, die sehr kurz sind (2–5 bp), während die wiederholten Sequenzen von Minisatelliten eine Länge von > 15 bp haben (Charlesworth et al. 1994). Die repetitiven Einheiten von Satelliten-DNA sind dagegen meist viel länger. Die Anzahl der Mikro- und Minisatellitenloci pro Individuum ist in der Regel kleiner als die Anzahl der SNPs. Jeder dieser repetitiven Loci besitzt allerdings häufig sehr viele Allele, da die Mutationsraten sehr hoch sind, mit denen Allele ihre Anzahl an Wiederholungseinheiten verändern (in der Größenordnung von 10^{-4}–10^{-3} pro Generation). Demgegenüber sind Nukleotidsubstitutionen, die zu SNPs führen, viel seltener (10^{-9}–10^{-8} pro Generation).

Nun kommen wir zur Analyse von Sequenzierdaten. Da es sich bei SNPs um Differenzen zwischen Individuen einer Population an einzelnen Nukleotidstellen handelt, ist der zugrunde liegende Mutationsprozess oft relativ einfach durch einen Parameter (die Mutationsrate μ) charakterisierbar. Im einfachsten Fall kann diese als konstant für ein Gen oder ein DNA-Segment angenommen werden. Für andere DNA-Varianten wie Indels oder *tandem arrays* ist der Mutationsprozess jedoch vielfältiger und weniger gut bekannt. Wir werden uns deshalb bei der quantitativen Beschreibung der DNA-Sequenzvariabilität auf SNPs beschränken (Box 1.2).

Box 1.2 Quantifizierung der Variabilität einer Stichprobe von _n_ homologen DNA-Sequenzen

Nukleotiddiversität π: π ist die Wahrscheinlichkeit, dass zwei zufällig gewählte Sequenzen einer Stichprobe an einer Nukleotidstelle verschieden sind; π ähnelt daher H von Box 1.1, bezieht sich aber auf eine einzelne Nukleotidstelle. Man erhält π, indem man über die gesamte Länge der Sequenz mittelt. Falls die Stichprobe einer Population mit Zufallspaarung entnommen wurde, wird π – ähnlich wie H in Box 1.1 – als Nukleotidheterozygotie bezeichnet.

Für eine Stichprobe der Größe n wird π berechnet, indem man für alle $m = n(n-1)/2$ Paare _(i, j)_ von Sequenzen _(i < j)_ die Anzahl der Unterschiede Π_{ij} bestimmt, diese zusammenzählt und durch m und die Gesamtlänge der Sequenz L teilt. Als Formel können wir dies folgendermaßen darstellen (Tajima 1983):

$$\pi = \frac{2}{n(n-1)L} \sum\nolimits_{i<j} \Pi_{ij}. \tag{1.4}$$

Nukleotiddiversität θ_W: In diesem Fall ermitteln wir einfach die Anzahl S der SNPs in der Stichprobe, teilen diese durch die Gesamtlänge der Sequenz L und berücksichtigen, dass die Sequenzen von Individuen stammen, die genealogisch abhängig sind. Letzteres wird durch die Formel

$$a_n = \sum\nolimits_{i=1}^{n-1} \frac{1}{i} \tag{1.5}$$

ausgedrückt, die wir im Abschn. 2.3 mithilfe der Koaleszenztheorie begründen werden. Insgesamt wird die Nukleotiddiversität nach dieser Methode wie folgt berechnet (Watterson 1975):

$$\theta_W = \frac{S}{L a_n}. \tag{1.6}$$

Im Fall $n = 2$ stimmen beide Definitionen der Nukleotiddiversität überein, für größere Stichproben aber können sie sich unterscheiden. Denn während Wattersons Methode nur die Anzahl der SNPs berücksichtigt, sind in π auch die Frequenzen der Polymorphismen in der Stichprobe enthalten.

Für die Daten von Abb. 1.1 findet man folgende Abschätzungen für die Nukleotiddiversität: $\pi = 0{,}0065$ und $\theta_W = 0{,}0062$ (siehe dazu auch die Übungen 1.4 und 1.5). Die durchschnittlichen Werte der Nukleotiddiversität (gemessen als θ_W oder π) variieren zwischen den Spezies. In Mikroorganismen sind sie am höchsten (ca. 0,02 bei _Escherichia coli;_ Charlesworth und Eyre-Walker 2006), während sie beim Menschen und Populationen von Pflanzen und Tieren mit Inzucht (wie Selbstbefruchtung und Geschwister-Inzucht) am niedrigsten sind (0,001 beim Menschen; Li und Sadler 1991). Bei der Acker-Schmalwand

(Arabidopsis thaliana), einer Pflanze mit Selbstbefruchtung, liegt die durchschnittliche Nukleotiddiversität bei 0,005 (Schmid et al. 2005). Mittlere Werte finden wir bei Insekten (z. B. ca. 0,01 bei *D. melanogaster;* Glinka et al. 2003) und bei fremdbestäubten Pflanzen (ca. 0,015 bei Wildtomaten; Städler et al. 2008). Die angegebenen Werte wurden in der Regel durch Sanger-Sequenzierung gewonnen und über sehr viele Gene und nicht-codierende Bereiche gemittelt. Durchschnittswerte, die später durch moderne Hochdurchsatz-Sequenziermethoden (*next-generation sequencing,* NGS) ermittelt wurden, liegen etwas niedriger. Um die angegebenen Werte der Nukleotiddiversität zu veranschaulichen, wähle man zwei Sequenzen zufällig aus einer Stichprobe aus. Dann bedeutet ein Diversitätswert von 0,01, dass sich diese Sequenzen auf einer Länge von 1000 bp an zehn Stellen unterscheiden.

1.3 Erhaltung der genetischen Variabilität und das Hardy-Weinberg-Gesetz

Als letztes Thema dieses Kapitels behandeln wir die Frage nach der Erhaltung der genetischen Variabilität in einer natürlichen Population. Es ist klar, dass die genetische Variabilität durch **Mutation, Selektion** und **Rekombination** beeinflusst werden kann. Jedoch sind diese Prozesse sehr langsam, wie wir im weiteren Verlauf des Buches sehen werden. Was passiert, wenn wir diese Prozesse zunächst vernachlässigen? In anderen Worten: Wir fragen uns, ob sich die Frequenzen der genetischen Polymorphismen in einer Population in der Abwesenheit der oben genannten Evolutionskräfte kurzfristig verändern oder konstant bleiben. Die Antwort ist: Sie bleiben konstant. Der Grund für diese Konservierung ist, dass die Vererbung nach Mendel **partikulär** ist, d. h. die Beiträge der Eltern eines Individuums an einer bestimmten Stelle im Genom werden in den Gameten des Individuums intakt weitergegeben. Anders als nach Darwins Hypothese der **mischenden Vererbung** sind deshalb nach Mendel alle Varianten, die in einer sehr großen Elternpopulation vorhanden sind, in derselben Frequenz in der Nachfolgegeneration präsent.

Dieses Prinzip der Erhaltung der Frequenzen der genetischen Variabilität von einer Generation zur nächsten ist als **Hardy-Weinberg-Gesetz** bekannt. Dieses Gesetz spielt eine wichtige Rolle in der Geschichte der Populationsgenetik, da es sich mit der Erhaltung der genetischen Variabilität befasst, einer der wesentlichen Problemstellungen dieses Faches. Es wurde von Godfrey Hardy und Wilhelm Weinberg (unabhängig voneinander) formuliert (Hardy 1908; Weinberg 1908). Hardy war ein angesehener englischer Mathematiker, Weinberg ein niedergelassener Arzt und Geburtshelfer in Stuttgart. Weinbergs Beitrag zu diesem Gesetz wurde erst viel später anerkannt. Das Leben von Weinberg und seine wissenschaftlichen Arbeiten wurden nun zum ersten Mal in einem kürzlich erschienenen Buch dargestellt (Sperlich und Früh 2015).

Um das Hardy-Weinberg-Gesetz abzuleiten, brauchen wir eine Reihe von Annahmen über eine Population, die wir im Folgenden kurz „Hardy-Weinberg-Modell" nennen:

- unendlich große, diploide Population,
- sexuelle Reproduktion,
- Zufallspaarung,
- Geschlechterverhältnis von 1:1,
- diskrete Generationen,
- keine Mutation, Migration, Rekombination und Selektion.

Das sind ideale Bedingungen, da es weder unendlich große, natürliche Populationen gibt noch Zufallspaarung. Durch eine unendlich große Population wird hier aber eine sehr große Population approximiert, in der sich jedes Individuum mit jedem anderen mit gleicher Wahrscheinlichkeit paaren kann (**Panmixie**). In einer Population mit diskreten (nicht-überlappenden) Generationen findet die Reproduktion aller Eltern gleichzeitig statt. Danach sterben diese, und die Nachkommen bilden die nächste Generation (wie z. B. bei annuellen Spezies von Pflanzen). Auch die Abwesenheit der Evolutionskräfte Mutation, Migration, Rekombination und Selektion ist eine Approximation, die auf den sehr kleinen Raten der genannten Evolutionsprozesse beruht.

Sei nun $p = f_A$ die Frequenz des Allels A und $q = f_a$ die Frequenz des Allels a eines autosomalen Gens in der Elterngeneration. Dann können wir unter Anwendung von einfachen Regeln der Wahrscheinlichkeitstheorie unter den obigen Annahmen die Frequenzen der Genotypen in der nächsten Generation wie folgt berechnen (die Annahme der Zufallspaarung ist dabei essenziell; siehe Übung 1.1):

Genotyp	AA	Aa	aa
Genotypfrequenz	p^2	$2pq$	q^2

Der Faktor 2 beim heterozygoten Genotyp Aa berücksichtigt, dass die Allele A und a von beiden Geschlechtern abstammen können. Aus den Frequenzen der Genotypen lassen sich sofort die Frequenzen p' und q' der Allele A und a in der nächsten Generation berechnen (siehe Gl. 1.1 und 1.2 in Box 1.1). Man erhält $p' = p$ und $q' = q$ (d. h. die Allelfrequenzen der neuen Generation sind identisch mit den Frequenzen der Elterngeneration). Ferner folgt aus dem Hardy-Weinberg-Gesetz, dass die Genotypfrequenzen in den folgenden Generationen ebenfalls konstant bleiben. Wichtig ist noch zu bemerken, dass die Hardy-Weinberg-Proportionen in der Nachfolgegeneration gelten, auch wenn sie in der Elterngeneration nicht gegolten haben. Das Hardy-Weinberg-Gleichgewicht (HWG) stellt sich somit in *einer* Generation ein. Das ist eine Besonderheit dieses Systems, das von anderen dynamischen Systemen der Biologie abweicht (z. B. Hofbauer und Sigmund 1984).

Übungen

1.1 Die Frequenz des Allels *A* sei *p* und die Frequenz von Allel *a* sei *q*. Unter der Annahme, dass das Hardy-Weinberg-Gleichgewicht (HWG) in einer Population gilt, berechnen Sie die Frequenzen der Genotypen *AA, Aa* und *aa*.

1.2 Zeigen Sie, dass im HWG die Frequenz von Allel *A* in der nächsten Generation *p* und die von *a q* ist.

1.3 Die Nukleotiddiversität eines Locus der Länge $L = 1889$ einer *Drosophila melanogaster*-Population wurde mittels zwei zufällig entnommenen DNA-Sequenzen geschätzt. Es wurden 14 SNPs gefunden. Berechnen Sie π und θ_W.

1.4 Berechnen Sie Π_{ij} für die Sequenzen *1-S, 2-S* und *3-S* von Abb. 1.1. Welchen Wert hat Π_{ij} für die Sequenzen *8-F* bis *10-F*?

1.5 Die Nukleotiddiversität für die *S*-Allele von *Adh* in *D. melanogaster* (Abb. 1.1) beträgt $\pi = 0{,}0056$, während für die *F*-Allele $\pi = 0{,}0029$ gefunden wird. Interpretieren Sie dieses Resultat.

1.6 Begründen Sie Gl. 1.3 in Box 1.1.

Literatur

Aquadro CF, Deese SF, Bland MM, Langley CH, Laurie-Ahlberg CC (1986) Molecular population genetics of the alcohol dehydrogenase gene region of *Drosophila melanogaster*. Genetics 114:1165–1190

Charlesworth B, Charlesworth D (2012) Elements of evolutionary genetics, 2. Aufl. Roberts and Company, Greenwood Village

Charlesworth J, Eyre-Walker A (2006) The rate of adaptive evolution in enteric bacteria. Mol Biol Evol 23:1348–1356

Charlesworth B, Sniegowski P, Stephan W (1994) The evolutionary dynamics of repetitive DNA in eukaryotes. Nature 371:215–220

Darwin C (1859) On the origin of species, 1. Aufl. John Murray, London

Glinka S, Ometto L, Mousset S, Stephan W, De Lorenzo D (2003) Demography and natural selection have shaped genetic variation in *Drosophila melanogaster*: a multi-locus approach. Genetics 165:1269–1278

Hardy GH (1908) Mendelian proportions in a mixed population. Science 28:49–50

Harris H (1966) Enzyme polymorphisms in man. Proc Roy Soc B-Biol Sci 164:298–310

Hofbauer J, Sigmund K (1984) Evolutionstheorie und dynamische Systeme – Mathematische Aspekte der Selektion. Paul Parey, Berlin

Hubby JL, Lewontin RC (1966) A molecular approach to study of genic heterozygosity in natural populations. I. Number of alleles at different loci in *Drosophila pseudoobscura*. Genetics 54:577–594

Kreitman M (1983) Nucleotide polymorphism at the alcohol dehydrogenase locus of *Drosophila melanogaster*. Nature 304:412–417

Li W-H (1998) Molecular evolution. Sinauer Associates, Sunderland

Li W-H, Sadler LA (1991) Low nucleotide diversity in man. Genetics 129:513–523

Muller HJ (1950) Our load of mutations. Am J Hum Genet 2:111–176

Nei M (1987) Molecular evolutionary genetics. Columbia University Press, New York

Powell JR (1997) Progress and prospects in evolutionary biology – the *Drosophila* model. Oxford University Press, Oxford

Race RR, Sanger R (1975) Blood groups in man, 6. Aufl. Blackwell, Oxford

Schmid KJ, Ramos-Onsins S, Ringys-Beckstein H, Weisshaar D, Mitchell-Olds T (2005) A multilocus sequence survey in *Arabidopsis thaliana* reveals a genome-wide departure from a neutral model of DNA sequence polymorphism. Genetics 169:1601–1615

Sheppard PM (1975) Natural selection and heredity, 4. Aufl. Hutchinson, London

Sperlich D (1988) Populationsgenetik, 2. Aufl. Gustav Fischer, Stuttgart

Sperlich D, Früh D (2015) Wilhelm Weinberg – Der zweite Vater des Hardy-Weinberg-Gesetzes. Basilisken-Presse, Rangsdorf

Städler T, Arunyawat U, Stephan W (2008) Population genetics of speciation in two closely related wild tomatoes (*Solanum* section *lycopersicon*). Genetics 178:339–350

Tajima F (1983) Evolutionary relationship of DNA sequences in a finite population. Genetics 105:437–460

Watterson GA (1975) Number of segregating sites in genetic models without recombination. Theor Pop Biol 7:256–276

Weinberg W (1908) Über den Nachweis der Vererbung beim Menschen. Jahresh Ver vaterl Naturkunde Württ 64:369–382

Genetische Drift und Mutation

2

Während wir im Kap. 1 unendlich große Populationen betrachtet haben, tragen wir hier der Tatsache Rechnung, dass alle natürlichen Populationen und auch Laborpopulationen aus endlich vielen Individuen bestehen. Das heißt, wir verabschieden uns von der Annahme einer im Idealfall unendlich großen Population, die wir im Hardy-Weinberg-Modell gemacht haben (Abschn. 1.3). Ferner werden wir in Abschn. 2.2 die Mutation als Evolutionskraft einführen, die im Kap. 1 noch ausgeschlossen worden ist. In endlich großen Populationen spielt die genetische Zufallsdrift (auch kürzer „**genetische Drift**" genannt; Wright 1931) eine wichtige Rolle. Dieser Prozess beschreibt die zufälligen Änderungen von Allelfrequenzen in einer Population von Generation zu Generation. Diese Frequenzänderungen kommen durch die zufällige Auswahl von Gameten aus dem **Genpool** der Elternpopulation bei der Bildung der nächsten Generation zustande. In Abb. 2.1a und b ist die genetische Drift für zwei verschiedene Populationsgrößen N dargestellt. Wir erkennen deutlich eine wichtige Eigenschaft der genetischen Drift, nämlich dass die Schwankungen der Allelfrequenzen von Generation zu Generation in der kleineren Population (Abb. 2.1a) größer sind. Ferner ist erkennbar, dass die Anzahl der **Fixierungen** (Allelfrequenz ist 1) und **Verluste** (Allelfrequenz ist 0) der Allele in der kleineren Population größer ist. Im Abschn. 2.1 werden wir diese Beobachtungen näher untersuchen.

2.1 Genetische Drift

2.1.1 Wright-Fisher-Modell

Um die Wirkung der genetischen Drift auf den Genpool einer Population zu verstehen, brauchen wir ähnlich wie beim Hardy-Weinberg-Gesetz (Abschn. 1.3) ein mathematisches Modell, das **Wright-Fisher-Modell.** Dazu betrachten wir der Einfachheit halber eine Population von N diploiden sexuellen Individuen mit

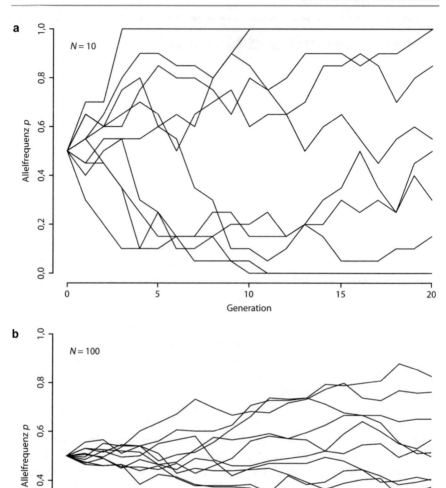

Abb. 2.1 Simulation des Wright-Fisher-Modells der genetischen Drift (Abschn. 2.1.1) für zwei Populationen der Größe $N=10$ (**a**) und $N=100$ (**b**). Für jede Populationsgröße werden zehn Allele simuliert. Am Beginn der Simulation ist die Allelfrequenz jeweils 0,5. Nach 20 Generationen erhält man drei verschiedene Ergebnisse: Entweder das Allel ist fixiert (d. h. seine Frequenz ist 1), oder das Allel geht verloren (Allelfrequenz ist 0), oder die Allelfrequenz ist zwischen 0 und 1

diskreten Generationen, wobei N von Generation zu Generation konstant bleibt. Der Genpool besteht in diesem Fall aus $2N$ Gameten. Das Geschlechterverhältnis ist 1:1, d. h. die Anzahl der Individuen beider Geschlechter ist gleich, und es herrscht Zufallspaarung. Des Weiteren gibt es keine Migration von und zu anderen Subpopulationen (d. h. die Population wird als panmiktisch angenommen) und auch keine Mutation, Rekombination und Selektion (Mutation wird erst in Abschn. 2.2 zugelassen). Das bedeutet, das Wright-Fisher-Modell unterscheidet sich vom Hardy-Weinberg-Modell nur dadurch, dass wir nun endlich große Populationen betrachten.

Die Nachkommen einer Population werden durch Zufallspaarung zwischen den $2N$ Gameten der Eltern produziert, indem bei der Bildung einer Zygote jeder der beiden Gameten (bei diploiden Individuen) zufällig gewählt wird und dieser dann durch einen identischen Gameten ersetzt wird, sodass der Genpool sich nicht ändert. Die Statistik beschreibt dieses Verfahren als „Ziehen einer Stichprobe mit Zurücklegen". Dies ist in Abb. 2.2 für $N = 4$ dargestellt.

Die genetische Drift kann eine große Wirkung auf den Genpool einer Population haben, besonders in kleinen Populationen (Abb. 2.1a). Um dies zu verstehen, betrachten wir einen polymorphen autosomalen Locus mit den Allelen A und a und den dazugehörigen Frequenzen $p = f(A)$ und $q = f(a)$. Falls das Allel A in i Kopien in der Population vorliegt, gilt: $p = \frac{i}{2N}$ und $q = \frac{2N-i}{2N}$. Die Wahrscheinlich-

Abb. 2.2 Bildung der Tochtergeneration einer diploiden Art nach dem Wright-Fisher-Modell. Dabei werden in der Tochtergeneration vier Zygoten durch Zufallspaarung mittels „Ziehen und Zurücklegen" aus dem Genpool gebildet. Die Frequenz des Allels A *(schwarz)*, die in der Elterngeneration 4/8 beträgt, wird in der Tochtergeneration durch Zufall (Drift) auf 3/8 reduziert, während die Frequenz des Allels a *(weiß)* auf 5/8 ansteigt

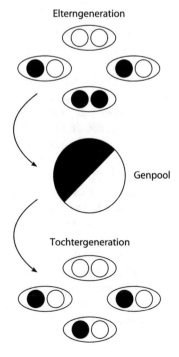

keit, dass Allel A unter dieser Bedingung in der nächsten Generation in j Kopien vorkommt, ist dann durch die Binomialverteilung gegeben (Gl. 13.20):

$$p_{ij} = \binom{2N}{j} p^j q^{2N-j}, \tag{2.1}$$

wobei $\binom{2N}{j} = \frac{2N!}{j!(2N-j)!}$ den Binomialkoeffizienten darstellt; p_{ij} ist eine bedingte Wahrscheinlichkeit. Sie beruht auf der Bedingung, dass das Allel A in der gegenwärtigen Generation in i Kopien vorkommt (Abschn. 13.2.1).

Die Gl. 2.1 folgt aus der Standardtheorie der Wahrscheinlichkeitsrechnung (Abschn. 13.2, Übung 2.1). Mit ihrer Hilfe lässt sich zunächst feststellen, dass sich der Erwartungswert der Allelfrequenzen durch Drift in der nächsten Generation nicht ändert. Dies folgt unmittelbar aus Gl. 13.21, indem man $p = \frac{i}{2N}$ und $n = 2N$ in diese einsetzt. Die Varianz kann sich aber sehr wohl ändern (Gl. 13.22). Ferner kann mithilfe von Gl. 2.1 die Wahrscheinlichkeit für das Auftreten einer bestimmten Schwankungsgröße von Allelfrequenzen berechnet werden. Wir können uns z. B. fragen, wie groß die Wahrscheinlichkeit ist, dass das Allel A, das in der gegenwärtigen Generation eine Frequenz von 50 % hat, in der nächsten Generation 60 % des Genpools ausmacht. Dazu setzen wir in Gl. 2.1 $p = q = 0{,}5$ und $j = 0{,}6 \times 2N$. Für eine sehr kleine Population von nur $N = 10$ diploiden Individuen erhalten wir $j = 12$ und $p_{ij} = 12{,}01$ %. In einer größeren Population von $N = 100$ diploiden Individuen ist aber die Wahrscheinlichkeit, eine Schwankung von 10 % zu erhalten, viel kleiner. In diesem Fall erhalten wir für $p = q = 0{,}5$ und $j = 0{,}6 \times 2N = 120$ eine Wahrscheinlichkeit $p_{ij} = 0{,}10$ %. Dieses Ergebnis stimmt mit dem Eindruck überein, den Abb. 2.1 vermittelt, nämlich dass in einer größeren Population die Schwankungen der Allelfrequenzen kleiner sind als in einer kleinen Population.

Besonders interessant ist es, die Wirkung der genetischen Drift in den Fällen zu untersuchen, in denen das Allel A in der gegenwärtigen Generation eine sehr niedrige oder eine sehr hohe Frequenz hat. Im ersten Fall droht der Verlust von Allel A, im anderen Fall kann die genetische Drift zur Fixierung von Allel A in der Population führen. Einer dieser beiden Zustände wird schließlich eintreten. Das bedeutet, dass wegen der endlichen Größe der Population Allelfrequenzen nicht für immer fluktuieren können. Wir werden dies im Abschn. 2.1.2 genauer erklären. Im Moment berechnen wir anhand von Beispielen, wie hoch die Wahrscheinlichkeit ist, dass ein Allel in der nächsten Generation verloren geht oder fixiert wird. Beide Ereignisse führen zum Verlust der genetischen Variabilität einer Population. Wir nehmen an, dass die Frequenz von A in der gegenwärtigen Generation 10 % beträgt. Falls die Populationsgröße $N = 10$ ist (z. B. für eine Zoopopulation), erhalten wir durch Einsetzen von $q = 0{,}9$ und $j = 0$ in die Gl. 2.1, dass das Allel A in der nächsten Generation mit einer Wahrscheinlichkeit von 12,16 % verloren geht. Im Gegensatz dazu ist die Wahrscheinlichkeit, dass eine größere Wildpopulation von 100 Individuen das Allel A in der nächsten Generation verliert, viel niedriger (ungefähr $7{,}06 \times 10^{-8}$ %). Für die Fixierung von A in der nächsten

Generation finden wir die gleichen Wahrscheinlichkeiten, wenn wir annehmen, dass in der gegenwärtigen Generation $f(A) = 0,9$ ist (Übungen 2.2 und 2.3). Diese Ergebnisse stimmen mit den visuellen Eindrücken von Abb. 2.1a und b überein, dass Fixierung und Verlust von Allelen in kleineren Populationen häufiger als in größeren auftreten.

2.1.2 Verlust der genetischen Variabilität einer Population

Beide Prozesse, die Fixierung und der Verlust eines Allels durch genetische Drift, führen zum Verlust der Variabilität eines Locus. Um diesen Prozess zu beschreiben, betrachten wir wieder einen autosomalen Locus einer diploiden Spezies mit den Allelen A und a. Die genetische Variabilität an diesem Locus in der gegenwärtigen Generation können wir durch die Homozygotie G oder die Heterozygotie $H = 1 - G$ messen. Es gilt dabei, dass die Homozygotie in der nächsten Generation, genannt G', mit G folgendermaßen verknüpft ist:

$$G' = \frac{1}{2N} + \left(1 - \frac{1}{2N}\right)G. \tag{2.2}$$

Um diese Beziehung zu verstehen, müssen wir uns zunächst klarmachen, dass zwei Allele einer Population auf zweifache Weise identisch sein können. Zunächst können sie gleich sein aufgrund ihrer Art oder ihres Zustandes (z. B. weil sie zufällig, aber nicht aufgrund ihrer Abstammung die gleiche DNA-Sequenz tragen). Sie können aber auch aufgrund ihrer Abstammung identisch sein, wenn sie vom gleichen Gameten der Elterngeneration abstammen. Die Wahrscheinlichkeit, dass zwei Allele aufgrund ihrer Abstammung identisch sind, ist $\frac{1}{2N}$ (Mutationen sind in diesem Abschnitt nicht erlaubt). Diese Wahrscheinlichkeit ist ein sehr wichtiger Parameter der Populationsgenetik. Sie heißt **Identität durch Abstammung** *(identity by descent)* und wird in der Pflanzen- und Tierzucht auch als Inzuchtkoeffizient bezeichnet. Sie lässt sich mithilfe des Wright-Fisher-Modells herleiten (Abschn. 2.1.1; Übung 2.4). Auch wenn zwei Allele nicht durch ihre Abstammung identisch sind, weil sie von verschiedenen Gameten abstammen, können sie identisch in ihrer Art sein. Die Wahrscheinlichkeit, dass dies in der Elterngeneration der Fall ist, ist G. Durch Kombination dieser Wahrscheinlichkeiten (mithilfe der Additions- und Multiplikationsregeln; Gl. 13.13 und 13.15) ergibt sich die rechte Seite von Gl. 2.2.

Die Gl. 2.2 ist eine Rekurrenzgleichung, die man leicht mit dem Computer schrittweise lösen kann, aber man findet auch eine analytische Lösung wie folgt. Wir schreiben Gl. 2.2 um in eine Gleichung für die Heterozygotie $H = 1 - G$ bzw. $H' = 1 - G'$:

$$\Delta_N H = -\frac{1}{2N}H. \tag{2.3}$$

Die linke Seite stellt dabei die Differenz der Heterozygotie zwischen der nächsten und der gegenwärtigen Generation dar, d. h. $\Delta_N H = H' - H$. Der Index N in $\Delta_N H$ gibt an, dass die Differenz durch genetische Drift zustande kommt, die von der Populationsgröße N abhängt.

Die Gl. 2.3 besagt, dass die Heterozygotie mit einer Rate $\frac{1}{2N}$ aufgrund von genetischer Drift pro Generation abnimmt. Für große Populationen ist die Abnahme deswegen langsam. Durch Gl. 2.3 wird damit zum Ausdruck gebracht, dass die genetische Variabilität durch genetische Drift verloren geht, wie wir das schon im Abschn. 2.1.1 angedeutet haben. Durch Lösen dieser Gleichung lernen wir, wie schnell das geht.

Die Lösung der Gl. 2.3 ist

$$H_i = H_0 \left(1 - \frac{1}{2N} \right)^i, \tag{2.4}$$

wobei die Indizes 0 und i die Generationen nummerieren, angefangen von der Ausgangsgeneration 0 bis zu einer Generation $i \geq 1$. Diese Lösung kann man leicht finden, indem man iterativ die Gl. 2.3 für $i = 1$ löst (wobei man den bekannten Wert H_0 von der Ausgangsgeneration verwendet), dann die Heterozygotie für $i = 2$ mithilfe der Lösung für $i = 1$ und somit von H_0 berechnet usw.

Mithilfe der obigen Formel (Gl. 2.4) lässt sich schließlich die Frage beantworten, wie schnell die genetische Variabilität aufgrund von genetischer Drift verloren geht. Dazu berechnen wir die Halbwertszeit $T_{1/2}$ der Heterozygotie, d. h. die Zeit, in der die Heterozygotie einer Population auf den halben Wert des Ausgangswertes H_0 sinkt. Wir setzen

$$\frac{1}{2} H_0 = H_0 \left(1 - \frac{1}{2N} \right)^{T_{1/2}}.$$

Durch Kürzen von H_0 und Logarithmieren auf beiden Seiten erhalten wir die Halbwertszeit als

$$T_{1/2} = \frac{-ln(2)}{ln\left(1 - \frac{1}{2N} \right)}.$$

Da im Allgemeinen $\frac{1}{2N} \ll 1$, können wir den Ausdruck im Nenner durch $-\frac{1}{2N}$ approximieren (siehe Gl. 13.3, wobei der quadratische Term dieser Gleichung vernachlässigt werden kann). Wir erhalten dann die Halbwertszeit der Heterozygotie näherungsweise als

$$T_{1/2} \approx 2N ln(2). \tag{2.5}$$

$T_{1/2}$ ist die natürliche Zahl, die dem Wert der rechten Seite der Gl. 2.5 am nächsten kommt. Wichtig an diesem Ergebnis ist, dass die Zeit, die die genetische Drift braucht, um die Heterozygotie einer Population auf die Hälfte zu reduzieren, proportional zur Populationsgröße N ist.

2.2 Genetische Drift mit Mutation

2.2.1 Heterozygotie im Mutations-Drift-Gleichgewicht (*infinite alleles*-Modell)

Mutationen ändern den Zustand eines Allels, das wir uns als Sequenz von Nukleotiden (ohne Rekombination) vorstellen können. Als Mutationen betrachten wir hier einzelne Nukleotidsubstitutionen. Der Einfachheit halber nehmen wir an, dass alle vier Nukleotide mit der gleichen Wahrscheinlichkeit pro Generation mutieren, und beschreiben die Mutationsrate der gesamten Sequenz zu einem anderen Zustand durch den Parameter u. Falls u sehr klein ist ($u \ll 1$), können wir davon ausgehen, dass die Allele, die durch Mutation neu entstehen, nicht schon in der Population existieren (wie in Abschn. 2.1.2 erläutert, können Allele ja durch Drift verloren gehen). Dieses Mutationsmodell wird als *infinite alleles*-Modell bezeichnet (Kimura und Crow 1964; Malécot 1948). Da Mutationsraten einzelner Nukleotide extrem klein sind (im Bereich 10^{-9}–10^{-8} pro Generation für viele Spezies; Abschn. 1.2.3), ist dies eine gute Approximation, wenn die Sequenz eines Allels relativ lang ist. Sie sollte aber auch nicht zu lang sein, da sonst die Annahme $u \ll 1$ verletzt sein könnte.

Im Folgenden nehmen wir an, dass in einer Population beide Prozesse – Mutation und genetische Drift – wirken. Unter dieser Annahme wollen wir berechnen, welchen Effekt das Wirken von Mutation und Drift auf die Heterozygotie hat. Dazu betrachten wir wieder eine Wright-Fisher-Population; d. h. wir starten von Gl. 2.2. Zusätzlich nehmen wir an, dass alle Allele des Genpools mit der Rate u in neue Allele mutieren können. Das bedeutet, dass zwei Allele, die aus dem Genpool (mit Zurücklegen) gezogen werden, nur dann in der nächsten Generation bezüglich ihres Zustandes gleich sind, wenn keines von ihnen mutiert. Die Wahrscheinlichkeit, dass ein Allel nicht mutiert, ist $1 - u$, und dass beide Allele nicht mutieren, $(1 - u)^2$. Wir erhalten deshalb aus Gl. 2.2 aufgrund der Multiplikationsregel (Gl. 13.15) die Beziehung

$$G' = \left[\frac{1}{2N} + \left(1 - \frac{1}{2N} \right) G \right] (1 - u)^2. \tag{2.6}$$

Da wir angenommen haben, dass $u \ll 1$ und N in den meisten Fällen sehr groß ist, können wir nach dem Ausmultiplizieren der rechten Seite von Gl. 2.6 Terme, die proportional zu u^2 und u/N sind, gegenüber den anderen Termen vernachlässigen. Somit erhalten wir Gl. 2.6 in vereinfachter Form als

$$G' \approx \frac{1}{2N} + \left(1 - 2u - \frac{1}{2N} \right) G. \tag{2.7}$$

Im Gleichgewicht gilt: $G' = G$. Das Gleichgewicht von G ist stabil (Übung 2.8). Wir erhalten deshalb für die Heterozygotie im Gleichgewicht, die auch stabil ist und die wir als $\tilde{H}$ bezeichnen, folgende wichtige Formel:

$$\tilde{H} \approx \frac{4Nu}{1 + 4Nu}. \tag{2.8}$$

2.2.2 Nukleotiddiversität im Mutations-Drift-Gleichgewicht (*infinite sites*-Modell)

Im Gegensatz zu Allelen, die – wie im Abschn. 2.2.1 – aus nicht-rekombinierenden DNA-Sequenzen bestehen, ist es für einzelne Nukleotide realistisch, anzunehmen, dass das Produkt $\theta = 4N\mu \ll 1$ ist (im Unterschied zu u, der Mutationsrate für eine DNA-Sequenz, bezeichnen wir die Mutationsrate eines einzelnen Nukleotids als μ; diese Bezeichnung wurde bereits in Abschn. 1.2.3 eingeführt). Das bedeutet, dass die rechte Seite der Gl. 2.8 durch θ approximiert werden kann. Die linke Seite von Gl. 2.8 stellt die Wahrscheinlichkeit dar, dass zwei zufällig gewählte Sequenzen einer Stichprobe an einer Nukleotidstelle verschieden sind. Diese Wahrscheinlichkeit haben wir in Box 1.2 als Nukleotiddiversität π bezeichnet (hier können wir sie auch als Nukleotidheterozygotie bezeichnen, weil wir bei der Ableitung von Gl. 2.8 das Wright-Fisher-Modell vorausgesetzt haben und damit Zufallspaarung). Im Gleichgewicht zwischen Mutation und Drift gilt also

$$\tilde{\pi} \approx \theta. \tag{2.9}$$

Bei der Ableitung von Gl. 2.9 haben wir vorausgesetzt, dass für Nukleotide das gleiche Mutationsmodell gilt wie für eine Sequenz von Nukleotiden, nämlich dass jede Mutation zu einem Nukleotid führt, das noch nicht in der Population vorhanden ist. Eine verschärfte Form dieser Annahme ist, dass ein Nukleotid nicht öfter als einmal mutieren kann. Diese Annahme wird als *infinite sites*-Modell bezeichnet (Kimura 1971). Sie stellt eine brauchbare Voraussetzung für die Analyse von Daten dar, wenn in einer Stichprobe von homologen Sequenzen an jeder Nukleotidstelle höchstens zwei Varianten existieren. Dies ist in bemerkenswerter Weise oft erfüllt, auch wenn die untersuchten Stichproben sehr groß sind (z. B. bei *Drosophila* und dem Menschen). Jedoch gibt es auch Ausnahmen, wie bei den Haupthistokompatibilitätskomplex(MHC)-Genen von Säugetieren (Hughes und Nei 1990) und dem Selbstinkompatibilitäts(S)-Locus von Pflanzen (z. B. bei Solanaceae, Richman et al. 1996). Eine Erklärung dafür werden wir im Kap. 9 kennenlernen.

2.3 Der Koaleszenzprozess

Bisher haben wir den Prozess der genetischen Drift vorwärts in der Zeit betrachtet und dabei die wesentlichen Eigenschaften dieses Prozesses abgeleitet, wie z. B. die Wahrscheinlichkeit $\frac{1}{2N}$, dass zwei Allele identisch wegen ihrer Abstammung sind. Ferner haben wir die Grundgleichung (Gl. 2.2) erhalten, die wir benutzt haben, um die genetische Variabilität unter dem Wirken von genetischer Drift zu studieren. Eine alternative Weise, eine Population unter dem Einfluss von Drift und Mutation zu beschreiben, ist es, die Evolution der Population rückwärts in der Zeit zu analysieren. Diese Sichtweise wurde zu Beginn der 1980er-Jahre in die Populationsgenetik eingeführt (Kingman 1982; Hudson 1983; Tajima 1983). Sie ist unter dem Namen **Koaleszenztheorie** sehr populär geworden und soll hier in Grundzügen dargestellt werden. Im Gegensatz zur klassischen Theorie der Populationsgenetik, die bisher in diesem Kapitel behandelt wurde, bezieht sich die Koaleszenztheorie nicht auf eine gesamte Population von N Individuen, sondern auf Stichproben einer Population. Dies kann ein großer Vorteil sein, denn wir kennen im Allgemeinen nicht die genetische Variabilität einer ganzen Population, sondern nur diejenige von Stichproben, welche wir einer Population entnehmen. Die Koaleszenztheorie ist deshalb von zentraler Bedeutung bei der Analyse von Daten über molekulare Variabilität, die auf Stichproben basieren. Für das vertiefte Studium der Koaleszenztheorie verweisen wir auf die Übersichtsartikel und Monographien Hudson (1990), Donnelly und Tavaré (1995), Hein et al. (2005) und Wakeley (2008).

2.3.1   Genealogie einer Stichprobe von n Allelen

Die **Genealogie** einer Stichprobe beschreibt die historischen Verwandtschaftsbeziehungen der Allele in der Stichprobe. Alle anderen Allele, die zur Zeit der Entnahme der Stichprobe existiert haben, aber nicht in der Stichprobe enthalten sind, spielen im Koaleszenzprozess keine Rolle. Wir betrachten zunächst die einfachst mögliche Genealogie, die von $n = 2$ Allelen, die zufällig einer Wright-Fisher-Population der Größe N zu einem gewissen Zeitpunkt entnommen wurden. Unter einem Allel verstehen wir wieder ein einzelnes Nukleotid oder eine nicht-rekombinierende DNA-Sequenz. Indem wir die Evolution dieser beiden Allele rückwärts in der Zeit verfolgen, fragen wir uns in jeder Generation, mit welcher Wahrscheinlichkeit die beiden Allele einen gemeinsamen Vorfahren in dieser Generation haben. Wenn dies der Fall ist, sagt man, sie „koaleszieren". Die Wahrscheinlichkeit p_c, dass dies in der ersten Generation der Vergangenheit passiert, ist im Wright-Fisher-Modell durch $\frac{1}{2N}$ gegeben, der Identität durch Abstammung:

$$p_c = \frac{1}{2N}. \tag{2.10}$$

Daraus ergibt sich auch die Wahrscheinlichkeit $P\{T = i\}$, dass zwei Allele in Generation $T = i$ rückwärts in der Zeit koaleszieren. Dies bedeutet, dass sie für $i - 1$ Generationen keinen gemeinsamen Vorfahren haben, bevor sie in der i-ten Generation rückwärts in der Zeit koaleszieren. Deshalb erhalten wir die Koaleszenzwahrscheinlichkeit in der Generation i der Vergangenheit als

$$P\{T = i\} = \left(1 - \frac{1}{2N}\right)^{i-1} \frac{1}{2N}. \tag{2.11}$$

Das ist eine geometrische Verteilung für die Zufallsvariable T (Gl. 13.23), die auch als Zeit zum jüngsten gemeinsamen Vorfahren bezeichnet wird, abgekürzt T_{MRCA} (MRCA, *most recent common ancestor*). Falls N hinreichend groß ist, sodass $\frac{1}{2N} \ll 1$, können wir die Zeit mithilfe einer kontinuierlichen Variablen t beschreiben und die geometrisch verteilte Zufallsvariable durch eine exponentiell verteilte Zufallsvariable ersetzen (Gl. 13.28) mit der Dichte:

$$p(t) \approx \frac{1}{2N} exp\left(-\frac{t}{2N} \right),$$ (2.12)

wobei *p(t)* eine Wahrscheinlichkeitsdichte eines Koaleszenzereignisses zur Zeit t ist, d. h. die Wahrscheinlichkeit eines Koaleszenzereignisses im Zeitintervall $(t,\ t + \Delta t)$ ist $p(t)\Delta t$. Mithilfe von Gl. 2.12 und der Definition Gl. 13.26 können wir den Erwartungswert der Zeit T_{MRCA} für zwei Allele berechnen. Man erhält $2N$ Generationen, während die Varianz mithilfe von Gl. 13.27 berechnet wird und $(2N)^2$ beträgt; die Standardabweichung ist somit $2N$ (Übungen 2.5 und 2.6). Das bedeutet, dass die Varianz sehr viel größer als der Erwartungswert der Koaleszenzzeit ist, was wichtige Konsequenzen bei der Interpretation von Daten haben wird (siehe Abschn. 2.3.2).

Diese Betrachtungen für eine Stichprobe der Größe 2 lassen sich auf eine Stichprobe beliebiger Größe n verallgemeinern, sofern $n \ll 2N$ ist. In diesem Fall kann man annehmen, dass höchstens ein Koaleszenzereignis pro Generation stattfindet. Die Genealogie der Stichprobe ist dann ein Baum mit binären Verzweigungen. Die Anzahl der Knoten nimmt von der Gegenwart, in der n Knoten vorhanden sind, zurück zur Vergangenheit ab, bis nur noch ein Knoten übrig bleibt (Abb. 2.3). Wenn zu einer bestimmten Zeit i Linien vorhanden sind, gibt es $i(i-1)/2$ Möglichkeiten, dass zwei verschiedene Linien koaleszieren, aber aufgrund unserer Annahme $n \ll 2N$ wird es nur ein Koaleszenzereignis pro Generation geben. Die Wahrscheinlichkeit, dass ein solches Ereignis in einer gegebenen Generation stattfindet, ist deshalb $\frac{1}{2N} \times \frac{i(i-1)}{2} = \frac{i(i-1)}{4N}$. Die Wahrscheinlichkeitsdichte für die Zeit, während der i Linien vorhanden sind, erhält man, indem man $\frac{i(i-1)}{4N}$ anstelle von $\frac{1}{2N}$ in Gl. 2.12 substituiert. Die Zeiten T_i zwischen zwei Koaleszenzereignissen, während deren i Linien vorhanden sind, sind deshalb auch exponentiell verteilt mit Erwartungswert und Standardabweichung $\frac{4N}{i(i-1)}$.

Beginnend mit n Allelen (Linien) und absteigend zu $i = n-1$ usw. bis $i = 1$ lässt sich der gesamte Baum (der auch **Koaleszent** genannt wird) und damit die Genealogie der Stichprobe konstruieren. Dazu lässt man in jeder Generation Paare von Linien nach den oben angegebenen Wahrscheinlichkeiten verschmelzen, bis nur noch ein einziges Allel vorhanden ist. Letzteres ist der jüngste gemeinsame Vorfahre (MRCA) der Stichprobe. Am Anfang (d. h. für große i) treten die Koaleszenzereignisse rasch hintereinander auf, später wird der Prozess jedoch sehr langsam. Dies lässt sich besonders gut erkennen, wenn man die Zeit bis zum jüngsten gemeinsamen Vorfahren vergleicht mit der Zeit, während der nur noch zwei Linien vorhanden sind (Abb. 2.3). Der Erwartungswert der Zeit bis zum

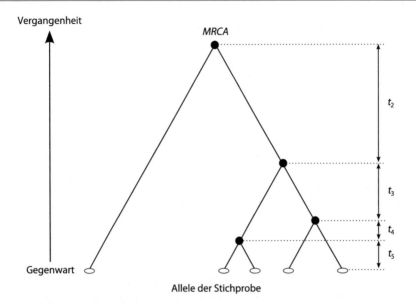

Abb. 2.3 Beispiel einer Genealogie einer Stichprobe von $n = 5$ Allelen. Die Zeit läuft rückwärts von der Gegenwart *(unten)* zur Vergangenheit *(oben)*. Die Zeitintervalle zwischen aufeinanderfolgenden Koaleszenzereignissen *(gefüllte Kreise)* sind durch die Zufallsvariablen T_i, $i = 2, \ldots, 5$, gekennzeichnet, wobei t_i die Werte der Koaleszenzzeiten T_i sind. (Modifiziert nach Hudson 1990, Abb. 1, mit freundlicher Genehmigung von Oxford Publishing Limited über PLSclear)

jüngsten gemeinsamen Vorfahren beträgt $4N\left(1 - \frac{1}{n}\right)$ Generationen (Übung 2.7), während es $2N$ Generationen dauert, bis die letzten beiden Linien koaleszieren.

2.3.2 Der Koaleszenzprozess mit Mutation

Um die Koaleszenztheorie auf molekulare Daten anwenden zu können, müssen wir Mutationen berücksichtigen und diese je nach der Länge der Zeit zwischen Koaleszenzereignissen auf die Kanten des Koaleszenten verteilen. Dazu verwenden wir wieder das *infinite sites*-Modell, d. h. die Mutationsrate pro Nukleotidstelle pro Generation ist μ, und μ ist so klein, dass höchstens eine Mutation pro Nukleotidstelle im gesamten Koaleszenten auftaucht. Die Anzahl der Mutationen entlang einer Kante wird durch den Poisson-Prozess (Gl. 13.24) mit dem Koeffizienten $L\mu t_i$ bestimmt, wobei t_i der Wert von T_i und L die Länge der DNA-Sequenz ist.

Daraus ergibt sich die Nukleotiddiversität wie folgt: Wir berechnen zunächst den Erwartungswert der Gesamtzeit T_{tot} des Koaleszenten. Die Gesamtzeit ist die Summe aller Kanten. Wir schreiben T_{tot} am besten folgendermaßen:

$$T_{tot} = nT_n + (n-1)T_{n-1} + \cdots + 2T_2. \tag{2.13}$$

Der Erwartungswert von T_{tot} ist dann gegeben als (siehe Gl. 13.30 und 13.32)

$$E\{T_{tot}\} = nE\{T_n\} + (n-1)E\{T_{n-1}\} + \cdots + 2E\{T_2\}$$

$$= \frac{4N}{n-1} + \frac{4N}{n-2} + \cdots + \frac{4N}{1} \tag{2.14}$$

$$= 4N \sum_{i=1}^{n-1} \frac{1}{i}.$$

Dabei wurde das zweite Gleichheitszeichen durch Einsetzen der Erwartungswerte der Zeiten T_i zwischen aufeinanderfolgenden Koaleszenzereignissen erhalten (Gl. 13.29).

Um den Erwartungswert der Anzahl der SNPs S einer Stichprobe der Größe n zu erhalten, multiplizieren wir $E\{T_{tot}\}$ mit der Mutationsrate der DNA-Sequenzen (pro Generation), also mit μL. Dies ergibt

$$E\{S\} = \theta L \sum_{i=1}^{n-1} \frac{1}{i} = \theta L a_n, \tag{2.15}$$

wobei der Faktor a_n in Kap. 1 in der Box 1.2 definiert wurde. Watterson (1975) hat diese Gleichung benutzt, um den Parameter θ mittels einer Stichprobe zu schätzen (Box 1.2):

$$\theta_w = \frac{S}{L a_n}. \tag{2.16}$$

Wir haben mit der Ableitung von Gl. 2.15 nun auch den Faktor $a_n = \sum_{i=1}^{n-1} \frac{1}{i}$ erklärt, der darauf beruht, dass die Sequenzen einer Stichprobe nicht unabhängig evolvieren, sondern genealogisch abhängig sind.

Mithilfe der Koaleszenztheorie lässt sich auch die Varianz von θ berechnen (Charlesworth und Charlesworth 2012, Box 5.6):

$$Var\{\theta\} = \frac{\theta}{L a_n} + \frac{\theta^2}{a_n^2} \sum_{i=1}^{n-1} \frac{1}{i^2}. \tag{2.17}$$

Daraus ergibt sich die Varianz von θ_w durch Einsetzen von θ_w anstelle von θ. Der erste Term der rechten Seite von Gl. 2.17 ist die Komponente der Varianz, die durch die (endliche) Stichprobengröße bedingt ist, während der zweite Term die stochastische Varianz des Evolutionsprozesses ausdrückt, die die Stochastizität der Zeitintervalle zwischen Koaleszenzereignissen und den Mutationsprozess umfasst. Die Gl. 2.17 besagt, dass die Varianz von θ_w durch größere Stichproben nicht bedeutend abnimmt, denn a_n nimmt mit n zwar mehr zu als $\sum_{i=1}^{n-1} \frac{1}{i^2}$, aber wächst asymptotisch für größere n nur wie $ln(n)$, also relativ langsam. Die Sequenzlänge L hat nur auf den ersten Term der rechten Seite von Gl. 2.17 einen Effekt. Aus dieser Gleichung gewinnen wir sofort auch die Varianz von S, denn aufgrund von Gl. 2.15 gilt:

$$Var(S) = (L a_n)^2 Var(\theta) = E(S) + (\theta L)^2 \sum_{i=1}^{n-1} \frac{1}{i^2}. \tag{2.18}$$

Die Gl. 2.15 und 2.18 brauchen wir im Abschn. 4.3 bei der Behandlung von Neutralitätstests (Gl. 4.5).

Da die Varianz von θ_W für nicht-rekombinierende DNA-Sequenzen relativ groß ist und auch durch größere Stichproben nicht viel abnimmt, ist die folgende Sequenzierstrategie zu empfehlen, um möglichst genaue Schätzwerte für den Erwartungswert von θ zu erhalten. Anstatt θ mithilfe von einer oder wenigen langen DNA-Sequenzen zu schätzen, ist es besser, viele relativ kurze Sequenzen zu betrachten, die ungekoppelt sind (d. h. zwischen denen die Rekombinationsrate groß ist). Diese Strategie wurde z. B. bei *Drosophila melanogaster* angewendet, wo kurze DNA-Fragmente mit einer Länge von ungefähr 500 bp und einem gegenseitigen Abstand von ca. 50 kb sequenziert wurden (Glinka et al. 2003). Aber auch beim Menschen (Yu et al. 2002) und bei *Arabidopsis thaliana* (Schmid et al. 2005) wurden solche Verfahren eingesetzt. Diese Verfahren, die als Genomscans bekannt sind, stellen die ersten Ansätze der Populationsgenomik dar, bevor Technologien entwickelt wurden, um Stichproben von vollständigen Genomen zu sequenzieren.

2.3.3 Computersimulation des Koaleszenzprozesses

Um die Koaleszenztheorie auf DNA-Sequenzdaten anwenden zu können, müssen die theoretischen Verteilungen von Statistiken wie π ermittelt und dann mit den Daten verglichen werden. Im Allgemeinen sind diese Verteilungen nicht bekannt. Sie können aber durch Computersimulation des Koaleszenzprozesses erhalten werden. Der Koaleszent eignet sich gut zum Simulieren, auch wenn das zugrunde liegende Modell nicht – wie in diesem Kapitel – das relativ einfache Wright-Fisher-Modell ist (Abschn. 2.1.1), sondern die komplexe Evolutionsgeschichte einer Population berücksichtigt (wie z. B. bei der Migration des Menschen aus Afrika).

Bei der Simulation wird zunächst der Genbaum konstruiert. Für nicht-rekombinierende Sequenzen werden dazu die exponentiell verteilten Zeiten T_i, $2 \leq i \leq n$, bestimmt (Abb. 2.3), d. h. für die Stichprobengröße n ziehen wir $n - 1$ Zufallszahlen, die die Zeiten zwischen aufeinanderfolgenden Koaleszenzereignissen repräsentieren. Um die Struktur des Baumes zu generieren, werden zuerst zwei der n Linien zufällig ausgewählt und gepaart, dann zwei der $n - 1$ Linien, die nach dem ersten Koaleszenzereignis noch verblieben sind. Dieser Vorgang wird fortgesetzt, bis der jüngste gemeinsame Vorfahre (MRCA) gefunden wurde. Schließlich werden auf alle Kanten die Mutationen nach dem *infinite sites*-Modell gelegt, deren Anzahl – wie im Abschn. 2.3.2 beschrieben – gemäß der Poisson-Verteilung mit dem Parameter $L\mu t_i$ für eine Sequenz der Länge L, Nukleotidmutationsrate μ und den Werten der Koaleszenzzeiten $T_i = t_i$ bestimmt wird.

Es gibt mehrere Programmpakete, mit deren Hilfe Koaleszenzprozesse simuliert und die theoretischen Verteilungen der relevanten Statistiken extrahiert werden können. Diesen Programmen liegen die Modelle zugrunde, die wir hier besprochen haben, wie das Wright-Fisher-Modell (Abschn. 2.1.1) und das *infinite sites*-Modell (Abschn. 2.2.2). Aber auch für komplexere Modelle, die zusätzlich Rekombination und Migration enthalten oder zeitlich veränderliche Populationsgrößen zulassen, kann der Koaleszenzprozess mit diesen Programmen simuliert werden. Diese Programmpakete stehen auf öffentlichen Webseiten zur Verfügung; siehe z. B. ms (http://home.uchicago.edu/~rhudson1/source/mksamples.html) und DnaSP (http://www.ub.es/dnasp/).

2.4   Effektive Populationsgröße

Unsere Beschreibung der genetischen Drift beruhte bisher auf dem Wright-Fisher-Modell einer idealen Population endlicher Größe. Wir haben dabei mehrere Eigenschaften von real existierenden natürlichen Populationen vernachlässigt, wie z. B., dass die Anzahl von Männchen und Weibchen in der Population ungleich sein kann oder dass die Populationsgröße zeitlich schwankt. Um die Theorie der Populationsgenetik auf solche Gegebenheiten anwenden zu können, ohne jeden Fall gesondert betrachten zu müssen, führte Wright (1931) das Konzept der effektiven Populationsgröße (kurz N_e) ein. Bevor wir zur Definition von N_e kommen, betrachten wir kurz die Auswirkungen dieser Maßnahme. Falls das Wright-Fisher-Modell gültig ist, gilt auch $N_e = N$, d. h. die effektive Populationsgröße ist gegeben durch die Anzahl der an der Reproduktion beteiligten Individuen. Falls jedoch eine Population nicht dem Wright-Fisher-Modell folgt, gilt diese Gleichung nicht mehr. In den meisten Fällen ist N_e kleiner als N, oft sogar viel kleiner.

In der klassischen Literatur der Populationsgenetik sind mehrere Definitionen von N_e zu finden. Sie beziehen sich jeweils auf spezifische biologische Fälle, wie z. B. auf die Situation, in der das Wright-Fisher-Modell gilt, aber das Geschlechterverhältnis nicht 1:1 ist oder die Populationsgröße nicht konstant ist. Dementsprechend gibt es Definitionen einer eigenwerteffektiven Populationsgröße, einer varianzeffektiven oder einer inzuchteffektiven Populationsgröße (Crow und Kimura 1970, Kap. 7 und 8). Die moderne Definition von N_e hingegen beruht auf dem Koaleszenzprozess (Wakeley 2008, Kap. 6). Sie basiert auf der Wahrscheinlichkeit p_c, dass in der ersten Generation der Vergangenheit zwei Allele koaleszieren. Diese ist im Wright-Fisher-Modell einer diploiden Population durch $\frac{1}{2N}$ gegeben, der Identität durch Abstammung (Gl. 2.10). Im Allgemeinen wird deshalb die effektive Populationsgröße für diploide Populationen folgendermaßen definiert:

$$N_e = \frac{1}{2p_c}. \tag{2.19}$$

Aufgrund dieser Gleichung wird die effektive Populationsgröße auch als **koaleszenzeffektive Populationsgröße** bezeichnet. Da sie auf dem Prinzip der Identität durch Abstammung beruht, ist sie mit der inzuchteffektiven Populationsgröße konzeptuell verwandt. Um die effektive Populationsgröße für bestimmte biologische Fälle zu berechnen, muss man nach Gl. 2.19 die Koaleszenzwahrscheinlichkeit p_c berechnen oder schätzen, was allerdings im Allgemeinen nicht trivial ist. Wir verweisen deshalb auf die einschlägige Literatur (z. B. Charlesworth und Charlesworth 2012, Kap. 5).

Wir diskutieren hier zwei wichtige Fälle der koaleszenzeffektiven Populationsgröße, die mit den Ergebnissen der klassischen Literatur übereinstimmen. Im ersten Beispiel nehmen wir an, dass das Wright-Fisher-Modell gilt, aber die Anzahl von Männchen N_m und Weibchen N_f unterschiedlich sein kann (wobei $N_m + N_f = N$ gilt). In diesem Fall ist die effektive Populationsgröße näherungsweise durch folgende Formel gegeben:

$$N_e \approx \frac{4 N_m N_f}{N_m + N_f}. \tag{2.20}$$

Aus Gl. 2.20 folgt, dass bei Gleichheit der Anzahl von Männchen und Weibchen N_e durch N gegeben ist, was nach unseren Vorüberlegungen zu erwarten ist. Biologisch interessanter ist beispielsweise der Fall einer Haremsstruktur, in der wenige Männchen dominant sind. Falls z. B. $N_m = 1$, erhalten wir bei einer hinreichend großen Anzahl von Weibchen (sodass $N_f > 10$) $N_e \approx 4$, d. h. die effektive Populationsgröße ist extrem niedrig. Dies bedeutet, dass auch die genetische Variabilität dieser Population sehr gering ist.

Im zweiten Beispiel betrachten wir eine Population, die dem Wright-Fisher-Modell folgt, sich aber von Generation zu Generation in ihrer Größe verändern kann. Dies ist realistischer als die Annahme, dass die Populationsgröße zeitlich konstant ist. Im Fall einer variablen Populationsgröße lässt sich die effektive Populationsgröße N_e näherungsweise berechnen, wenn man zusätzlich annimmt, dass die effektiven Populationsgrößen von Generation zu Generation unabhängig sind (Iizuka 2010). Sei N_{ei} die effektive Populationsgröße in Generation i, die z. B. durch ein ungleiches Geschlechterverhältnis gegeben ist, dann ist N_e durch den harmonischen Mittelwert über die Größen N_{ei} folgendermaßen bestimmt:

$$N_e \approx \frac{t}{\sum_{i=1}^{t} \frac{1}{N_{ei}}}. \tag{2.21}$$

In dieser Formel ist t der Beobachtungszeitraum, über den gemittelt wird. Je länger eine Population beobachtet wird, desto genauer kann N_e abgeschätzt werden. Gibt es jedoch starke Populationsschwankungen, ist die Gl. 2.21 mit Vorsicht zu betrachten. Trotzdem kann sie verwendet werden, um den Einfluss von Populationsschwankungen, wie z. B. einer Reihe von Flaschenhalsereignissen (*bottlenecks;* Abschn. 3.2.1), auf die genetische Variabilität qualitativ zu verstehen. Geht nämlich eine Population durch einen **Populationsflaschenhals,** wird für eine oder mehrere Generationen die effektive Populationsgröße reduziert sein. Dies führt zu großen Beiträgen in der Summe des Nenners von Gl. 2.21. Daraus resultiert dann ein niedriger Wert von N_e. Das bedeutet, dass Flaschenhalsereignisse im Allgemeinen zur Reduzierung der effektiven Populationsgröße führen.

Übungen

2.1 Leiten Sie die Gl. 2.1 ab.

2.2 Berechnen Sie mithilfe von Gl. 2.1 die Wahrscheinlichkeit, dass die Allelfrequenz in einer Generation von 50 % auf 60 % ansteigt. Vergleichen Sie dabei eine Population von 10 diploiden Individuen mit einer Population von 100 Individuen.

2.3 Berechnen Sie die Wahrscheinlichkeit, dass Allel A in der nächsten Generation fixiert wird unter der Annahme, dass gegenwärtig $p = f(A) = 0{,}9$ beträgt. Wiederum ist $N = 10$ oder $N = 100$.

2.4 Die Wahrscheinlichkeit, dass zwei Allele im Wright-Fisher-Modell aufgrund ihrer Abstammung identisch sind, ist $\frac{1}{2N}$. Warum?

2.5 Berechnen Sie den Erwartungswert der Zeit zum jüngsten gemeinsamen Vorfahren T_{MRCA} von zwei Allelen unter der Annahme, dass T_{MRCA} exponentiell verteilt ist. Welches Ergebnis erhalten Sie, wenn T_{MRCA} geometrisch verteilt ist?

2.6 Berechnen Sie die Varianz von T_{MRCA} von zwei Allelen unter der Annahme, dass T_{MRCA} exponentiell verteilt ist. Wie lautet das Ergebnis, wenn T_{MRCA} geometrisch verteilt ist?

2.7 Berechnen Sie den Erwartungswert der Zeit zum jüngsten gemeinsamen Vorfahren T_{MRCA} von n Allelen.

2.8 Zeigen Sie, dass die Rekurrenzgleichung 2.7 einen stabilen Gleichgewichtspunkt hat.

2.9 Leiten Sie Gl. 2.8 mithilfe des Koaleszenzprozesses ab.

2.10 Zeigen Sie, dass die Wahrscheinlichkeit, $S = i$ Mutationen auf einem Koaleszenten von $n = 2$ DNA-Sequenzen für einen gegebenen Wert von θ zu finden,

$$P(S = i|\theta) = \left(\frac{\theta}{1+\theta} \right)^{i} \frac{1}{1+\theta}$$

beträgt. Dabei ist P eine bedingte Wahrscheinlichkeit (Abschn. 13.2.1) und $\theta = 4Nu$ die skalierte Mutationsrate pro Sequenzlänge.

Literatur

Charlesworth B, Charlesworth D (2012) Elements of evolutionary genetics, 2. Aufl. Roberts and Company, Greenwood Village

Crow JF, Kimura M (1970) An introduction to population genetics theory. Burgess Publishing, Minneapolis

Donnelly P, Tavaré S (1995) Coalescents and genealogical structure under neutrality. Annu Rev Genet 29:401–421

Glinka S, Ometto L, Mousset S, Stephan W, De Lorenzo D (2003) Demography and natural selection have shaped genetic variation in *Drosophila melanogaster:* a multi-locus approach. Genetics 165:1269–1278

Hein J, Schierup MH, Wiuf C (2005) Gene genealogies, variation and evolution – a primer in coalescent theory. Oxford University Press, Oxford

Hudson RR (1983) Properties of a neutral allele model with intragenic recombination. Theor Popul Biol 23:183–201

Hudson RR (1990) Gene genealogies and the coalescent process. Oxford Surv Evolut Biol 7:1–44

Hughes AL, Nei M (1990) Evolutionary relationships of class II major-histocompatibility-complex genes in mammals. Mol Biol Evol 7:491–514

Iizuka M (2010) Effective population size of a population with stochastically varying size. J Math Biol 61:359–375

Kimura M (1971) Theoretical foundation of population genetics at the molecular level. Theor Popul Biol 2:174–208

Kimura M, Crow JF (1964) The number of alleles that can be maintained in a finite population. Genetics 49:725–738

Kingman JFC (1982) The coalescent. Stoch Process Appl 13:235–248

Malécot G (1948) Les Mathématiques de l'Hérédité. Masson, Paris

Richman AD, Uyenoyama MK, Kohn JR (1996) Allelic diversity and gene genealogy at the self-incompatibility locus in the Solanaceae. Science 273:1212–1216

Schmid KJ, Ramos-Onsins S, Ringys-Beckstein H, Weisshaar D, Mitchell-Olds T (2005) A multilocus sequence survey in *Arabidopsis thaliana* reveals a genome-wide departure from a neutral model of DNA sequence polymorphism. Genetics 169:1601–1615

Tajima F (1983) Evolutionary relationship of DNA sequences in a finite population. Genetics 105:437–460

Wakeley J (2008) Coalescent theory – an introduction. Roberts and Company, Greenwood Village

Watterson GA (1975) Number of segregating sites in genetic models without recombination. Theor Pop Biol 7:256–276

Wright S (1931) Evolution in mendelian populations. Genetics 16:97–159

Yu N, Chen F-C, Ota S, Jorde LB, Pamilo P et al (2002) Larger genetic differences within Africans than between Africans and Eurasians. Genetics 161:269–274

Räumlich-zeitliche Populationsstruktur und Populationsgenomik

3

In diesem Kapitel betrachten wir zwei weitere Abweichungen einer natürlichen Population vom Idealbegriff einer Wright-Fisher-Population (Abschn. 2.1.1). Zum einen ist uns bekannt, dass eine natürliche Population fast immer in **Subpopulationen** unterteilt ist, in denen Individuen eine höhere Wahrscheinlichkeit haben, sich miteinander zu paaren, als zwischen den Subpopulationen. Migration von Individuen zwischen Subpopulationen kann allerdings zur Paarung führen. Man bezeichnet eine Population, die aus solchen Subpopulationen, die miteinander durch Migration verbunden sind, besteht, als räumlich strukturiert. Es ist klar, dass eine solche Population von den Annahmen einer Wright-Fisher-Population insofern abweicht, dass die Paarung zwischen zwei Individuen der **Gesamtpopulation** nicht mehr zufällig erfolgt, sondern davon abhängt, ob die beiden Individuen in der gleichen Subpopulation sind.

Zum anderen wollen wir nochmals auf das Beispiel in Abschn. 2.4 zurückkommen, in dem wir eine Population betrachtet haben, die mit den Annahmen des Wright-Fisher-Modells übereinstimmt, sich aber von Generation zu Generation in ihrer Größe ändern kann. Dieses Beispiel wird in der Populationsgenetik unter dem Begriff der Demographie behandelt. Im Unterschied zum Kap. 2 betrachten wir hier aber nicht eine Reihe von demographischen Ereignissen, wie Flaschenhalseffekte *(bottlenecks),* die wir statistisch durch die effektive Populationsgröße beschreiben können, sondern wir wollen nur ein einzelnes Ereignis oder wenige Veränderungen der Populationsgröße der jüngsten Vergangenheit einer Population betrachten, wie ein Flaschenhalsereignis und/oder eine Expansion der Population. Beides, sowohl die räumliche Struktur einer Population, die von der Migration von Individuen zwischen Subpopulationen abhängt (Abschn. 3.1), als auch die zeitliche Struktur, die von Zu- oder Abnahmen der Populationsgröße charakterisiert wird (Abschn. 3.2), wollen wir mithilfe der **Populationsgenomik,** einem modernen Ansatz, analysieren (Abschn. 3.3).

© Springer-Verlag GmbH Deutschland, ein Teil von Springer Nature 2019
W. Stephan und A. C. Hörger, *Molekulare Populationsgenetik,*
https://doi.org/10.1007/978-3-662-59428-5_3

3.1   Modelle räumlich strukturierter Populationen

3.1.1   Kontinent-Insel-Modell

Zunächst beschreiben wir die populationsgenetischen Grundmodelle einer räumlich strukturierten Population, die als **Inselmodelle** bekannt und eng mit dem Namen Sewall Wright, einem der Mitbegründer der Populationsgenetik, verknüpft sind. Das einfachste Modell ist das Kontinent-Insel-Modell (Wright 1940). Der Kontinent stellt dabei eine unendlich große Population dar, während die Insel eine endlich große Population der effektiven Größe N_e beschreibt (Abb. 3.1).

Als konkretes Beispiel stelle man sich dazu als Kontinent Südamerika und als Insel die Galapagos-Inselgruppe vor. In beiden Populationen herrsche Zufallspaarung. Ferner wird angenommen, dass pro Generation M Migranten vom Kontinent auf die Insel gelangen können und M dort lebende Individuen ersetzen. Die Frequenz der Neuankömmlinge auf der Insel pro Generation ist damit $m = \frac{M}{N_e}$ Der Parameter m wird daher als Migrationsrate bezeichnet. Eine weitere Annahme dieses Modells ist, dass die Heterozygotie H_C auf dem Kontinent konstant bei 1 ist. Auf der Insel hingegen kann die Heterozygotie H_I durch den Einfluss von genetischer Drift und Migration schwanken, sodass die Inselpopulation vom Kontinent genetisch verschieden sein kann. Um die **genetische Differenzierung** zu quantifizieren, verwenden wir den Fixierungsindex F_{ST}, der folgendermaßen definiert ist:

$$F_{ST} = \frac{H_C - H_I}{H_C}. \tag{3.1}$$

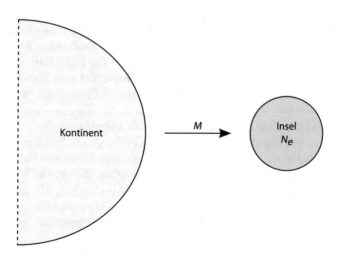

Abb. 3.1 Kontinent-Insel-Modell. In diesem Modell wandern pro Generation M Individuen von der unendlich großen Kontinentalpopulation in die endlich große Inselpopulation ein. Die Größe der Inselpopulation N_e bleibt dabei konstant, da die Immigranten auf der Insel lebende Individuen ersetzen

Aus dieser Definition (Gl. 3.1) folgt, dass F_{ST} Werte zwischen 0 und 1 annehmen kann. Ein Wert nahe 0 bedeutet, dass die Inselpopulation von der Population auf dem Kontinent wenig differenziert ist, während bei einem Wert nahe 1 die Inselpopulation genetisch sehr verschieden von der Kontinentalpopulation ist. Daher wird F_{ST} als Fixierungsindex bezeichnet. Die Indizes S und T stehen für Subpopulation bzw. Gesamtpopulation *(total population)*, auf die wir im Abschn. 3.1.2 genauer eingehen werden.

Da $H_C = 1$, folgt aus Gl. 3.1 im Gleichgewicht $\widetilde{F}_{ST} = 1 - \widetilde{H}_I$ Die Heterozygotie $\widetilde{H}_I$ im Gleichgewicht zwischen Migration und Drift kann genauso berechnet werden wie diejenige zwischen Mutation und Drift (Abschn. 2.2.1, Gl. 2.6, 2.7 und 2.8), nur muss anstelle der Mutationsrate u die Migrationsrate m verwendet werden (Übung 3.1). Migration und Mutation sind analoge Prozesse, beide erhöhen die Diversität, während die genetische Drift sie reduziert. Im Gleichgewicht zwischen Migration und genetischer Drift führt dies zu folgendem Zusammenhang zwischen der genetischen Differenzierung und der Migrationsrate:

$$\widetilde{F}_{ST} = \frac{1}{1 + 4N_e m}. \tag{3.2}$$

Zunächst bemerken wir, dass wir bei der Ableitung von Gl. 3.2 N durch N_e ersetzt haben (die effektive Populationsgröße N_e wurde in Abschn. 2.4 eingeführt). Die Gl. 3.2 wird oft benutzt, um aus der gemessenen genetischen Differenzierung die Migrationsrate zu schätzen. Da Letztere mit direkten Methoden nur schwer zu messen ist, spielt die Gl. 3.2 eine wichtige Rolle in der Populationsbiologie. Jedoch ist Vorsicht geboten, denn die Gl. 3.2 gilt nur, wenn die Subpopulationen im Gleichgewicht sind, d. h., wenn demographische Effekte wie Flaschenhalsereignisse und Populationsexpansionen vernachlässigbar sind.

3.1.2 Symmetrisches Inselmodell

In diesem Modell nimmt man an, dass sich eine Population aus d Subpopulationen (Inseln) zusammensetzt (Abb. 3.2), wobei jede Subpopulation aus N_e Individuen besteht und zwischen allen Subpopulationen die Anzahl der Migranten pro Generation gleich ist (daher der Name „symmetrisch").

Den Grad der genetischen Differenzierung einer Subpopulation S von der Gesamtpopulation T berechnen wir in diesem Fall durch

$$F_{ST} = \frac{H_T - H_S}{H_T}, \tag{3.3}$$

wobei H_T die Heterozygotie der Gesamtpopulation darstellt und H_S diejenige der Subpopulation S. H_T erhält man durch Mitteln der Stichproben, die einer möglichst großen Anzahl von Subpopulationen entnommen wurden. In jeder Subpopulation ist die Wahrscheinlichkeit eines Individuums, ein Migrant zu sein, durch die konstante Migrationsrate m gegeben. Falls die Anzahl d der Inseln groß ist, gilt im Gleichgewicht wiederum die Gl. 3.2 (Hudson 1998).

Abb. 3.2 Symmetrisches
Inselmodell mit $d=5$
Subpopulationen. In diesem
Modell wandern pro
Generation M Individuen
in eine Subpopulation
ein (aus allen anderen
$d-1$ Subpopulationen).
Migration zwischen allen
Subpopulationen ist möglich.
Wiederum ist N_e konstant

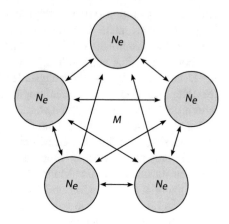

3.1.3 *Isolation by distance* **und alternative Migrationsmodelle**

In vielen Studien wurde beobachtet, dass die genetische Differenzierung zwi-
schen einem Paar von Subpopulationen mit der geographischen Distanz der
Subpopulationen zunimmt, wie es in Abb. 3.3 für den Sträflings- oder auch
Gitter-Doktorfisch *Acanthurus triostegus* im Indisch-Pazifischen Ozean zu

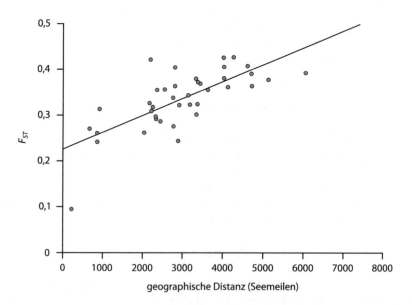

Abb. 3.3 *Isolation by distance.* Die genetische Differenzierung *(F_{ST})* zwischen Subpopulationen des Doktorfisches *Acanthurus triostegus* im Indisch-Pazifischen Ozean nimmt mit
der geographischen Distanz zwischen den Subpopulationen zu. Eine Seemeile entspricht 1852
Metern. (Modifiziert nach Planes und Fauvelot 2002, Abb. 3, mit freundlicher Genehmigung von
John Wiley and Sons, Copyright 2002 The Society for the Study of Evolution)

sehen ist. Diese Beobachtung kann dadurch erklärt werden, dass räumlich benachbarte Subpopulationen mehr Migranten austauschen als geographisch entfernte Subpopulationen. Wright (1943) hat dieses Phänomen als *isolation by distance* bezeichnet.

Da diese Beobachtung von den oben diskutierten Inselmodellen (sowohl vom Kontinent-Insel-Modell wie auch vom symmetrischen Inselmodell) nicht erfasst wird, hat Wright (1946) begonnen, alternative Szenarien zu analysieren. Er hat z. B. Populationen betrachtet, die kontinuierlich über den Raum verteilt sind (und dabei eine **Kline** bilden können). Später haben Kimura (1953) und Malécot (1959) sogenannte *stepping-stone*-**Modelle** studiert, welche die räumliche Anordnung von Subpopulationen und damit deren Konnektivität berücksichtigen. In diesen Modellen tauschen diskrete Subpopulationen Migranten zwischen linear verknüpften Subpopulationen oder zwischen Subpopulationen, die in einem zweidimensionalen Gitter ausgerichtet sind, aus. Diese Modelle können den Effekt der *isolation by distance* zumindest qualitativ reproduzieren, da bei ihnen die Migrationsrate zwischen benachbarten Subpopulationen höher ist als zwischen geographisch entfernten Subpopulationen, die nur über Zwischenschritte (d. h. andere Subpopulationen) erreichbar sind (Abschn. 3.3.4).

3.2 Modelle zeitlich strukturierter Populationen

3.2.1 Populationsflaschenhals *(bottleneck)*

Erleidet eine natürliche Population zu einem Zeitpunkt in der Vergangenheit eine Reduktion ihrer effektiven Populationsgröße N_e und erholt sich danach wieder, sprechen wir von einem Populationsflaschenhals *(bottleneck)*. Verschiedene Umwelteinflüsse können für dieses Phänomen verantwortlich sein: Naturkatastrophen (z. B. Dürre), menschliches Verhalten (z. B. Jagd; Glenn et al. 1999) oder auch die Kolonisierung neuer Lebensräume durch einen Teil der ursprünglichen Population. In Abb. 3.4 ist ein einfaches Beispiel eines Flaschenhalses gezeigt, wobei die effektive Populationsgröße von einer konstanten Population der effektiven Größe N_{eA} zum Zeitpunkt 0 auf die *bottleneck*-Größe N_{eB} abfällt und nach T_B Generationen auf die Größe N_e der Gegenwart ansteigt. Der Einfachheit halber sind die Epochen vor, während und nach dem Flaschenhalsereignis als konstant angenommen, wohingegen die Änderungen der Populationsgröße abrupt erfolgen.

3.2.2 Populationsexpansion und -reduktion

Eine Populationsexpansion ist charakterisiert durch den Zuwachs der effektiven Populationsgröße. Dies kann z. B. durch eine Exponentialfunktion beschrieben werden (wie bei der menschlichen Population, die in den letzten Jahrhunderten sehr schnell angewachsen ist). Einfacher ist es allerdings oft, ein Zwei-Epochen-Modell zu verwenden, in dem der Übergang von der ursprünglichen in die folgende

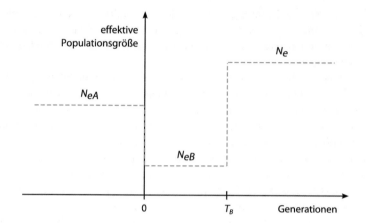

Abb. 3.4 Populationsflaschenhals *(bottleneck)* mit drei Epochen. In der ersten Epoche beträgt die effektive Populationsgröße N_{eA}, diese nimmt zum Zeitpunkt 0 auf die *bottleneck*-Größe N_{eB} ab und nach T_B Generationen auf den gegenwärtigen Wert N_e wieder zu

Epoche abrupt erfolgt (wie in Abb. 3.4). Vor allem in Analysen, die auf Koaleszenz-simulationen beruhen (Abschn. 2.3.3), werden instantane Übergänge zwischen den Epochen bevorzugt angenommen. In ähnlicher Weise kann eine Populations-reduktion abrupt oder in kontinuierlicher Form modelliert werden.

3.3   Populationsgenomik

Die Populationsgenomik ist ein moderner Ansatz zur Analyse populations-genetischer Fragestellungen. Sie beruht auf großen (Sequenz-)Datensätzen, die durch Hochdurchsatzverfahren gewonnen werden. Insbesondere erlaubt das Sequenzieren von Stichproben von ganzen Genomen, die genetische Variation von Populationen viel genauer zu analysieren, als dies mit herkömmlichen Methoden, die meist nur wenige Gene betrachteten, möglich war.

Wir interessieren uns in diesem Kapitel hauptsächlich dafür, den Einfluss der **räumlich-zeitlichen Populationsstruktur** auf die genetische Variation von Popu-lationen zu verstehen. Warum ist dafür ein populationsgenomischer Ansatz von Vorteil? Die Prozesse in einer räumlich-zeitlich strukturierten Population (wie Migration oder das Wachstum einer Population) betreffen Individuen als Ganze und nicht nur einzelne Merkmale. Deshalb ist es ratsam, in die Analyse möglichst Daten vom Gesamtgenom oder zumindest von sehr vielen Regionen des Genoms einzubeziehen, anstatt sich auf einzelne Gene oder Gennetzwerke zu beschränken. Die Tatsache, dass einzelne Gene unter Evolutionskräften stehen, die nicht nur von der räumlich-zeitlichen Struktur und Drift abhängen, sondern z. B. auch von der positiv gerichteten Selektion (Kap. 5), stört dabei nicht, da der Anteil dieser Gene im Allgemeinen im Vergleich zum Gesamtgenom relativ klein ist.

3.3.1 Frequenzspektrum einer Population konstanter Größe

Die Populationsgenomik verwendet zur Datenanalyse hauptsächlich die Koaleszenzmethode. Nehmen wir zunächst an, dass die effektive Größe einer Population in der jüngeren Vergangenheit konstant war. Dann können wir mittels Simulationen für einen gegebenen Wert θ und der Länge L einer Sequenz ermitteln, wie viele Mutationen einer bestimmten Frequenz in einer Stichprobe der Größe n vorkommen. Solche Simulationen können z. B. mithilfe des Programms ms (Hudson 2002) durchgeführt werden (Abschn. 2.3). Im Falle einer Population mit konstanter Größe ist es sogar möglich, eine explizite Formel für den Erwartungswert der Anzahl der Mutationen X_i, die i-mal in der Stichprobe vorkommen, zu erhalten, nämlich

$$E\{X_i\} = \frac{\theta L}{i}, i = 1, \ldots, n-1 \qquad (3.4)$$

(Tajima 1989). Diese Darstellung der Daten ist wichtig, da im *infinite sites*-Modell die Mutationen den in der Stichprobe befindlichen abgeleiteten (also nicht anzestralen) SNP-Varianten entsprechen, deren Häufigkeit direkt (durch Sequenzieren) gemessen werden kann. Man bezeichnet diese Repräsentation der Daten als **Frequenzspektrum**. Dividiert man die Anzahl der Mutationen einer bestimmten Frequenz noch durch die Gesamtzahl der Mutationen, dann erhält man das relative Frequenzspektrum (Abb. 3.5). Im Falle von DNA-Sequenzdaten, für die das *infinite sites*-Modell im Allgemeinen adäquat ist, wird das **relative Frequenzspektrum** als *site frequency spectrum* (**SFS**) bezeichnet. Dieses erhalten wir bei konstanter Populationsgröße aus Gl. 3.4 oder durch Anwendung von Gl. 2.14 als

$$SFS(i) = \frac{\frac{1}{i}}{\sum_{i=1}^{n-1} \frac{1}{i}}, \ i = 1, \ldots, n - 1. \qquad (3.5)$$

3.3.2 Frequenzspektren von zeitlich strukturierten Populationen

Um ein qualitatives Verständnis für die Frequenzspektren von strukturierten Populationen zu erhalten, betrachten wir im Folgenden zunächst eine Reihe von Populationen, deren Größe sich zeitlich verändern kann. Wir beginnen mit dem Fall einer expandierenden Population. Um die Simulation zu vereinfachen, nehmen wir ein Zwei-Epochen-Modell an, in dem die effektive Populationsgröße sich abrupt von der Epoche 1 zur Epoche 2 verändert. Wir erhalten dann ein Frequenzspektrum, das sich vom Spektrum für eine konstante Population dadurch unterscheidet, dass die niederfrequenten Varianten häufiger vorkommen als für konstante Populationen (Abb. 3.5). Dabei sind vor allem die Varianten im Überschuss vorhanden, die nur einmal in der Stichprobe auftauchen (sog. *singletons*). Dies lässt sich dadurch erklären, dass die effektive Populationsgröße in der Epoche 1 kleiner ist und deshalb die Koaleszenzrate (pro Paar von Linien) größer ist

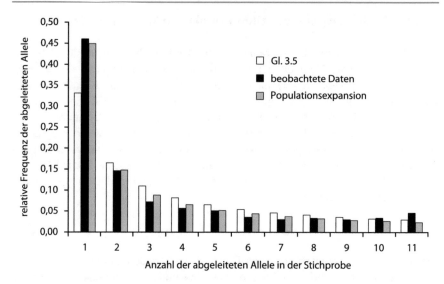

Abb. 3.5 Das SFS *(site frequency spectrum)* zeigt die Ergebnisse, die nach Gl. 3.5 (mit konstanter Populationsgröße) für eine Stichprobe von zwölf Sequenzen erwartet werden *(weiß)*. Die beobachteten Daten sind einer afrikanischen *Drosophila melanogaster*-Population entnommen *(schwarz)* und wurden durch Sequenzieren von X-Chromosomen gewonnen (Ometto et al. 2005). Ferner ist der Fit eines Expansionsmodells mit zwei Epochen zu sehen *(grau)*. Es ist deutlich zu erkennen, dass das SFS der beobachteten Daten besser durch das Modell mit Populationsexpansion dargestellt wird als durch das Modell mit konstanter Populationsgröße. (Modifiziert nach Li und Stephan 2006, Abb. 3)

als in der Epoche 2 (Abschn. 2.3). Eine höhere Koaleszenzrate führt aber zu kürzeren Linien zwischen zwei aufeinanderfolgenden Koaleszenzereignissen und deshalb zu weniger Mutationen in der Epoche 1.

Als weiteres Beispiel betrachten wir das Frequenzspektrum eines Populationsflaschenhalses *(bottleneck)* mit drei Epochen, wobei die Epoche 1 am weitesten in der Vergangenheit liegt, die Epoche 2 die Flaschenhalsphase darstellt und die Epoche 3 die Zeit nach der Flaschenhalsphase bis zur Gegenwart ist (Abb. 3.4). Hier können ebenfalls Änderungen im Vergleich zum Spektrum für zeitlich konstante Populationen auftreten. Zum einen gibt es wieder einen Überschuss von niederfrequenten Varianten, der durch den Übergang vom *bottleneck* (Epoche 2) zur Epoche 3 entsteht, weil die Populationsgröße dabei ansteigt (wie im Fall der Populationsexpansion). Andererseits kann sich auch die Anzahl der Varianten im mittleren und oberen Frequenzbereich gegenüber einer Population mit konstanter Größe erhöhen, wenn das Flaschenhalsereignis nicht sehr extrem ist. Das liegt daran, dass in diesem Fall nicht alle Linien während der Flaschenhalsphase koaleszieren, sondern erst in der Epoche 1 (vor dem Auftreten des Flaschenhalsereignisses). Die Linien, die das Flaschenhalsereignis „überleben" und in der Epoche 1 koaleszieren, können relativ viele Mutationen ansammeln, was zur Zunahme von höherfrequenten Varianten im Vergleich zu einer zeitlich konstanten Population führt.

3.3.3 Frequenzspektrum des Inselmodells mit zwei Subpopulationen

Als Beispiel einer räumlich strukturierten Population betrachten wir zunächst den einfachen Fall eines Inselmodells mit zwei Subpopulationen und symmetrischer Migrationsrate m. Ferner sei die Populationsgröße N_e der Subpopulationen konstant. Stichproben werden lokal von einer Subpopulation entnommen. Falls m groß ist, haben wir nahezu eine panmiktische Population. Das SFS ist deshalb durch Gl. 3.5 gegeben. Wenn die Migrationsrate jedoch reduziert wird, können Abweichungen von dieser Verteilung (Gl. 3.5) beobachtet werden. Insbesondere nimmt die Anzahl der Varianten im mittleren Frequenzbereich zu. Der Grund dafür ist, dass in einer Subpopulation Migranten existieren, was zu einer Erniedrigung der Koaleszenzrate führt. Wird die Migrationsrate noch stärker reduziert, sodass kaum Migrationsereignisse zwischen beiden Subpopulationen stattfinden, dann nähert sich das SFS wieder der Verteilung von Gl. 3.5 an.

3.3.4 Frequenzspektren in räumlich-zeitlich strukturierten Populationen

In diesem Abschnitt wollen wir die Frequenzspektren in Populationen beschreiben, in denen sowohl eine räumliche Struktur als auch demographische Prozesse (d. h. zeitliche Struktur) vorkommen. Auch wenn wir hier nur einfache Modelle betrachten, ist es ziemlich schwierig, mithilfe des Frequenzspektrums etwas über diese Prozesse aussagen zu können. Es ist deshalb nötig, die Abweichungen des Frequenzspektrums von der Verteilung ohne räumliche oder zeitliche Struktur (Gl. 3.5) in quantitativer Weise zu beschreiben. Wir verwenden dazu **Tajimas D-Statistik** (Box 3.1; Tajima 1989).

Box 3.1 Tajimas D-Statistik

Tajima (1989) hat vorgeschlagen, für DNA-Sequenzdaten die Differenz der beiden Schätzwerte für die Nukleotiddiversität π und θ_W (Box 1.2) als Maß für die Abweichung des SFS von der Standardverteilung in Gl. 3.5 zu betrachten. Im Gleichgewicht zwischen genetischer Drift und Mutation verschwindet diese Differenz (Gl. 2.9). Im Nichtgleichgewicht, wenn die Populationsgröße nicht konstant ist, ist die Differenz D im Allgemeinen von 0 verschieden. In ähnlicher Weise kann die räumliche Struktur einer Population zu einer Abweichung von D von 0 führen. Tajimas D ist dabei folgendermaßen definiert:

$$D = \frac{\pi - \theta_W}{\sqrt{Var(\pi - \theta_W)}}. \tag{3.6}$$

Die Standardabweichung, die im Nenner von Gl. 3.6 steht, dient dabei der Normalisierung dieser Statistik (Tajima 1989). Negative Werte von D

bedeuten, dass die Frequenzen der abgeleiteten Polymorphismen relativ klein sind oder – mit anderen Worten – ein Überschuss von niederfrequenten abgeleiteten Varianten in der Stichprobe vorhanden ist. Dies haben wir bei Populationswachstum festgestellt. Andererseits charakterisieren positive Werte von Tajimas D einen Überschuss von mittel- bis hochfrequenten Varianten, wie wir sie bei Flaschenhalsereignissen und räumlicher Populationsstruktur gefunden haben (falls die Migrationsrate nicht extrem klein oder groß ist). Neben der räumlich-zeitlichen Struktur einer Population können aber auch andere Evolutionskräfte (insbesondere die natürliche Selektion) zu einer Abweichung von Tajimas D von null führen, wie wir in den Kap. 8 und 9 sehen werden. Dies gilt aber nicht für genomweite Datensätze wie in diesem Kapitel, sondern für einzelne Gene oder genomische Regionen.

Wir folgen nun einer Analyse von Städler et al. (2009). Wir nehmen an, dass eine Population der effektiven Größe N_{eA} zunächst panmiktisch war und sich zu einem gewissen Zeitpunkt τ in der Vergangenheit ausgedehnt hat, wobei sie sich plötzlich in d Subpopulationen der Größe N_e aufgespalten hat ($\tau = 4N_e t$ ist skaliert in Einheiten von $4N_e$ Generationen). Dieses Modell kann verwendet werden, um die Habitatausdehnung einer Spezies zu beschreiben, z. B. die Migration von Menschen aus Afrika und die anschließende Besiedlung der Erde oder die Besiedlung von temperierten Zonen durch Pflanzen aus glazialen Refugien. Die räumliche Struktur der Population nach der Aufspaltung in Subpopulationen sei durch ein *stepping-stone*-Modell gegeben (Abschn. 3.1.3), wobei die Subpopulationen auf einem zweidimensionalen quadratischen Gitter angeordnet sind und Migranten nur zwischen benachbarten Subpopulationen mit der Rate $m/4$ ausgetauscht werden. Die Expansion der Gesamtpopulation nach dem Zeitpunkt τ kann dann durch den Parameter $\beta = d\frac{N_e}{N_{eA}}$ beschrieben werden. Im Fall $\beta = 1$ erhalten wir eine panmiktische Population, die sich zum Zeitpunkt τ in d Unterpopulationen der Größe $N_e = N_{eA}/d$ aufspaltet, ohne sich auszudehnen (was einer Habitatfragmentierung ohne Reduktion der Populationsgröße entspricht).

Im einfachsten demographischen Szenario einer Population im Gleichgewicht, die aus $d = 100$ Subpopulationen besteht, ist in Abb. 3.6 Tajimas D als Funktion der skalierten Migrationsrate $4N_e m$ dargestellt. Die Stichprobenentnahme erfolgte lokal aus einer Subpopulation (mit der Stichprobengröße $n = 20$). Für sehr kleine Werte des Migrationsparameters ist $D \approx 0$. Ähnliches gilt für sehr große Werte von $4N_e m$. Diese Resultate haben wir bereits oben für das Inselmodell mit zwei Subpopulationen gefunden: Im Falle sehr kleiner Migrationsraten finden fast alle Koaleszenzereignisse innerhalb einer Subpopulation statt, sodass im Gleichgewicht $D \approx 0$. Falls die Migrationsrate sehr groß ist, herrscht in der Gesamtpopulation Panmixie, was wiederum zu $D \approx 0$ führt. Für mittlere Werte des Migrationsparameters im Intervall $0{,}5 \leq 4N_e m \leq 50$ nimmt D jedoch deutlich positive Werte an. Wie im Inselmodell mit zwei Subpopulationen liegt dies an der

Gegenwart von Migranten innerhalb einer Subpopulation, was zu längeren Zeiten zwischen aufeinanderfolgenden Koaleszenzereignissen führt.

Dieses Ergebnis haben wir erhalten, wenn die Stichprobe lokal aus einer Subpopulation entnommen worden ist. Wie Städler et al. (2009) ausführen, ist es aber auch sinnvoll, eine vollkommen andere Strategie der Stichprobenentnahme anzuwenden. Dabei wird aus n Subpopulationen jeweils nur eine Sequenz entnommen. Erfasst man dabei eine große Anzahl von Subpopulationen einer Spezies, bezeichnet man dieses Verfahren als speziesweite Probenentnahme. Die Information, die wir anhand dieser Methode erhalten, weicht von dem oben besprochenen lokalen Verfahren ab, wie in Abb. 3.6 dargestellt ist (wobei wiederum $n = 20$). Wir sehen, dass Tajimas D als Funktion der skalierten Migrationsrate relativ konstant nahe null verläuft, d. h. im Unterschied zur lokalen Stichprobenentnahme wird das Frequenzspektrum durch Migration kaum beeinflusst.

In einem weiteren Beispiel betrachten wir das Zusammenwirken von Populationsexpansion und räumlicher Struktur auf Tajimas D. Wir nehmen an, dass sich zum Zeitpunkt τ die Population in d Subpopulationen aufspaltet, die sich dann ausdehnen ($\beta > 1$). Für größere Migrationsraten nimmt D bei lokaler Stichprobenentnahme ab und wird stark negativ für große Migrationsraten (Abb. 3.7). Letzteres ist im obigen Beispiel nicht zu sehen, in dem die Populationsgröße konstant bleibt. Der starke Abfall zu negativen D-Werten ist durch die Populationsexpansion zu erklären, die zu einem Überschuss von niederfrequenten abgeleiteten Varianten führt (ähnlich wie im Inselmodell; Abschn. 3.3.2). Im Gegensatz dazu nimmt D für relativ kleine Migrationsraten zwischen den Subpopulationen zu. Dieses Verhalten von D ist ähnlich wie in dem Fall ohne Populationsexpansion, der oben diskutiert wurde. Im Bereich sehr kleiner Migrationsraten ist $D \approx 0$.

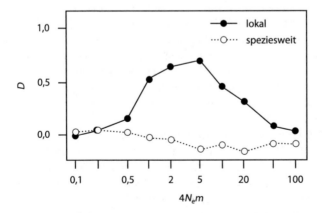

Abb. 3.6 Mittelwerte von Tajimas D als Funktion der skalierten Migrationsrate $4N_e m$ für zwei Methoden der Stichprobenentnahme (lokal aus einer Subpopulation bzw. speziesweit, $n = 20$) für eine Population im Gleichgewicht. Den Simulationen liegt ein *stepping-stone*-Modell zugrunde (mit $d = 100$ Subpopulationen). Jeder Datenpunkt basiert auf 1000 unabhängigen Simulationen. (Modifiziert nach Städler et al. 2009, Abb. 1A, mit freundlicher Genehmigung der Genetics Society of America über Copyright Clearance Center, Inc.)

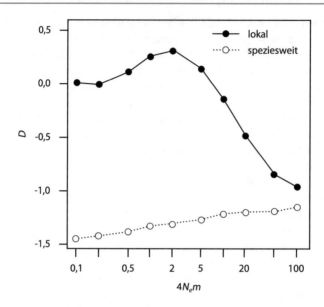

Abb. 3.7 Mittelwerte von Tajimas D als Funktion der skalierten Migrationsrate $4N_em$ für zwei Methoden der Stichprobenentnahme (lokal bzw. speziesweit, $n=20$) für eine expandierende Population. Den Simulationen liegt ein *stepping-stone*-Modell mit speziesweiter Expansion zugrunde ($\beta=10$, $\tau=2$). (Modifiziert nach Städler et al. 2009, Abb. 2A, mit freundlicher Genehmigung der Genetics Society of America über Copyright Clearance Center, Inc.)

Jedoch ist dies nicht so leicht wie im vorhergehenden Beispiel zu erklären. Im Falle sehr kleiner Migrationsraten hängt D nämlich auch von dem gewählten Wert von β ab, der in unserem Beispiel zehn beträgt (Abb. 3.7). Für kleinere Werte von β wird D leicht positiv und für größere leicht negativ (siehe Abb. 3A in Städler et al. 2009). Wir haben im vorliegenden Fall also eine Überlagerung von zwei Effekten: Migration, die im Allgemeinen zu einem Anstieg von D führt (bei festem β-Wert) und besonders im Bereich relativ kleiner Migrationsraten relevant ist, und Populationswachstum, das in der Regel zu einer Erniedrigung von D führt und im Bereich größerer Migrationsraten dominiert (insbesondere wenn sich die Population der Panmixie nähert).

Wenn die Probenentnahme speziesweit erfolgt, erhalten wir in diesem Beispiel eine große Diskrepanz zum lokalen Verfahren. Wir sehen, dass Tajimas D stark negative Werte annimmt, unabhängig von der Größe des Migrationsparameters (Abb. 3.7). Dieses Verfahren der Stichprobenentnahme führt zu einem sehr deutlichen Signal, dass die Gesamtpopulation expandiert. Im Falle lokaler Stichprobenentnahme ist dieses Signal nicht annähernd so extrem, außer bei sehr großen Migrationsraten. Dieses Beispiel zeigt, dass sich die Strategie der Stichprobenentnahme nach der Fragestellung richten sollte. Bei Fragen zur Evolution einer gesamten Spezies ist es ratsam, Proben von möglichst vielen Subpopulationen zu sammeln. Die Anzahl von Sequenzen aus lokalen Subpopulationen kann dabei klein sein.

Die obigen Resultate wurden für ein zweidimensionales *stepping-stone*-Modell durch Koaleszenzsimulation gewonnen. Für ein entsprechendes Inselmodell mit der gleichen Anzahl von Subpopulationen und den gleichen Werten von β und τ wurden sehr ähnliche Ergebnisse für D als Funktion der skalierten Migrationsrate erzielt (Städler et al. 2009).

Übungen

3.1 Berechnen Sie die Heterozygotie $\tilde{H}_I$ im Gleichgewicht zwischen Migration und Drift für das Kontinent-Insel-Modell.

3.2 Vergleichen Sie das SFS *(site frequency spectrum)* für eine konstante Population mit dem SFS der in Abschn. 3.1 und 3.2 eingeführten Beispiele von Populationen mit räumlicher und zeitlicher Struktur, wobei die Größe der Stichprobe $n = 30$ beträgt. Berechnen Sie jeweils Tajimas D.

3.3 Untersuchen Sie mithilfe der in Übung 3.2 gewonnenen Simulationsergebnisse die Verteilung von Tajimas D und vergleichen Sie das Ergebnis mit der Betaverteilung, wie Tajima (1989) es vorgeschlagen hat.

3.4 Zeigen Sie, dass Tajimas $D = 0$, falls die Größe der Stichprobe $n = 2$ oder $n = 3$ beträgt.

Literatur

Glenn TC, Stephan W, Braun MJ (1999) Effects of a population bottleneck on whooping crane mitochondrial DNA variation. Conserv Biol 13:1097–1107

Hudson RR (1998) Island models and the coalescent process. Mol Ecol 7:413–418

Hudson RR (2002) Generating samples under a Wright-Fisher neutral model of genetic variation. Bioinformatics 18:337–338

Kimura M (1953) "Stepping-stone" model of population. Annu Rep Natl Inst Genet 3:62–63

Li H, Stephan W (2006) Inferring the demographic history and rate of adaptive substitution in *Drosophila*. PLoS Genet 2:e166

Malécot G (1959) Les modéles stochastiques en génétique de population. Publ Inst Statist Univ Paris 8:173–210

Ometto L, Glinka S, De Lorenzo D, Stephan W (2005) Inferring the effects of demography and selection on *Drosophila melanogaster* populations from a chromosome-wide scan of DNA variation. Mol Biol Evol 22:2119–2130

Planes S, Fauvelot C (2002) Isolation by distance and vicariance drive genetic structure of a coral reef fish in the Pacific Ocean. Evolution 56:378–399

Städler T, Haubold B, Merino C, Stephan W, Pfaffelhuber P (2009) The impact of sampling schemes on the site frequency spectrum in nonequilibrium subdivided populations. Genetics 182:205–216

Tajima F (1989) Statistical method for testing the neutral mutation hypothesis by DNA polymorphism. Genetics 123:585–595

Wright S (1940) Breeding structure of populations in relation to speciation. Am Nat 74:232–248

Wright S (1943) Isolation by distance. Genetics 28:114–138

Wright S (1946) Isolation by distance under diverse systems of mating. Genetics 31:39–59

Molekulare Variation und Evolution

4

Die Analyse der genetischen Variabilität und der Evolution auf der molekularen Ebene setzt voraus, dass wir DNA- und Proteinsequenzen innerhalb einer Population (derselben Spezies) und zwischen verschiedenen Spezies vergleichen. In Abschn. 1.2.3 haben wir bereits gelernt, wie man DNA-Sequenzen innerhalb einer Population vergleicht und daraus die genetische Variabilität einer Population mittels einer Stichprobe schätzt. In diesem Kapitel beschreiben wir zunächst, wie man die Divergenz von homologen DNA-Sequenzen zwischen verschiedenen Spezies bestimmen kann (Abschn. 4.1). Dies liefert uns neben der intraspezifischen Variabilität zusätzliche Informationen. Mithilfe beider Beobachtungen (intraspezifische Variation und **interspezifische Divergenz**) können wir dann die **Neutralitätstheorien der molekularen Evolution** (Kimura 1968; King und Jukes 1969; Ohta 1973) formulieren (Abschn. 4.2). Am Ende des Kapitels führen wir statistische Verfahren ein, um die Neutralitätstheorien mithilfe von Daten über die intraspezifische Variation und die interspezifische Divergenz zu testen (Abschn. 4.3).

4.1 Raten von Nukleotidsubstitutionen

4.1.1 Schätzung der Raten von Nukleotidsubstitutionen

Die Raten der DNA-Sequenzevolution (oder der **Nukleotidsubstitution**) können am einfachsten geschätzt werden, indem man ein Alignment homologer Sequenzen von zwei Spezies vergleicht und die Proportion δ der Nukleotidstellen berechnet, die zwischen den beiden Spezies verschieden sind (Abb. 4.1). Dieses Vorgehen ähnelt der Methode, mit der wir die Nukleotiddiversität innerhalb einer Population (Spezies) ausgerechnet haben (siehe Box 1.2).

Wir nehmen vorerst an, dass die DNA-Sequenz nur eine Klasse von Nukleotidaustauschen (Punktmutationen bzw. SNPs) aufweist (z. B. nur stille SNPs, statt synonyme und nicht-synonyme SNPs in der Sequenz). Um die Rate der

© Springer-Verlag GmbH Deutschland, ein Teil von Springer Nature 2019
W. Stephan und A. C. Hörger, *Molekulare Populationsgenetik*,
https://doi.org/10.1007/978-3-662-59428-5_4

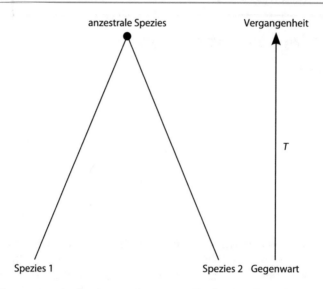

Abb. 4.1 Divergenz zweier Spezies von einer anzestralen Spezies. T ist die Divergenzzeit zwischen beiden Spezies

Sequenzevolution zu berechnen, benötigen wir noch die Zeit T (in Jahren), seit der die beiden Spezies separiert sind (Abb. 4.1). Diese kann z. B. aus einem Fossilienbericht oder biogeographischen Daten ermittelt werden. Dann ist die Rate der Sequenzevolution ν folgendermaßen definiert:

$$\nu = \frac{\delta}{2T}. \tag{4.1}$$

Der Faktor 2 berücksichtigt dabei, dass während der Zeit T Unterschiede in beiden Sequenzen auftreten können. In der Übung 4.1 finden Sie ein Beispiel zur Berechnung von ν für die beiden Taufliegenarten *Drosophila melanogaster* und *D. simulans* mithilfe von Gl. 4.1.

Die oben angegebene Formel könnte in bestimmten Situationen ungenaue Resultate liefern. Zum einen werden Schätzungen für T typischerweise aus dem Fossilienbericht gewonnen, der notorisch ungenau ist. Wenn die Trennung von zwei Spezies nicht lange zurückliegt relativ zum Alter der anzestralen Spezies, könnte zum anderen T systematisch unterschätzt und damit für ν ein zu großer Wert erhalten werden. Wie ist aber das Alter einer Spezies zu schätzen? Wiederum könnte dies mithilfe des Fossilienberichts geschehen, aber einen groben Anhaltspunkt könnte auch die Populationsgenetik mithilfe der Koaleszenztheorie liefern (Abschn. 2.3). Relevant ist hierfür der Erwartungswert von T_{MRCA}, den wir in Übung 2.7 für das Wright-Fisher-Modell als ungefähr $4N_e$ Generationen berechnet haben, wobei N_e die effektive Populationsgröße der anzestralen Population ist und z. B. als Mittelwert der beiden zu vergleichenden Spezies angenommen werden kann (Hudson et al. 1987).

Ein weiteres Problem besteht in der Schätzung von δ, der Proportion von Nukleotidunterschieden in einem Paar homologer DNA-Sequenzen von zwei verschiedenen Spezies. Wenn die zu vergleichenden Arten genetisch nicht sehr nahe verwandt sind, genügt es nicht, δ durch einfaches Zählen der Nukleotidunterschiede zwischen den beiden Sequenzen zu ermitteln, da an manchen Nukleotidstellen mehrere Mutationen (einschließlich Rückmutationen) nach der Separation der beiden Spezies stattgefunden haben können. Eine Reihe von Methoden wurde entwickelt, um dieses Problem zu beheben (siehe z. B. Graur und Li 2000, Kap. 3). Die einfachste Methode stammt von Jukes und Cantor (1969). Diese postuliert, dass die beobachtete Proportion der Nukleotiddifferenzen δ folgendermaßen (nach oben) korrigiert werden muss (siehe auch Übung 4.2):

$$\kappa = -\frac{3}{4} ln \left(1 - \frac{4\delta}{3} \right). \tag{4.2}$$

4.1.2 Raten synonymer und nicht-synonymer Nukleotidsubstitutionen bei Säugetieren und *Drosophila*

Für Säugetiere liegen DNA-Sequenzdaten vor, die bestens geeignet sind, um Raten von synonymen und nicht-synonymen Nukleotidsubstitutionen abzuschätzen. Zum einen gibt es von Säugetieren viel mehr Sequenzdaten als von anderen Organismengruppen. Des Weiteren zeigen sie einen mittleren Grad der Divergenz, sodass diese verlässlich abgeschätzt werden kann (zu geringe Divergenz würde zu großen Standardabweichungen von δ führen und zu große Divergenz zu Problemen wegen multipler Mutationen pro Nukleotidstelle). Ferner ist bei Säugetieren der Fossilienbericht relativ vollständig, sodass auch die Divergenzzeit T genau genug ermittelt werden kann. Die Standardmethoden zur Schätzung von synonymen und nicht-synonymen Nukleotidsubstitutionsraten sind in Abschn. 7.4 von Hartl und Clark (2007) angegeben.

Als Beispiel betrachten wir die Raten von synonymen und nicht-synonymen Nukleotidsubstitutionen für 47 Gene von Säugetieren. Die Daten wurden der Tab. 7.1 aus Li (1998) entnommen. Die Raten wurden durch DNA-Sequenzvergleich homologer Gene zwischen Mensch und Maus (oder Ratte) geschätzt, wobei die Divergenzzeit T als 80 Mio. Jahre angenommen wurde. Für nicht-synonyme Stellen wurde dabei eine durchschnittliche Rate von 0,74 ($\pm$0,67) Substitutionen pro Stelle und 10^9 Jahren gefunden, für synonyme Stellen 3,51 ($\pm$1,01) Substitutionen pro Stelle und 10^9 Jahren. Zunächst zeigt dieser Datensatz sehr deutlich, dass die Substitutionsrate an synonymen Stellen viel größer ist als an nicht-synonymen Stellen. Dieses Ergebnis ist als Parallele zum Resultat aus Abschn. 1.2.3 zu betrachten, das besagt, dass die Anzahl der synonymen SNPs größer ist als die der nicht-synonymen SNPs. Wir können diese Beobachtung wieder so interpretieren wie in Abschn. 1.2.3, dass die meisten Mutationen, die eine Aminosäure verändern, von der Selektion daran gehindert werden, sich in der Population zu verbreiten, weil sie sich nachteilig auswirken. Eine weitere allgemeine Beobachtung ist, dass die Standardabweichung für synonyme Stellen relativ klein ist verglichen mit dem

Durchschnittswert, während für die nicht-synonymen Stellen der Durchschnitt und die Standardabweichung etwa gleich groß sind. Dies deutet darauf hin, dass die Evolutionskräfte, die die Raten der Sequenzevolution an synonymen Stellen bestimmen, homogener als an den nicht-synonymen Stellen sind.

In der Tat ist die Substitutionsrate an nicht-synonymen Stellen zwischen verschiedenen Klassen von Genen extrem variabel. Sie reicht von 0 für Histone bis zu ungefähr 3×10^{-9} Substitutionen pro nicht-synonymer Stelle pro Jahr für Interferon γ. Strukturelle Proteine wie Histone und ribosomale Proteine evolvieren im Allgemeinen sehr langsam. Im Gegensatz dazu findet man bei Hormonen extrem unterschiedliche Evolutionsraten, von sehr langsam (Somatostatin-28) bis sehr schnell (Relaxin). Weniger variabel sind dagegen die nicht-synonymen Substitutionsraten bei Enzymen.

Der genetische Code ist degeneriert, da die meisten Aminosäuren durch mehrere Basentripletts (Codons) codiert werden. Daher lassen sich die Codons für die 20 Aminosäuren in verschiedene Klassen einteilen (Abb. 4.2). Berücksichtigt

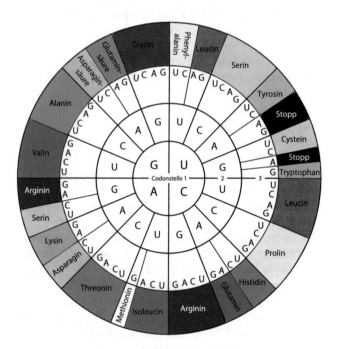

Abb. 4.2 Darstellung des genetischen Codes als „Code-Sonne". Die Basentripletts auf der mRNA, die Codons, sind von innen (1. Codonstelle) nach außen (3. Codonstelle) zu lesen und codieren die außen angegebenen Aminosäuren. Die Codonstellen lassen sich in verschiedene Klassen einteilen: nicht-degenerierte Codonstellen (jeder Nukleotidaustausch ändert die codierte Aminosäure), zweifach degenerierte Codonstellen (zwei Nukleotide an dieser Stelle codieren für dieselbe Aminosäure, wohingegen die anderen beiden Nukleotide für eine andere Aminosäure codieren), dreifach degenerierte Codonstellen (drei Nukleotide an dieser Stelle codieren für dieselbe Aminosäure, wohingegen das vierte Nukleotid für eine andere Aminosäure codiert) und vierfach degenerierte Stellen, an denen die Nukleotide ohne Auswirkung auf die codierte Aminosäure frei austauschbar sind (meist an der dritten Codonstelle, Abb. 9.4, mit freundlicher Genehmigung von Springer Nature). (Modifiziert nach Bresch und Hausmann 1972)

man dies, findet man für die oben erwähnten 47 Gene folgende Abschätzungen
(Li 1998, Tab. 7.2): 0,78 Substitutionen für nicht-degenerierte Codonstellen,
2,24 Substitutionen für zweifach degenerierte und 3,71 Substitutionen für vierfach
degenerierte Stellen, für die keine der Mutationen die codierte Aminosäure ändert,
wie es z. B. oft an der dritten Codonstelle der Fall ist (alle diese Angaben sind in
Einheiten von 10^9 Jahren und pro Nukleotid gemessen). Dieses Ergebnis passt zu
der vorher gewonnenen Erklärung, nach der die **purifizierende Selektion** bewirkt,
dass die meisten Mutationen, die Aminosäuren verändern, an der Ausbreitung in
der Population gehindert werden und schließlich verloren gehen.

Substitutionsraten von nuklearen Genen wurden auch zwischen *D. melano-*
gaster und *D. obscura* abgeschätzt (Li 1998, Tab. 7.6). Als Divergenzzeit
zwischen diesen beiden Arten wurde 30 Mio. Jahre angenommen. Für nicht-synonyme Stellen wurde dabei eine durchschnittliche Rate von 1,91 ($\pm 1,42$) Substitutionen pro Stelle und 10^9 Jahren gefunden, für synonyme Stellen 15,60
($\pm 5,50$) Substitutionen pro Stelle und 10^9 Jahren. Das Verhältnis von Mittelwert
zu Standardabweichung ist damit für beide Klassen von Nukleotidstellen ähnlich
wie bei Säugetieren, aber die durchschnittlichen Raten in *Drosophila* sind deutlich
höher als in Säugetieren. Dies könnte daran liegen, dass die Mutationsraten für
beide Tiergruppen verschieden sind. Eine Rolle könnte aber auch die Generations-
zeit spielen, die in *Drosophila* viel kürzer als in Säugetieren ist.

4.2   Neutralitätstheorien der molekularen Evolution

Unser nächstes Ziel ist es, die möglichen Ursachen für die in Abschn. 4.1
beschriebenen Muster der molekularen Evolution genauer zu untersuchen. Die
Grundlage dazu liefern die Neutralitätstheorien der molekularen Evolution. Diese
umfassen einerseits die **strikt-neutrale Theorie**, die auf Motoo Kimura (1968)
sowie Jack King und Thomas Jukes (1969) zurückgeht, und andererseits die
fast-neutrale Theorie von Tomoko Ohta (1973).

4.2.1   Die strikt-neutrale Theorie der molekularen Evolution

Kimura (1968), der Hauptproponent dieser Theorie, war überzeugt, dass die
meisten Polymorphismen, die auf der molekularen Ebene in einer Population
beobachtet werden können, selektiv neutral sind und dass deshalb ihre Frequenz-
dynamik vor allem durch genetische Drift bestimmt ist. Die Gründe für seine
Überzeugung sind relativ tief in der Theorie der Populationsgenetik verwurzelt
(siehe z. B. seine Monographie *The Neutral Theory of Molecular Evolution* von
1983). Sie sollen deshalb hier nicht vorgestellt werden. Wohl aber sollen die wichtigsten Aussagen der Theorie erörtert und – wenn möglich – abgeleitet werden.

Kimura hat seine Theorie auf der Grundlage von Proteinpolymorphismus-
daten entwickelt, insbesondere Allozympolymorphismen, die seit den Arbeiten von Hubby und Lewontin (1966) sowie Harris (1966) detektiert werden

konnten (Abschn. 1.2.1). Die strikt-neutrale Theorie kann aber auch auf DNA-Polymorphismen angewandt werden. Insbesondere die Anwendung auf DNA-Sequenzdaten hat seit Mitte der 1980er-Jahre zu rigorosen Verfahren geführt, mit denen diese Theorie getestet werden kann. Wir werden hier zunächst kurz die strikt-neutrale Theorie skizzieren und die Hypothesen vorstellen, die aus ihr ableitbar sind, und später im Abschn. 4.3 die Testverfahren und deren Ergebnisse besprechen.

Die strikt-neutrale Theorie umfasst in ihrer einfachsten Form (d. h. ohne räumlich-zeitliche Populationsstruktur und Rekombination) zwei Evolutionskräfte: Mutation und genetische Drift. Ihr liegen das Wright-Fisher-Modell (Abschn. 2.1) zugrunde, um die genetische Drift zu beschreiben, und die *infinite alleles-* und *infinite sites-*Modelle für Mutation (Abschn. 2.2). Im Falle von Proteinen (z. B. Allozymen) benutzt man das *infinite alleles-*Modell mit dem Mutationsparameter *u,* während für Nukleotide das *infinite sites-*Modell adäquater ist (mit dem Mutationsparameter μ). Aus diesen Modellen wurden die folgenden Grundaussagen abgeleitet:

1. Falls in einer diploiden Population mit N Individuen (und der effektiven Populationsgröße N_e) ein neutrales Allel mit der Frequenz p_0 existiert, dann ist die Wahrscheinlichkeit, dass dieses Allel fixiert wird, gegeben durch p_0. Für eine neu entstehende neutrale Mutation, die zunächst als einzelne Kopie vorliegt, ist $p_0 = \frac{1}{2N}$ und somit ihre Fixierungswahrscheinlichkeit $\frac{1}{2N}$. Diese Resultate werden in Übung 4.3 abgeleitet.

2. Die Rate k, mit der neutrale Mutationen in einer Population fixiert werden, ist durch die neutrale Mutationsrate u (Proteine) bzw. μ (Nukleotide) gegeben. Siehe die Ableitung in Übung 4.4.

3. Unter der Bedingung, dass eine neutrale Mutation fixiert wird, beträgt die durchschnittliche Zeit zur Fixierung $4N_e$ Generationen. Wird eine neutrale Mutation aber nicht fixiert, dauert es durchschnittlich $2\frac{N_e}{N}ln(2N)$ Generationen, bis sie verloren geht. Diese Resultate bedeuten, dass neutrale Mutationen, wenn überhaupt, nur sehr langsam fixiert werden, und wenn sie verloren gehen, dies relativ schnell geschieht. Beide Ergebnisse sind mithilfe der **Diffusionstheorie** abgeleitet worden, zu der Kimura wesentlich beigetragen hat (Crow und Kimura 1970, Kap. 8).

4. Falls jede neutrale Mutation ein Allel kreiert, das verschieden ist von allen anderen in der Population, dann wird das Gleichgewicht erreicht, wenn die durchschnittliche Anzahl der durch Mutation gewonnenen neuen Allele gleich der Anzahl der durch Drift verloren gegangenen Allele ist. Dieser Prozess wird durch die Mutations-Drift-Hypothese beschrieben, wie Kimura seine Theorie auch genannt hat (Kimura 1983). Im Gleichgewicht ist die Heterozygotie durch Gl. 2.8 im Falle des *infinite alleles-*Modells (für Proteine) gegeben oder durch Gl. 2.9 im Falle des *infinite sites-*Modells (für einzelne Nukleotide), wobei N durch N_e ersetzt wird:

$$\widetilde{H} \approx \frac{4N_e u}{1 + 4N_e u}$$

(4.3)

bzw.

$$\tilde{\pi} \approx \theta = 4N_e\mu. \tag{4.4}$$

4.2.2   Die fast-neutrale Theorie der molekularen Evolution

Gewisse Aspekte der Beobachtungen, die wir in Abschn. 4.1 beschrieben haben, können nicht mit den Ergebnissen der strikt-neutralen Theorie in Einklang gebracht werden. In der strikt-neutralen Theorie gibt es z. B. nur einen Parameter, nämlich die neutrale Mutationsrate, der die Substitutionsraten an nicht-degenerierten, zweifach degenerierten und vierfach degenerierten Stellen charakterisiert. Wie wir oben schon besprochen haben, sind tatsächlich gemessene Raten an nicht-degenerierten, zweifach und vierfach degenerierten Stellen aber sehr unterschiedlich. Es ist biologisch nicht plausibel, dass diese Beobachtung durch unterschiedliche Mutationsraten erklärt werden kann, sondern sie muss durch andere Evolutionskräfte verursacht worden sein. Wie wir im Abschn. 4.1.2, unserer Intuition folgend, angedeutet haben, könnte eine Art von purifizierender (d. h. negativer) Selektion eine mögliche Erklärung darstellen.

Ohta (1973) hat auf dieses und andere Probleme der strikt-neutralen Theorie reagiert und die Idee der purifizierenden Selektion formalisiert. Sie postulierte, dass es neben neutralen auch fast-neutrale, leicht schädliche Mutationen gibt. Für ihren Selektionsnachteil gilt: $|N_e s| \leq 1$, wobei der Selektionskoeffizient s negativ ist und den Fitnessnachteil einer Mutation gegenüber dem Wildtyp darstellt. In diesem Parameterbereich sehr kleiner Selektionskoeffizienten spielt die genetische Drift nach wie vor eine wichtige Rolle, ähnlich wie in der strikt-neutralen Theorie. Auch wenn der Selektionsnachteil dieser Mutationen sehr gering ist, können mit der fast-neutralen Theorie die zuvor beschriebenen Beobachtungen über die Substitutionsraten erklärt werden, da diese Raten die Divergenz zwischen verschiedenen Spezies messen und sich deshalb über sehr große Zeiträume erstrecken, sodass sich selektive Effekte akkumulieren können. Um Abweichungen von der strikt-neutralen Theorie auf der Populationsebene (also in kürzeren Zeitspannen) zu entdecken, sind aber spezifische Tests notwendig, von denen wir zwei im Abschn. 4.3 skizzieren.

4.3   Tests der strikt-neutralen Theorie der molekularen Evolution

4.3.1   HKA-Test

Der erste Test der strikt-neutralen Theorie für DNA-Sequenzdaten wurde von Hudson, Kreitman und Aguadé (1987) vorgeschlagen und wird kurz als „**HKA-Test**" bezeichnet. Er basiert auf der Hypothese der strikt-neutralen Theorie, dass die Nukleotiddiversität innerhalb einer Population zur Nukleotiddivergenz zwischen Spezies proportional ist. Kimura hat deshalb Polymorphismen als transiente Phase der molekularen Evolution bezeichnet. Die Parallelität zwischen Nukleotiddiversität und interspezifischer Divergenz folgt unmittelbar aus den Aussagen 2 und 4 der strikt-neutralen Theorie der molekularen Evolution, die wir in Abschn. 4.2.1 aufgelistet haben: Die Nukleotidheterozygotie im Gleichgewicht ist gegeben durch $4N_e\mu$ (Gl. 4.4) und die Nukleotidsubstitutionsrate durch die neutrale Mutationsrate μ.

Der HKA-Test vergleicht die Anzahl der Polymorphismen an m Loci, wobei $m \geq 2$. Diese werden in einer oder zwei Spezies gemessen. Die Stichprobengröße in Spezies 1 sei n_1 und in Spezies 2 n_2. Die Spezies sind relativ nahe verwandt, sodass die neutralen Mutationsraten in beiden Spezies gleich sind, sie können aber von Locus zu Locus verschieden sein. Die Anzahl der Polymorphismen am Locus i in Spezies 1 sei S_{1i} und in Spezies 2 entsprechend S_{2i}. Ferner wird die Anzahl der Nukleotiddifferenzen am Locus i zwischen einer zufällig gewählten Sequenz aus der Stichprobe von Spezies 1 und einer zufällig gewählten Sequenz von Spezies 2 mit D_i bezeichnet. Die Beobachtungen S_{1i} und S_{2i} ($i = 1, \ldots, m$) betreffen die intraspezifische Variabilität und D_i die Divergenz zwischen beiden Spezies. Der HKA-Test hat die Aufgabe festzustellen, ob die Divergenzdaten mit den Polymorphismusdaten konsistent sind (d. h., ob die intraspezifische Nukleotiddiversität an den einzelnen Loci zu deren interspezifischen Divergenz proportional ist).

Das dem HKA-Test zugrunde liegende Modell nimmt an, dass alle Loci unabhängig sind (d. h., dass die Rekombinationsraten zwischen ihnen sehr groß sind). Ferner sind beide Spezies (Populationen) panmiktisch und im Gleichgewicht. Ihre effektiven Populationsgrößen sind N_e (für Spezies 1) und $N_e f$ (für Spezies 2). Beide Spezies stammen von einer anzestralen Spezies ab, die zum Zeitpunkt der Artaufspaltung vor T Generationen auch im Gleichgewicht war und die effektive Populationsgröße $N_e(1+f)/2$ hatte.

Ähnlich wie beim χ^2-Test wird die folgende Teststatistik verwendet (siehe Gl. 13.36):

$$X^2 = \sum_{i=1}^{m} \frac{[S_{1i} - E\{S_{1i}\}]^2}{Var\{S_{1i}\}} + \sum_{i=1}^{m} \frac{[S_{2i} - E\{S_{2i}\}]^2}{Var\{S_{2i}\}} + \sum_{i=1}^{m} \frac{[D_i - E\{D_i\}]^2}{Var\{D_i\}}. \qquad (4.5)$$

Dabei sind der Erwartungswert von S_{1i} durch Gl. 2.15 und die Varianz durch Gl. 2.18 gegeben, wobei n durch n_1 ersetzt werden muss. Auf ähnliche Weise erhält man den Erwartungswert und die Varianz von S_{2i}. Der Erwartungswert und die Varianz von D_i sind

$$E\{D_i\} = \left[T + (1+f)/2\right]\theta_i \qquad (4.6)$$

und

$$Var\{D_i\} = E\{D_i\} + \left[\theta_i(1+f)/2\right]^2. \qquad (4.7)$$

Die Gl. 4.6 wurde von Li (1977) und die Gl. 4.7 von Gillespie und Langley (1979) abgeleitet.

Beim HKA-Test werden die $m+2$ Parameter θ_i, f und T geschätzt, und zwar mithilfe eines Systems von $m+2$ Gleichungen, die aus Gl. 4.6 und 4.7 für die Divergenz und den entsprechenden Gl. 2.15 und 2.18 für Polymorphismen abgeleitet werden können (Hudson et al. 1987). Mittels Koaleszenzsimulationen konnte gezeigt werden, dass für genügend große Werte von n_1, n_2 und T die Statistik X^2 näherungsweise wie die Statistik χ^2 mit $2m-2$ Freiheitsgraden verteilt ist. Der HKA-Test ist damit essenziell ein Anpassungstest, d. h. man berechnet (oder schätzt) zuerst die Parameter θ_i, f und T mithilfe der Beobachtungen und des oben erwähnten Gleichungssystems und setzt dann die Parameterwerte in Gl. 4.5 ein, um X^2 zu erhalten. Da X^2 näherungsweise wie χ^2 mit $2m-2$ Freiheitsgraden verteilt ist, lässt sich daraus ermitteln, ob die Daten mit der strikt-neutralen Theorie der molekularen Evolution im Einklang sind. Der HKA-Test ist konservativ wegen der Annahmen, dass die Rekombinationsrate innerhalb der untersuchten Loci null, zwischen den Loci aber groß ist.

Der HKA-Test wurde zum ersten Mal auf die Polymorphismusdaten der 5'-Region des *Adh*-Gens (Locus 1), das für die Alkoholdehydrogenase codiert, und die codierende Region des *Adh*-Gens (Locus 2, nur stille Nukleotidstellen) von *D. melanogaster* angewandt. Die zweite Spezies war *D. sechellia*, eine Schwesternart von *D. melanogaster*. Die Polymorphismusdaten wurden mittels RFLP *(restriction fragment length polymorphism)*-Analyse (Abschn. 1.2.2) aus einer Stichprobe von 81 Chromosomen gewonnen. Polymorphismusdaten von *D. sechellia* wurden nicht gesammelt, aber es war von *D. melanogaster* und *D. sechellia* jeweils eine DNA-Sequenz vorhanden, sodass die Divergenz abgeschätzt werden konnte. Dabei wurden folgende Ergebnisse erhalten:

	Locus 1	Locus 2
Anzahl Polymorphismen/Anzahl aller (möglichen) Restriktionsschnittstellen	9/414	8/79
Anzahl Differenzen/Locuslänge	210/4052	18/324

Hier ist bei den *D. melanogaster*-Loci nur die Anzahl der Nukleotidstellen L angegeben, die von den Enzymen erfasst wurden (d. h. die Schnittstellen der Restriktionsenzyme), während bei der Berechnung der Differenzen zwischen beiden Spezies die gesamte Länge der alignierten Sequenzen verwendet wurde. Beim bloßen Betrachten der Daten fällt auf, dass in der codierenden Region (Locus 2) von *Adh* mehr als viermal so viele SNPs pro Nukleotidstelle gefunden wurden als in der 5′-Region (Locus 1), während die Anzahl der Differenzen pro Nukleotidstelle an beiden Loci ungefähr gleich ist. Um auf diesen Datensatz den HKA-Test anwenden zu können, muss der zweite Term der Statistik (Gl. 4.5) gestrichen werden, weil keine Polymorphismusdaten von *D. sechellia* vorlagen. Deswegen wird $f=1$ gesetzt, d. h. die anzestrale Spezies hat die gleiche effektive Populationsgröße wie *D. melanogaster*. Die Anwendung des HKA-Tests hat schließlich zu folgenden Abschätzungen der Parameter geführt: $T=6{,}73$ (in Einheiten von $2N_e$ von *D. melanogaster*), $\theta_1=0{,}0066$ und $\theta_2=0{,}009$. Einsetzen dieser Werte in die

modifizierte Gl. 4.5 ergab $X^2 = 6{,}09$. Simulationen mit den abgeschätzten Para-
meterwerten zeigten, dass nur 1,6 % der Simulationsläufe Werte von $X^2 > 6{,}09$
generierten (für eine χ^2-Verteilung mit einem Freiheitsgrad würde man ungefähr
den gleichen Wert erhalten). Die Daten weichen daher von den Aussagen der
strikt-neutralen Theorie signifikant ab ($P < 0{,}05$). In Übung 4.5 wird die gefundene
Abweichung der Daten von der strikt-neutralen Theorie genauer untersucht. Des
Weiteren wird im Kap. 9 eine mögliche Ursache der Abweichung besprochen.

4.3.2 McDonald-Kreitman-Test

McDonald und Kreitman (1991) haben einen Test vorgeschlagen, um intraspezifische Variation und interspezifische Divergenz in der codierenden Region von
Genen zu vergleichen. In der codierenden Region eines Gens sollten die synonymen und nicht-synonymen Stellen dieselbe Evolutionsgeschichte haben, da
sie eng miteinander gekoppelt sind. Wenn die Mutationen, die an beiden Typen
von Nukleotidstellen auftreten, neutral sind, müssten deshalb das Verhältnis von
nicht-synonymen zu synonymen Differenzen zwischen den Spezies und das Verhältnis von nicht-synonymen zu synonymen Polymorphismen innerhalb einer
Spezies ungefähr gleich sein. Ein signifikanter Unterschied zwischen diesen Ver-
hältnissen würde deshalb die strikt-neutrale Theorie der molekularen Evolution
falsifizieren.

Um die Definitionen des Tests zu verstehen, betrachten wir eine Stichprobe
von homologen DNA-Sequenzen von Spezies 1 und eine zweite Stichprobe von
Spezies 2. Eine Nukleotidstelle wird als „polymorph" bezeichnet, wenn sie eine
Variation innerhalb einer Stichprobe oder in beiden Stichproben zeigt. Falls jedoch
eine Variante in einer Stichprobe monomorph ist und eine andere Variante in der
anderen Stichprobe auch monomorph ist, handelt es sich bei dieser Nukleotidstelle
um eine „fixierte Differenz".

Der **McDonald-Kreitman-Test** wurde sehr oft angewandt. Ein extremes Beispiel wurde im Glukose-6-phosphat-Dehydrogenase-Gen (*G6pd*) von *D. melanogaster* und *D. simulans* gefunden (Eanes et al. 1993). Hier ist das Verhältnis von
fixierten nicht-synonymen zu synonymen Differenzen $21/26 = 0{,}81$, während das
Verhältnis von nicht-synonymen zu synonymen Polymorphismen nur $2/36 = 0{,}06$
beträgt. Das bedeutet, dass das Verhältnis von nicht-synonymen zu synonymen
Differenzen mehr als zehnfach größer ist als das Verhältnis von nicht-synonymen
zu synonymen Polymorphismen. Mithilfe des *G*-Tests (Abschn. 13.3.2) findet
man $P \ll 0{,}001$, d. h. die Abweichung der Daten von der strikt-neutralen Theorie ist hochsignifikant. Auffallend an diesem Beispiel ist die große Anzahl von
fixierten nicht-synonymen Differenzen zwischen beiden Spezies, die fast so hoch
wie die von synonymen Differenzen ist (man vergleiche dies mit den nicht-synonymen und synonymen Substitutionsraten bei Säugetieren und *Drosophila*, über
die wir in Abschn. 4.1.2 berichtet haben). Das kann nicht durch Ohtas Theorie

der fast-neutralen molekularen Evolution mit purifizierender (negativer) Selektion erklärt werden (Abschn. 4.2.2), sondern deutet auf das Wirken adaptiver (positiver) Selektion hin, die wir in Kap. 5, 6, 7 und 8 behandeln. Eine weitere Anwendung des McDonald-Kreitman-Tests wird in Übung 4.6 besprochen.

Übungen

4.1   Für die beiden Schwesternarten *Drosophila melanogaster* und *D. simulans* beträgt die durchschnittliche Divergenz auf der DNA-Ebene ungefähr 7 % und die Divergenzzeit T ca. 2,3 Mio. Jahre. Berechnen Sie die Rate der Sequenzevolution v. Wie groß ist die Korrektur durch Gl. 4.2

4.2   Zeichnen Sie κ von Gl. 4.2 als Funktion von δ im Bereich 0 bis ¾ und interpretieren Sie Ihre Abbildung.

4.3   Zeigen Sie, dass die Fixierungswahrscheinlichkeit einer neu entstandenen neutralen Mutation in einer diploiden Population mit N Individuen $\frac{1}{2N}$ beträgt. Warum ist die Fixierungswahrscheinlichkeit eines neutralen Allels durch seine Frequenz p_0 gegeben?

4.4   Zeigen Sie, dass die Rate k, mit der neutrale Mutationen fixiert werden, durch die neutrale Mutationsrate gegeben ist.

4.5   Die Anwendung des HKA-Tests auf Polymorphismusdaten von der *Adh*-Region in *D. melanogaster* hat eine Abweichung von der strikt-neutralen Theorie ergeben; der Wert der Teststatistik $X^2 = 6,09$ war zu hoch. Die Anzahl der Polymorphismen pro Anzahl möglicher Restriktionsschnittstellen (9/414) in der 5'-Region war niedriger als in der codierenden Region (8/79), wo sie insbesondere in Exon 4 in der Nähe des *F/S*-Polymorphismus (Abschn. 1.2.1) auffallend hoch war. Bedeutet dies, dass die Nukleotiddiversität in der 5'-Region zu niedrig war oder in der codierenden Region zu hoch?

4.6   Im *Adh*-Gen von *D. melanogaster, D. simulans* und *D. yakuba* ist das Verhältnis von fixierten nicht-synonymen zu synonymen Differenzen $7/17 = 0,41$, während das Verhältnis von nicht-synonymen zu synonymen Polymorphismen nur $2/42 = 0,05$ beträgt (McDonald und Kreitman 1991). Dabei wurden die Definitionen leicht erweitert, sodass „fixierte Differenz" bedeutet, dass die Nukleotidvarianten in allen drei Spezies monomorph und in mindestens zwei Stichproben unterschiedlich sein müssen, während „polymorph" bedeutet, dass wenigstens in einer Stichprobe Polymorphismus gefunden wird. Tragen Sie die Polymorphismus- und Divergenzdaten in eine 2×2-Kontingenztafel ein und verwenden Sie den exakten Test von Fisher oder den *G*-Test, um die strikt-neutrale Theorie zu überprüfen.

Literatur

Bresch C, Hausmann R (1972) Klassische und molekulare Genetik, 3. Aufl. Springer, Berlin

Crow JF, Kimura M (1970) An introduction to population genetics theory. Burgess Publishing, Minneapolis

Eanes WF, Kirchner M, Yoon J (1993) Evidence for adaptive evolution of the *G6pd* gene in the *Drosophila melanogaster* and *Drosophila simulans* lineages. Proc Natl Acad Sci USA 90:7475–7479

Gillespie JH, Langley CH (1979) Are evolutionary rates really variable? J Mol Evol 13:27–34

Graur D, Li WH (2000) Fundamentals of molecular evolution. Sinauer Associates, Sunderland

Harris H (1966) Enzyme polymorphisms in man. Proc Roy Soc B-Biol Sci 164:298–310

Hartl DL, Clark AG (2007) Principles of population genetics, 4. Aufl. Sinauer Associates, Sunderland

Hubby JL, Lewontin RC (1966) A molecular approach to study of genic heterozygosity in natural populations. I. Number of alleles at different loci in *Drosophila pseudoobscura*. Genetics 54:577–594

Hudson RR, Kreitman M, Aguadé M (1987) A test of neutral molecular evolution based on nucleotide data. Genetics 116:153–159

Jukes TH, Cantor CR (1969) Evolution of protein molecules. In: Munro HN (Hrsg) Mammalian protein metabolism III. Academic Press, New York, S 21–132

Kimura M (1968) Evolutionary rate at the molecular level. Nature 217:624–626

Kimura M (1983) The neutral theory of molecular evolution. Cambridge University Press, Cambridge

King JL, Jukes TH (1969) Non-Darwinian evolution. Science 164:788–798

Li W-H (1977) Distribution of nucleotide differences between two randomly chosen cistrons in a finite population. Genetics 85:331–337

Li W-H (1998) Molecular evolution. Sinauer Associates, Sunderland

McDonald JH, Kreitman M (1991) Adaptive protein evolution at the *Adh* locus in *Drosophila*. Nature 351:652–654

Ohta T (1973) Slightly deleterious mutant substitutions in evolution. Nature 246:96–98

Selektion und Adaptation

5

Die **natürliche Selektion** bewirkt die Anpassung von Organismen an ihre Umwelt. Es ist deshalb weitgehend akzeptiert, dass die Selektion der wichtigste unter den Evolutionsprozessen ist. Evolution durch natürliche Selektion wurde zuerst von Charles Darwin und Alfred Russel Wallace als eine wissenschaftliche Theorie begründet (Darwin und Wallace 1858). In seinem Buch *On the Origin of Species* (1859) beschrieb Darwin anhand von vielen Beispielen das Wirken der natürlichen Selektion. Es hat allerdings relativ lange gedauert, bis die natürliche Selektion als wichtigste Evolutionskraft von der Mehrheit der Biologen anerkannt wurde (Provine 1971, Kap. 4). Ein Problem war, dass es keine direkte Evidenz für das Wirken der Selektion in der Natur gab, da Evolutionsprozesse im Allgemeinen sehr langsam ablaufen (Kap. 1). Hinzu kam als zweites, schwerwiegendes Problem, dass die **Mendel'sche Vererbungslehre** Darwin nicht bekannt war und die damals vorherrschende Vorstellung der **mischenden Vererbung** nicht mit der Wirkung der natürlichen Selektion in Einklang zu bringen war, wie z. B. Jenkin schon im Jahre 1867 erkannte (Jenkin 1867, siehe Übung 5.1). Selbst nach der Wiederentdeckung der Mendel'schen Gesetze im Jahre 1900 glaubten noch viele Biologen an die mischende Vererbung von quantitativen Merkmalen (Abschn. 1.1) und bezweifelten damit Darwins Theorie der natürlichen Selektion. Dies änderte sich erst durch Ronald Fishers einflussreiche Studie aus dem Jahre 1918, in der er feststellte, dass quantitative Merkmale durch multiple Mendel'sche Gene vererbt werden, ähnlich wie Merkmale, die durch einzelne Gene kontrolliert werden.

In diesem Kapitel werden wir zunächst die Grundlagen der **klassischen Selektionstheorie** einführen und darstellen, wie sich Selektion in haploiden und diploiden Populationen modellieren lässt (Abschn. 5.1). Daran schließt sich eine Beschreibung der Effizienz der Selektion als evolutionärer Prozess an (Abschn. 5.2) und abschließend werden wir uns in Abschn. 5.3 mit der genetischen Basis der Adaptation befassen und dazu Fishers geometrisches Modell der Adaptation einführen.

© Springer-Verlag GmbH Deutschland, ein Teil von Springer Nature 2019
W. Stephan und A. C. Hörger, *Molekulare Populationsgenetik*,
https://doi.org/10.1007/978-3-662-59428-5_5

5.1   Klassische Selektionstheorie

Um den Einfluss der natürlichen Selektion auf das Evolutionsgeschehen zu verstehen, beschreiben wir in diesem Abschnitt zunächst die wichtigsten Modelle und Resultate der klassischen Theorie der natürlichen Selektion. Diese Theorie wurde seit den frühen 1920er-Jahren vor allem von Ronald Fisher, J. B. S. Haldane und Sewall Wright entwickelt (Provine 1971, Kap. 5), die dadurch als die Begründer der Populationsgenetik gelten. Die Theorie behandelt die Wirkung der Selektion auf Allele oder Genotypen eines einzelnen Locus. Im Folgenden erklären wir, wie Selektion gemessen werden kann, definieren die Fitness von Individuen und erklären die Rolle von Selektionskoeffizienten (die wir schon in Abschn. 4.2 kurz erwähnt haben). Ferner leiten wir einfache Gleichungen ab, die die Veränderung von Allelfrequenzen an einem Locus beschreiben, wobei wir für diploide Individuen wie in Abschn. 1.3 eine unendlich große, panmiktische Population mit diskreten Generationen betrachten (Abschn. 5.1.2). Zuvor beginnen wir jedoch mit dem einfacheren Fall einer unendlich großen haploiden Population mit diskreten Generationen.

5.1.1   Selektion in einer haploiden Population

Dieser Abschnitt beschreibt die Modellierung der Selektion für eine große Anzahl von Spezies. Viele Mikroorganismen, wie z. B. Bakterien, sind haploid. Die folgende Betrachtung gilt aber auch für Organellen wie Plastiden und Mitochondrien, die strikt maternal (also von der Mutter) vererbt werden. Um ein Modell für die Selektion aufzustellen, betrachten wir eine vollständige Generation einer Population, von den Nachkommen einer Generation bis zu deren Nachkommen. Wir nehmen an, dass an einem Locus zwei alternative Allele (oder – was im haploiden Fall äquivalent ist – Genotypen) vorkommen können, die wir mit A_1 und A_2 bezeichnen. Wir verwenden hier diese Bezeichnungen der Allele (anstelle von A und a), um die Notation zu vereinfachen. Diesen Allelen werden Fitnesswerte so zugeordnet, dass – falls Selektion stattfindet – A_2 stets die niedrigere **Fitness** hat. Eine weitere Spezifikation der Allele ist in diesem Kapitel nicht nötig, d. h. die folgende Ableitung gilt sowohl für einzelne Nukleotidvarianten an einer bestimmten Stelle in einer DNA-Sequenz als auch für klassische Allele, die sich um mehrere Nukleotidstellen unterscheiden können. Die Frequenz von A_1 sei p und die von A_2 q, wobei es wegen $p+q=1$ genügt, nur eine dieser Größen zu betrachten, um die genetische Zusammensetzung der Population zu beschreiben.

Wir modellieren die Selektion, indem wir den Individuen mit den Allelen A_1 und A_2 verschiedene Überlebenswahrscheinlichkeiten zuordnen. Das bedeutet, dass sich im Falle von Selektion im Adultstadium die Frequenzen der Allele gegenüber dem Anfang der Generation ändern. Die Überlebenswahrscheinlichkeit des Allels A_i wird als w_i bezeichnet, wobei $i=1$ oder 2. Falls es keine Fertilitätsunterschiede zwischen den Allelen gibt, repräsentieren diese w_i die Fitness der Allele. Anderenfalls berücksichtigen die w_i-Werte auch, dass die mit diesen Genotypen assoziierten Individuen verschiedene Anzahlen an Nachkommen haben.

Bevor wir zur formalen Herleitung der ersten Gleichung kommen, möchten wir darauf hinweisen, dass wir bei der Definition der Fitness nicht annehmen, dass es in der Population einen Polymorphismus nur an einem einzigen Locus gibt. Falls in der Population Variation an mehreren Loci existiert, repräsentieren die Fitnesswerte von A_1 und A_2 an dem einen Locus, den wir betrachten, Durchschnittswerte dieser Allele, die durch Mitteln über alle Genotypen an den anderen segregierenden Loci erhalten werden. Dabei nehmen wir allerdings an, dass die Fitnesswerte von A_1 und A_2 unabhängig von den Fitnesseffekten der Varianten an den anderen Loci sind.

Box 5.1 Selektion in einer haploiden Population

Zu Beginn einer Generation (d. h. bei den Nachkommen der vorherigen Generation) haben die Allele A_1 und A_2 die Frequenzen p bzw. q. Diese Frequenzen ändern sich durch die Wirkung der Selektion, die das Überleben beeinflusst. Im Adultstadium erhält man die Frequenzen der Allele durch Multiplikation von p und q mit den jeweiligen Überlebenswahrscheinlichkeiten w_1 bzw. w_2 und Division durch die Proportion der Überlebenden. Diese Division stellt sicher, dass sich die nach der Selektion einstellenden Frequenzen zu 1 addieren. Man bezeichnet die Proportion der Überlebenden auch als **mittlere Fitness der Population.** Sie ist gegeben durch

$$\overline{w} = p w_1 + q w_2. \tag{5.1}$$

Am Anfang der nächsten Generation sind die Frequenzen deshalb gegeben durch

$$p' = \frac{p w_1}{\overline{w}} \tag{5.2}$$

und

$$q' = \frac{q w_2}{\overline{w}}. \tag{5.3}$$

Daraus ergibt sich die Gl. 5.4 für $\Delta q = q' - q$ unter Berücksichtigung von Gl. 5.1.

In der Box 5.1 wird die Änderung der Frequenz von Allel A_2 in einer Generation berechnet. Wir erhalten dabei folgende Rekurrenzgleichung:

$$\Delta q = \frac{p q (w_2 - w_1)}{\overline{w}}. \tag{5.4}$$

Da die Fitness von Allel A_2 als kleiner angenommen wird als die von Allel A_1 ($w_2 < w_1$), nimmt seine Frequenz aufgrund von Gl. 5.4 von Generation zu Generation ab, während die von Allel A_1 zunimmt (da $\Delta q = -\Delta p$). Das Allel mit der höheren Fitness setzt sich also in der Population durch. Dabei stellt sich die Frage nach der Geschwindigkeit dieses Prozesses, der von der Selektion getrieben wird.

Wenn die Selektion die wichtigste Evolutionskraft ist, sollte dieser Prozess schneller verlaufen (z. B. schneller zur Fixierung einer vorteilhaften Mutation führen) als die genetische Drift. Wir werden dies in Abschn. 5.2 untersuchen.

5.1.2 Selektion in einer diploiden Population

Das Modell für die Selektion in einer diploiden Population ist komplizierter. Jedoch ist die Ableitung der Rekurrenzgleichung, die Gl. 5.4 entspricht, im Falle eines autosomalen Locus einer unendlich großen Population mit diskreten Generationen noch relativ einfach. Wir nehmen wiederum an, dass an diesem Locus zwei Allele A_1 und A_2 mit den Frequenzen p und q in der Population segregieren. Zunächst berechnen wir die Frequenzen der drei Genotypen A_1A_1, A_1A_2 und A_2A_2 am Beginn einer neuen Generation. Unter der Annahme, dass das Hardy-Weinberg-Gleichgewicht herrscht (d. h. Zufallspaarung), sind diese als p^2, $2pq$ und q^2 gegeben (Abschn. 1.3). Um Selektion zu modellieren, nehmen wir ferner an, dass diese nur die Überlebenswahrscheinlichkeiten w_{11}, w_{12} und w_{22} der Zygoten A_1A_1, A_1A_2 und A_2A_2 beeinflusst (nicht deren Fertilität). Dann erhalten wir nach der Wirkung der Selektion folgende Rekurrenzgleichung (Box 5.2):

$$\Delta q = \frac{pq(w_2 - w_1)}{\overline{w}}. \tag{5.5}$$

Hierbei bezeichnen – anders als im haploiden Fall – w_1 und w_2 die marginalen Fitnesswerte der Allele A_1 und A_2 und sind folgendermaßen definiert:

$$w_1 = pw_{11} + qw_{12} \tag{5.6}$$

und

$$w_2 = pw_{12} + qw_{22}. \tag{5.7}$$

Aufgrund der Gl. 5.6 bzw. Gl. 5.7 ist die marginale Fitness von Allel A_i die durchschnittliche Fitness aller Genotypen, in denen A_i vorkommt, wobei mit der Frequenz des anderen Allels im Genotyp gewichtet wird. Zum Beispiel kommt A_1 in A_1A_1 und A_1A_2 vor, aber nicht in A_2A_2. Um w_1 zu erhalten, mitteln wir deshalb über die Fitnesswerte von A_1A_1 und A_1A_2 so, dass die Gewichte durch die Frequenz des jeweils anderen Allels gegeben sind, was für A_1A_1 p und für A_1A_2 q ist. Das ergibt die Gl. 5.6. Die entsprechende Gl. 5.7 wird in Übung 5.3 erklärt.

Box 5.2 Selektion in einer diploiden Population
Die mittlere Fitness einer dipoiden Population im Hardy-Weinberg-Gleichgewicht (am Anfang der Generation) ist

$$\overline{w} = p^2w_{11} + 2pqw_{12} + q^2w_{22}. \tag{5.8}$$

Die Frequenzen der Genotypen A_1A_1, A_1A_2 und A_2A_2, die nach der Selektion überlebt haben, sind deshalb

$$p^2 \frac{w_{11}}{\overline{w}}, \quad 2pq \frac{w_{12}}{\overline{w}} \quad \text{und} \quad q^2 \frac{w_{22}}{\overline{w}}.$$

Daraus ergeben sich die Frequenzen der Allele A_1 und A_2 am Anfang der nächsten Generation mithilfe von Gl. 1.1 als

$$p' = \frac{p(pw_{11} + qw_{12})}{\overline{w}} \tag{5.9}$$

und

$$q' = \frac{q(pw_{12} + qw_{22})}{\overline{w}}. \tag{5.10}$$

Aus diesen Ergebnissen erhalten wir die Gl. 5.5 wie in Übung 5.4 erläutert wird.

5.1.2.1 Gerichtete Selektion

Wenn ein Genotyp die höchste Fitness besitzt (hier A_1A_1), A_2A_2 die niedrigste Fitness der drei Genotypen hat und die Fitness der Heterozygoten A_1A_2 zwischen diesen beiden Fitnesswerten liegt, sprechen wir von **gerichteter Selektion**. Weil in den Gl. 5.5, 5.6 und 5.7 die Fitnesswerte der Genotypen mit einem beliebigen Faktor multipliziert werden können, ohne dass sich die rechten Seiten dieser Gleichungen ändern (Übung 5.5), setzen wir im Folgenden die Fitness des Genotyps mit der höchsten Fitness als 1 an (im Falle von gerichteter Selektion die Fitness von A_1A_1). Man spricht deshalb auch von **relativer Fitness**. Daraus folgt, dass wir die relative Fitness von A_2A_2 als $1 - s$ schreiben können und die von A_1A_2 als $1 - hs$, wobei $0 < s \leq 1$ und $0 \leq h \leq 1$ gilt. Man nennt s den Selektionskoeffizienten von Allel A_2; s ist somit ein Maß der Fitnessreduktion des homozygoten Genotyps A_2A_2 gegenüber dem homozygoten Genotyp A_1A_1. Ferner nennt man h den Dominanzkoeffizienten von Allel A_2. Falls $h = 0$, ist das Allel A_2 rezessiv bezüglich seines Effekts auf die Fitness; falls $h = 1$, ist A_2 **dominant**. Mittlere Werte von h bedeuten, dass die Fitness des heterozygoten Genotyps zwischen den Fitnesswerten der beiden Homozygoten liegt. Im Fall $h = \frac{1}{2}$ werden die Allele als semidominant oder additiv bezeichnet.

Ein wichtiges Ergebnis dieser Analyse, das schon Darwin und Wallace bekannt war, ist, dass sich unter gerichteter Selektion ein vorteilhaftes Allel (hier A_1) in der Population durchsetzt, wenn ein Polymorphismus in der Population am betrachteten Locus existiert (Übung 5.6). Weitere Fragen zum Thema „gerichtete Selektion", die insbesondere die Häufigkeit solcher Selektionsprozesse, ihre Geschwindigkeit und ihren Nachweis (im Genom) betreffen, werden wir im Abschn. 5.2 und in Kap. 8 behandeln.

5.1.2.2 Balancierende Selektion

Während unter der gerichteten Selektion ein vorteilhaftes Allel zur Fixierung gelangt (wobei Fixierung nur in endlich großen Populationen auftreten kann), gibt es auch eine Form der Selektion, die zur Erhaltung der genetischen Variabilität führt, nämlich die **balancierende Selektion**. Das Endprodukt der Evolution ist in diesem Fall ein zeitlich stabiler Polymorphismus. Das einfachste Beispiel von balancierender Selektion wird als **Überdominanz** oder **Heterozygotenvorteil** bezeichnet. Im Fitnessschema ordnet man dabei dem Genotyp mit der höchsten Fitness (hier dem heterozygoten Genotyp A_1A_2) den Wert 1 zu, während die Homozygoten A_1A_1 und A_2A_2 die Fitnesswerte $1-s$ bzw. $1-t$ erhalten, wobei wiederum gilt: $0 < s \leq 1$ und $0 < t \leq 1$. Wir erhalten damit aus Gl. 5.6 und 5.7 $w_1 = 1 - ps$ und $w_2 = 1 - qt$, sodass $w_2 - w_1 = ps - qt$. Das bedeutet, dass $\Delta q = 0$, wenn $ps = qt$. Mit anderen Worten: Die Population ist im Gleichgewicht, wobei die Allelfrequenzen gegeben sind als (Übung 5.7)

$$\tilde{p} = \frac{t}{s+t} \quad \text{und} \quad \tilde{q} = \frac{s}{s+t}. \tag{5.11}$$

Dieser Gleichgewichtspolymorphismus ist stabil, da $\Delta q > 0$ für $q < \tilde{q}$ und $\Delta q < 0$ für $q > \tilde{q}$ (siehe Abb. 13.1), d. h. die Allelfrequenz q nähert sich von kleineren und größeren Werten ausgehend im Laufe der Zeit dem Gleichgewichtspunkt. Dieses Beispiel ist ausführlich im Abschn. 13.1.2 erörtert.

Der Heterozygotenvorteil führt im Gegensatz zur gerichteten Selektion, die Fixierung oder Verlust von Polymorphismen und damit Verlust der genetischen Variabilität bewirkt, zum Erhalt der Variation. Es ist vorstellbar, dass viele Polymorphismen in diploiden Populationen durch diesen Mechanismus erhalten werden. Betrachten wir dazu ein einfaches Szenario, von dem man intuitiv erwarten könnte, dass es weitverbreitet ist: Ein neues Allel (sagen wir A_2) wurde durch Mutation oder Migration in eine Population eingeführt. Es existiert dann zunächst fast ausschließlich als heterozygoter Genotyp A_1A_2 und nimmt – weil dieser die höchste Fitness hat – in seiner Frequenz zu, bis der Gleichgewichtszustand erreicht ist. Warum aber gibt es so wenige Beispiele in der Natur, in denen ein Heterozygotenvorteil experimentell nachgewiesen ist? Wir werden uns mit dieser Frage ausführlich in Kap. 9 beschäftigen.

Das klassische Beispiel für eine balancierende Selektion aufgrund des Heterozygotenvorteils ist die Sichelzellanämie (Allison 1964). Hierbei entsteht die S-Mutation im β-Globin-Gen (das für die β-Untereinheit von Hämoglobin codiert) durch eine Substitution von Glutaminsäure zu Valin an Position 6 der Polypeptidkette. Dies bewirkt eine Änderung der Hämoglobinstruktur. Aufgrund dieser Veränderung deformieren bei homozygoten Trägern des „Sichelallels" die Erythrozyten unter Sauerstoffmangel, was zu einer Verstopfung der Blutgefäße und zu Anämie führt. Die Heterozygoten *AS*, bestehend aus dem Wildtyp *A* und dem Sichelallel *S*, produzieren größtenteils normales Hämoglobin und sind besser gegen Malaria geschützt als *AA*-Homozygote, wohingegen *SS*-Homozygote sehr stark unter der Sichelzellanämie leiden (d. h. der Selektionskoeffizient t ist nahezu 1).

Die Ursache des Heterozygotenvorteils wurde gefunden, indem man die Infektionsraten durch Malaria bei AA- und AS-Genotypen in afrikanischen Populationen, in denen Malaria herrscht, verglichen hat. Ferner hat man gefunden, dass in diesen Populationen die Frequenz der AS-Individuen unter Erwachsenen höher ist als unter Kindern, was den Schluss nahelegt, dass AS-Heterozygote eine höhere Überlebenschance als AA-Homozygote haben.

Neben dem Heterozygotenvorteil gibt es noch andere Formen von balancierender Selektion. Sie sind dadurch gekennzeichnet, dass die Fitness nicht konstant, wie im Falle des Heterozygotenvorteils, sondern frequenzabhängig ist (z. B. bei Wirt-Parasit-Interaktionen) oder zeitlich und räumlich variieren kann. Wir werden solche Mechanismen der balancierenden Selektion in Kap. 9 kennenlernen.

5.2   Wie effizient ist die natürliche Selektion?

In diesem Abschnitt untersuchen wir die Effizienz der natürlichen Selektion, um den Status dieses Prozesses als Evolutionskraft einschätzen zu lernen. Wir wollen wissen, wie schnell die Selektion die genetische Zusammensetzung einer Population verändern kann. Dabei interessieren uns u. a. folgende Fragen: Wie viele Generationen dauert es, bis ein vorteilhaftes Allel von einer niedrigen zu einer hohen Frequenz in einer sehr großen Population unter der Wirkung der gerichteten Selektion ansteigt? Welche Rolle spielt der Dominanzgrad eines vorteilhaften Allels in diploiden Populationen? Um diese Fragen zu beantworten, sind quantitative Betrachtungen nötig, die wir mithilfe der Gleichungen aus Abschn. 5.1 durchführen werden. Schließlich zeigen wir, wie wir daraus die Stärke der Selektion abschätzen können.

5.2.1   Gerichtete Selektion in einer sehr großen Population

Wir beginnen mit der Frage: Wie lange braucht die gerichtete Selektion, um ein vorteilhaftes Allel von einer gegebenen Anfangsfrequenz auf eine spezifizierte Endfrequenz zu bringen? Diese Frage taucht z. B. bei der Bekämpfung von Malaria auf, bei der Insektizide gegen den Überträger (die *Anopheles*-Mücke) eingesetzt werden und Insektizidresistenz eine wichtige Rolle spielen kann, wenn sich ein seltenes Resistenzallel innerhalb kurzer Zeit in einer Population ausbreitet. Wenn die Selektion hinreichend stark ist, können in der Regel stochastische Schwankungen der Allelfrequenz (genetische Drift) vernachlässigt werden, was wir auch im Folgenden annehmen.

Box 5.3 Gerichtete Selektion in einer haploiden Population

Wir betrachten das gleiche Modell wie in Box 5.1, aber drücken die haploiden Fitnesswerte mithilfe des Selektionskoeffizienten s aus, d. h. $w_1 = 1 + s$ und $w_2 = 1$, wobei $s > 0$ (alternativ könnte man $w_1 = 1$ und $w_2 = 1 - s$ setzen). Daraus folgt

$$p' = \frac{p(1 + s)}{\overline{w}}, \quad q' = \frac{q}{\overline{w}}.$$

Wir eliminieren nun den gemeinsamen Nenner $\overline{w}$, indem wir den Quotienten $u = p/q$ betrachten. Dies ergibt die Gleichung

$$u' = u(1 + s). \tag{5.12}$$

Diese Rekurrenzgleichung können wir iterativ lösen (Abschn. 13.1.2) und erhalten u_t in Generation t als Funktion von u_0 zum Zeitpunkt 0 als

$$u_t = u_0(1 + s)^t. \tag{5.13}$$

Logarithmieren führt zu

$$ln\left(\frac{u_t}{u_0}\right) = t\,ln(1 + s). \tag{5.14}$$

Für $s \ll 1$ ist $ln(1 + s) \approx s$ (siehe Gl. 13.3), sodass

$$t \approx \frac{1}{s}ln\left(\frac{u_t}{u_0}\right). \tag{5.15}$$

Für eine haploide Population kann unter diesen Annahmen die Zeit, die für eine bestimmte Änderung der Allelfrequenz nötig ist, explizit ausgerechnet werden, wie Gl. 5.14 in Box 5.3 zeigt. Um die Bedeutung dieser Gleichung zu verstehen, approximieren wir sie für kleine Werte von s, für die $s^2 \ll s$ (d. h. für $s < 0{,}05$). Dies ergibt die Gl. 5.15. Diese Gleichung zeigt, dass die Zeit für eine definierte Frequenzänderung proportional zu $1/s$ ist und logarithmisch vom Quotienten der Anfangs- und Endfrequenzen abhängt. Besonders interessant an diesem Ergebnis ist, dass die Zeit nur schwach von diesen beiden Frequenzen beeinflusst wird.

Dies hat weitreichende Konsequenzen für die Fixierung von Mutationen: Die Zeit zur Fixierung von sehr seltenen Mutationen (d. h. Mutationen, die in sehr großen Populationen auftreten) beträgt nur ein niedriges Vielfaches von $1/s$. Für $s = 0{,}01$ und $0{,}001$ beispielsweise liegt diese Zeit bei wenigen 1000 bzw. 10.000 Generationen (Übung 5.8). Dies ist ein sehr kurzer Zeitabschnitt auf der geologischen Zeitskala und demonstriert, wie schnell die natürliche Selektion wirken kann. Interessant ist auch der Vergleich zur strikt-neutralen Theorie, die besagt, dass eine Mutation, die zur Fixierung geht, in haploiden Populationen im Mittel $2N_e$ Generationen braucht (in diploiden Populationen sind es $4N_e$ Generationen; Abschn. 4.2.1). Im Beispiel der Übung 5.8 ist $N = N_e = 10^6$ (d. h. 1/Anfangsfrequenz der Mutation). Das bedeutet, dass vorteilhafte Mutationen viel schneller zur Fixierung gehen können als neutrale.

Für eine diploide Population ist es schwieriger, explizite quantitative Resultate zu erzielen. Jedoch können Ergebnisse durch Iteration der zugrunde liegenden Gl. 5.5, 5.6 und 5.7 unter Verwendung der Selektions- und Dominanzkoeffizienten (Abschn. 5.1.2.1) gewonnen werden. Ein aufschlussreiches Beispiel, bei dem diese Methode verwendet wurde, ist in Abb. 5.1 gezeigt. Hier sind Trajektorien der Frequenz eines vorteilhaften Allels zu sehen, das mit einer niedrigen Frequenz in der Generation 0 startet, mit der Zeit in der Frequenz anwächst und schließlich gegen 1 konvergiert. Der Selektionskoeffizient ist dabei für alle Trajektorien fest ($s = 0{,}05$), während der Dominanzkoeffizient von $h = 0$ (rezessiv) bis $h = 1$ (dominant) variiert. Die Abbildung zeigt eindrucksvoll, dass sich seltene, vorteilhafte Allele sehr langsam ausbreiten, wenn sie rezessiv sind. Dies bedeutet, dass die meisten evolutionären Veränderungen, die jung sind, durch nicht-rezessive Allele hervorgebracht worden sind.

Explizite Ergebnisse können für diploide Populationen näherungsweise gewonnen werden, wenn die Selektion relativ schwach ist ($s \ll 1$). Dazu betrachten wir einen Fall von gerichteter Selektion an einem autosomalen Locus mit den Allelen A_1 und A_2. Die Fitnesswerte sind gegeben (wie in Abschn. 5.1.2.1) als $w_{11} = 1$, $w_{12} = 1 - hs$ und $w_{22} = 1 - s$. Daraus ergibt sich die mittlere Fitness mithilfe von Gl. 5.8 als $\overline{w} = 1 - 2pqhs - q^2 s = 1 - sq(2ph + q)$. Das bedeutet, dass $1/\overline{w}$ von Gl. 5.5 als 1 plus Terme in s und s^2 geschrieben werden kann (siehe Gl. 13.4). Ferner ist die Differenz $w_2 - w_1$ proportional zu s. Wir können deshalb für $s \ll 1$ den Term $(w_2 - w_1)/\overline{w}$ durch $w_2 - w_1$ approximieren. Wegen $\Delta q = -\Delta p$ führt dies dann von Gl. 5.5 auf

$$\Delta p \approx spq\left[ph + q(1 - h)\right].\qquad(5.16)$$

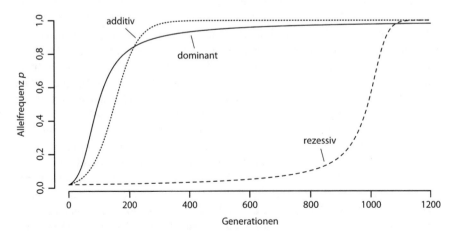

Abb. 5.1 Der Frequenzanstieg eines vorteilhaften Allels ($s = 0{,}05$) für verschiedene Dominanzkoeffizienten h (Abschn. 5.1.2.1). (Modifiziert nach Hartl und Clark 2007, Abb. 5.3, mit freundlicher Genehmigung von Oxford Publishing Limited über PLSclear, Copyright 2007 Sinauer Associates, Inc.)

Diese Gleichung beschreibt die Frequenzzunahme des vorteilhaften Allels von Generation zu Generation. Um explizite Resultate zu erhalten, muss auch die Differenz auf der linken Seite von Gl. 5.16 durch den Differenzialquotienten $\frac{dp}{dt}$ ersetzt werden (Haldane 1924), sodass man eine gewöhnliche Differenzialgleichung erhält, die integriert werden kann (Abschn. 13.1.3):

$$\frac{dp}{dt} \approx spq\left[ph + q(1 - h)\right]. \tag{5.17}$$

Für Semidominanz ($h = \frac{1}{2}$) erhält man durch Integration von Gl. 5.17 die Zeit t, die nötig ist, um ein vorteilhaftes Allel von der Anfangsfrequenz p_0 auf die Frequenz p_1 zu bringen:

$$t \approx \frac{2}{s} ln\left(\frac{p_1 q_0}{p_0 q_1}\right). \tag{5.18.}$$

Diese Formel stimmt mit der entsprechenden Formel des haploiden Falls (Gl. 5.15) bis auf den Faktor 2 überein.

Für ein vorteilhaftes dominantes Allel ($h = 1$) erhält man eine ähnliche Formel. Haldane (1924) hat diese benutzt, um den Selektionskoeffizienten s für den Anstieg der dunklen Morphe im Fall des Industriemelanismus beim Birkenspanner *(Biston betularia)*, einem Nachtfalter, abzuschätzen. In diesem Beispiel ist die dunkle Morphe in der Umgebung von Manchester/England innerhalb von nur ungefähr 50 Generationen von einer niedrigen auf eine hohe Frequenz angewachsen. Aufgrund von einer geschätzten Frequenz zum Zeitpunkt, als die dunkle Morphe zum ersten Mal im Jahre 1848 bei Manchester gesichtet wurde, und einer geschätzten Frequenz aus der Zeit, als im Jahre 1901 darüber berichtet wurde, schloss Haldane, dass der Selektionskoeffizient relativ hoch ist (33 %). Jedoch ist es schwierig, anhand seiner Veröffentlichung nachzuvollziehen, welche Parameterwerte er für die Anfangs- und Endfrequenzen benutzt hat. Da diese nicht genau bekannt sind, ist der geschätzte Wert von s mit Vorsicht zu betrachten. Ein anderes Problem ist, dass für einen so hohen Selektionskoeffizienten die oben gemachte Annahme schwacher Selektion ($s \ll 1$) nicht zutrifft und man statt der Differenzialgleichung (Gl. 5.17) die Rekurrenzgleichung (Gl. 5.16) iterativ lösen sollte. Haldanes Leistung ist jedoch unbestritten, weil er als Erster darauf hingewiesen hat, dass die extrem schnelle Verbreitung des dunklen Birkenspanners in industrialisierten Gebieten nur durch einen starken Selektionsdruck verursacht worden sein kann. Es gilt mittlerweile als sehr wahrscheinlich, dass hierbei der Fraßdruck durch Vögel eine wichtige Rolle spielte. Durch die zunehmende Industrialisierung in dieser Zeit gab es aufgrund von Luftverschmutzung durch Rußablagerungen vermehrt dunkel gefärbte Birken, auf denen die dunkle Morphe des Birkenspanners besser getarnt war und somit seltener ihren Fressfeinden zum Opfer fiel als die helle Morphe, die vor Beginn der Industrialisierung einen klaren Selektionsvorteil auf den hellen Stämmen von Birken hatte.

Genaue Schätzungen des Selektionskoeffizienten sind im Allgemeinen nur unter kontrollierten Bedingungen in Evolutionsexperimenten möglich, wenn z. B. Populationen von Mikroorganismen verwendet werden (Dykhuizen 1990). Da Bakterienpopulationen sehr groß sind, können dabei selbst niedrige Selektionskoeffizienten in der Größenordnung von bis zu 0,001 akkurat gemessen werden. Man kann dafür u. a. die Gl. 5.15 verwenden.

5.2.2 Überlebenswahrscheinlichkeit einer vorteilhaften Mutation in einer sehr großen Population

Bisher haben wir die Effizienz der gerichteten Selektion bezüglich der Geschwindigkeit untersucht, mit der vorteilhafte Allele von einer Anfangsfrequenz auf eine bestimmte Endfrequenz gebracht werden. Diese Analyse vernachlässigt jedoch die Tatsache, dass neue Mutationen anfangs in sehr kleiner Frequenz in einer Population existieren. Aufgrund von stochastischen Effekten, die dadurch bedingt sind, dass Individuen unterschiedlich viele Nachkommen haben, werden diese Mutationen nicht notwendigerweise durch die Selektion zu höheren Frequenzen getrieben, sondern können verloren gehen (auch in sehr großen Populationen), wenn ein Träger der Mutation keine Nachkommen hat.

Dieser Prozess der zufälligen Fluktuationen in der Anzahl von Kopien einer Mutation in einer Population (ein sogenannter Verzweigungsprozess) wurde bereits in den 1920er-Jahren in der Populationsgenetik untersucht. Fisher (1922) analysierte die Überlebenswahrscheinlichkeit einer Mutation, d. h. die Wahrscheinlichkeit, dass sich eine Mutation in einer Population etabliert, ohne dass sie Gefahr läuft, später wieder verloren zu gehen (Charlesworth und Charlesworth 2012, Box 3.4). In einer haploiden Population mit einer Poisson-verteilten Anzahl von Nachkommen (siehe Gl. 13.24) ist die Überlebenswahrscheinlichkeit einer vorteilhaften Mutation ungefähr $2s$ (Haldane 1927). Ähnlich erhält man die Überlebenswahrscheinlichkeit einer vorteilhaften Mutation in einer diploiden Population mit Zufallspaarung und Poisson-Verteilung der Nachkommen als $2hs$. Bei gerichteter Selektion ist die Überlebenswahrscheinlichkeit gleichbedeutend mit der Fixierungswahrscheinlichkeit. Bei balancierender Selektion gibt die Überlebenswahrscheinlichkeit die Wahrscheinlichkeit einer vorteilhaften Mutation wieder, permanent in einer Population zu bleiben.

Diese Erörterungen beschreiben den unerwarteten Befund, dass vorteilhafte Mutationen nur eine kleine Chance haben, sich in einer Population zu etablieren, selbst wenn diese extrem groß und der Selektionsvorteil der Mutation hoch ist. Es folgt daraus, dass sehr viele unabhängige Mutationen entstehen müssen, bevor eine davon sich in der Population durch Selektion ausbreiten kann. Das bedeutet, dass Selektion ein wichtiges Zufallselement beinhaltet bezüglich der präzisen Identität der Mutation, die sich durchsetzt. Bei gleichem Selektionsdruck (auf ein phänotypisches Merkmal) können sich deshalb in Subpopulationen mit beschränktem Genaustausch verschiedene Mutationen etablieren. Gibt es Evidenz für diese Hypothese?

Verschiedene Subpopulationen des Menschen haben eine Resistenz gegenüber der Krankheit Malaria über unterschiedliche genetische Mechanismen entwickelt,

z. B. durch Mutationen im Duffy-Locus oder im *G6pd*-Gen (siehe die Liste einer großen Anzahl weiterer Gene, die in Malariaresistenzen involviert sind; Charlesworth und Charlesworth 2012, Tab. 3.2). Ähnliches gilt für die Laktosetoleranz beim Menschen. In diesem Fall sind mindestens vier verschiedene regulatorische Mutationen bekannt, die zur Laktosetoleranz in unterschiedlichen Subpopulationen geführt haben, in denen Milchwirtschaft betrieben wird (Tishkoff et al. 2007). Auch aus anderen Bereichen der Evolutionsbiologie ist dieses Phänomen, das als konvergente Evolution bezeichnet wird, bekannt. Zum Beispiel haben sich verschiedene unabhängige Mutationen in mehreren Subpopulationen der Acker-Schmalwand *(Arabidopsis thaliana)* durchgesetzt, welche den Verlust der Selbstinkompatibilität in dieser selbstbefruchtenden Pflanze verursachen (Sherman-Broyles et al. 2007).

5.3   Die genetische Basis der Adaptation

Der Begriff **Adaptation** bezeichnet in der Evolutionsbiologie den Prozess der Anpassung von Organismen an ihre Umwelt. Ferner sind mit Adaptationen auch die Merkmale eines Individuums gemeint, die aus diesem Prozess resultieren. Hierbei spielt Selektion eine wichtige Rolle, die wir in diesem Abschnitt studieren wollen. Wir werden uns dabei fragen, ob die Selektionstheorie, die wir in Abschn. 5.1 in ihren Grundzügen entwickelt haben, die Evolution von Adaptationen erklären kann und insbesondere ob Darwin'sche Selektion auch komplexe Adaptationen erklären kann, die aus mehreren Komponenten bestehen. Darwin hat sich dazu klar positioniert, als er die Evolution des Vertebratenauges beschrieben hat (Darwin 1859, Kap. 6). Seine Antwort war, dass komplexe Adaptationen von einfacheren Zuständen ausgehend durch sukzessive Schritte entstehen, wobei jeder neue Schritt einen Vorteil gegenüber dem gegenwärtigen Zustand bringt. Und er hat dies durch vergleichende morphologische Forschungen an Tieren belegt. Spätere Untersuchungen an Augen und anderen Adaptationen bestätigten Darwins Hypothesen der schrittweisen Anpassung. Dabei ist der Einfluss der Genetik auf die Evolutionsforschung immer stärker in den Blickpunkt gerückt. Wir beginnen unseren Bericht über die genetischen Grundlagen der Adaptation mit einem Modell von Fisher (1930), das einige wichtige Aspekte von komplexen Adaptationen beinhaltet.

5.3.1   Fishers geometrisches Modell der Adaptation

Fisher (1930) postulierte, dass die Adaptation eines Individuums oder einer komplexen Struktur, wie das Auge, einer Bewegung in einem multidimensionalen Raum ähnelt, die Schritt für Schritt auf ein Fitnessmaximum O zustrebt. Jedes Merkmal eines Organismus (oder jede Komponente einer komplexen Struktur) ist dabei durch eine Dimension in einem kartesischen Koordinatensystem repräsentiert. Der Punkt O markiert den optimalen Phänotyp. Falls eine Mutation in einem

Individuum auftritt, das sich an einem anderen Punkt A in diesem Raum befindet, erhöht sie dessen Fitness nur, wenn sie das Individuum näher an das Optimum O heranbringt.

Wir veranschaulichen dies durch ein zweidimensionales Beispiel (Abb. 5.2), d. h. ein Individuum ist durch zwei Merkmale repräsentiert. Eine Mutation hat einen Effekt auf diese beiden Merkmale und ist durch einen Vektor $\vec{\gamma}$ mit den Komponenten γ_1 und γ_2 dargestellt, der vom Punkt A, an dem sich das Individuum befindet, ausgeht. Die Länge $\gamma = |\vec{\gamma}|$ des Vektors $\vec{\gamma}$ gibt die Größe des Effektes an, während die Komponenten die Effekte auf die beiden Merkmale darstellen. Falls der Vektor in den in Abb. 5.2 gezeichneten Kreis weist und relativ kurz ist, erhöht die Mutation die Fitness des Individuums und bringt es näher an das Fitnessmaximum O heran. Andernfalls ist sie schädlich, sodass ein Anpassungs-schritt durch diese Mutation nicht stattfinden kann. Die Effekte der Mutationen sind zufällig (und damit auch die Vektoren bezüglich Richtung und Größe). Fast die Hälfte der Mutationen mit kleinem Effekt liegen deshalb im Kreis und sind somit vorteilhaft. Mit wachsender Effektgröße (d. h. wachsender Länge der Vekto-ren) nimmt die Wahrscheinlichkeit aber ab, dass Mutationen das Individuum näher an das Fitnessoptimum heranbringen. Fisher hat für den n-dimensionalen Fall die Wahrscheinlichkeit berechnet, dass eine Mutation der Größe γ vorteilhaft ist. Diese Wahrscheinlichkeit fällt mit γ von 0,5 monoton auf 0 ab.

Dieses Ergebnis gab Anlass zur Diskussion, denn einerseits legt es nahe, dass Adaptationen wahrscheinlich nicht von Mutationen verursacht werden, die große Effekte haben. Andererseits könnte man aus diesem Resultat folgern, dass Mutationen mit einer kleinen Effektgröße die Hauptrolle bei der Annäherung an

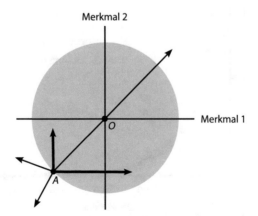

Abb. 5.2 Zweidimensionale Darstellung von Fishers Modell der Adaptation. O bezeichnet das Fitnessoptimum, dem die Population zustrebt, und A ist die gegenwärtige Position eines Indi-viduums. A liegt auf einem Kreis um O, dessen Radius die Entfernung zum Fitnessmaximum angibt. Die Vektoren, die von A ausgehen, in alle Richtungen weisen und beliebig lang sein kön-nen, stellen neue Mutationen dar. Liegt ein Vektor mit der ganzen Länge im Kreis *(fett)*, ist die Mutation vorteilhaft und bringt das Individuum ein Stück näher an O heran

das Fitnessmaximum O spielen, da diese mit der größten Wahrscheinlichkeit im Kreis von Abb. 5.2 liegen. Kimura (1983, Abschn. 6.6) hat dem jedoch widersprochen, indem er klarmachte, dass Mutationen mit einer kleinen Effektgröße nur eine kleine Fixierungswahrscheinlichkeit haben (wenn man annimmt, dass die Effektgröße einer vorteilhaften Mutation proportional zu ihrer Fitness ist; Abschn. 5.2.2). Kimura zeigte, dass eine Mutation mit mittlerer Effektgröße die größte Wahrscheinlichkeit hat, in den Kreis zu fallen und durch gerichtete Selektion fixiert zu werden.

Orr (1998) hat den gesamten Adaptationsprozess anhand von Fishers Modell untersucht, in dem fortlaufend neue Mutationen durch gerichtete Selektion fixiert werden und sich so die Population schrittweise dem Fitnessoptimum nähert. Er hat die Verteilung der auf dem Weg zum Fitnessoptimum auftretenden Effektgrößen berechnet. Diese Verteilung ist näherungsweise exponentiell (Abschn. 13.2.2.2), weist viele Mutationen mit kleinen Effektgrößen und wenige mit großen Effekten auf (Abb. 5.3). Letztere werden bevorzugt in der Anfangsphase fixiert, wenn die Individuen einer Population weit vom Optimum entfernt sind.

5.3.2 Evidenz für Fishers Modell der Adaptation

Die wichtigste Hypothese, die aus der Analyse von Fishers Modell der Adaptation gewonnen wurde, ist, dass komplexe Adaptationen (d. h. Individuen oder Phänotypen, die aus einer großen Anzahl von Komponenten bestehen) durch eine

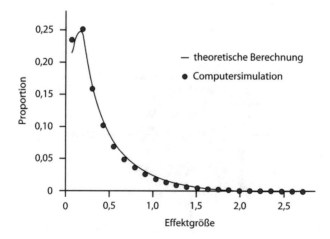

Abb. 5.3 Verteilung der Effektgrößen γ von Mutationen, die während des Adaptationsprozesses fixiert werden. Die *durchgezogene Kurve* gibt die theoretisch erwartete Verteilung der Effektgrößen (berechnet nach Gl. 15 aus Orr 1998) wieder. Die Punkte wurden durch Computersimulation von Fishers Modell (mit 50 Dimensionen) erhalten (Modifiziert nach Orr 1998, Abb. 5, mit freundlicher Genehmigung von John Wiley and Sons, Copyright 1998 The Society for the Study of Evolution)

näherungsweise exponentielle Verteilung der Effekte von Mutationen bestimmt sind. Um diese Aussage zu testen, müssen wir uns klarmachen, dass Fishers Modell nur neue Mutationen betrachtet. Genetische Varianten hingegen, die in einer Population bereits existieren und bei einer Umweltänderung unter den Einfluss positiv gerichteter Selektion geraten, werden vernachlässigt. Letzteres könnte zu einer breiteren Verteilung der Effekte führen, als es das Modell postuliert.

Wir betrachten zunächst Daten, die durch Kreuzungen zwischen zwei sympatrischen (also in überlappenden Verbreitungsgebieten vorkommenden) *Erythranthe*-(zuvor *Mimulus*)-Spezies (Gauklerblumen) erhalten wurden. Die komplexe Adaptation, die uns interessiert, ist die Anpassung von *E. cardinalis* (scharlachrote Gauklerblume) an die Bestäubung durch Kolibris. Die nächsten Verwandten von *E. cardinalis* – einschließlich der Schwesternart *E. lewisii* – werden hingegen durch Hummeln bestäubt. Eine **QTL-(*quantitative trait locus*)-Analyse** (für die Beschreibung dieser Methode siehe Abschn. 11.2), die auf F2-Kreuzungen zwischen *E. cardinalis* und *E. lewisii* beruht, hat gezeigt, dass die Verteilungen der Effekte an den gefundenen Loci für die untersuchten quantitativen Merkmale sehr breit sind und dass manche Loci einen großen Teil der beobachteten phänotypischen Variabilität erklären (Bradshaw et al. 1998). Besonders die Merkmale, die in Tab. 5.1 aufgelistet sind, spielen eine signifikante Rolle bei der Anziehung der Bestäuber, wobei die Blütenfarbe die wichtigste Komponente dieser Adaptation ist (wie auch durch direkte Experimente gezeigt wurde; Bradshaw und Schemske 2003). Zusammenfassend lässt sich sagen, dass das Bündel von Merkmalen, die an der Adaptation von *E. cardinalis* an den neuen Bestäuber beteiligt sind, durch viele genetische Veränderungen zustande gekommen ist, und nicht durch eine einzelne „Makromutation" (Goldschmidt 1940), obwohl einige wenige Gene relativ große Effekte haben können. Dieses Ergebnis stimmt qualitativ mit den von Fishers Modell abgeleiteten Hypothesen überein.

Weitere Daten, mit denen Fishers Modell getestet werden kann, stammen von Evolutionsexperimenten, in denen Bakterien plötzlich einem anderen Nährmedium ausgesetzt werden. Die Anpassung der Bakterien an die neue Umgebung kann nach vielen Generationen genetisch untersucht und mit den Ausgangsstämmen verglichen werden, da Bakterien gefroren und wieder aufgetaut werden können. Ferner können die Fitnesswerte der ursprünglichen und abgeleiteten Populationen gemessen werden. Dabei zeigte sich in einem Langzeitexperiment

Tab. 5.1 Blütenmerkmale der *Erythranthe*-Arten *E. lewisii* und *E. cardinalis*

Merkmal	*E. lewisii*	*E. cardinalis*
Bestäuber	Hummel	Kolibri
Blütengröße	Klein	Groß
Blütenform	Breit, „Landeplattform"	Eng, schlauchartig
Blütenfarbe	Rosa	Rot
Nektar	Moderat, viel Zucker	Reichlich, wenig Zucker

mit *Escherichia coli* in einem Glukose-limitierten Medium, dass die mittlere Fitness der Populationen am Anfang schnell ansteigt und sich nach ungefähr 2000 Generationen langsam einem Plateau nähert (Lenski und Travisano 1994), wie wir es von Fishers Modell der Adaptation erwarten. Für spezifische Adaptationen, wie Resistenzen gegen Antibiotika, können in *E. coli* auch die einzelnen Nukleotidänderungen identifiziert werden, die während des Adaptationsprozesses aufgetreten sind. Ferner ist es bei einer geringen Anzahl von Mutationen auch möglich, die Reihenfolge, in der diese Änderungen erfolgt sind, durch gezielte Experimente nachzuvollziehen (Weinreich et al. 2006).

Fishers Modell, das wir bisher betrachtet haben, lässt nur ein Fitnessmaximum zu. Es ist jedoch denkbar, dass komplexe Adaptationen mehrere Fitnessmaxima aufweisen, gegen die eine Population konvergieren kann. Wright (1932) hat in diesem Zusammenhang den Begriff **Fitnesslandschaft** geprägt, die – wie eine hügelige oder alpine Landschaft – aus mehreren Fitnessbergen, -tälern und -graten bestehen kann. Durch eine vorteilhafte Mutation mit kleiner Effektgröße kann sich eine Population, die sich am Fuße eines Fitnessberges befindet, dem Fitnessmaximum nähern, wie wir es oben für Fishers Modell mit einem Optimum beschrieben haben. Bei großer Effektgröße einer Mutation kann eine Population aber auch ein tiefes Fitnesstal überqueren und einem alternativen Maximum mit höherer Fitness zustreben.

Das Konzept der Fitnesslandschaft wurde benutzt, um z. B. die Evolution von RNA-Sekundärstrukturen zu beschreiben. Im einfachsten Fall handelt es sich dabei um eine einzelne G-C- oder A-U-Bindung in der Helix einer RNA-Sekundärstruktur (Abb. 5.4). Da die Bindung zwischen G und C durch drei Wasserstoffbrücken zusammengehalten wird, diejenige zwischen A und U aber nur durch zwei, ist eine Helix mit G-C stabiler als eine identische Helix, in der G-C durch A-U ausgetauscht worden ist. Falls die Stabilität der Helix hinsichtlich ihrer Funktion eine Rolle spielt, könnte das Allel mit dem G-C-Paar daher fitter sein als das andere, sodass die Fitnesslandschaft in diesem einfachen Fall aus zwei unterschiedlich hohen Maxima besteht, die durch ein Tal niedriger Fitness (ein G-U- oder A-C-Paar) getrennt sind (Abb. 5.4). Da eine RNA-Helix aber aus mehreren Paaren (zumeist kanonischen Watson-Crick-Paaren) besteht, hat die Fitnesslandschaft einer Helix bzw. einer ganzen Sekundärstruktur viele Fitnessmaxima und -minima. Die Differenzen zwischen Fitnessmaxima und -minima können durch Modellierung der Übergänge von einem Watson-Crick-Paar zu einem anderen (Abb. 5.4) abgeschätzt werden. Für mRNA-Sekundärstrukturen, wie diejenige am 3'-Ende des *bicoid*-Gens in *Drosophila,* wurden dabei sehr niedrige Werte für den durchschnittlichen Selektionsdruck gegen die schädlichen Zwischenzustände von $N_e s \approx 1$ gefunden (Innan und Stephan 2001). Für andere RNAs, wie z. B. mitochondriale tRNA in Säugetieren, können die Selektionskoeffizienten jedoch größer und dadurch die Fitnesstäler deutlich tiefer sein (Meer et al. 2010). Um die Evolution von RNA-Sekundärstrukturen besser zu verstehen, kommen wir in Abschn. 7.3 auf dieses Beispiel zurück und entwickeln ein spezifisches Modell für die dabei auftretende Form der Selektion.

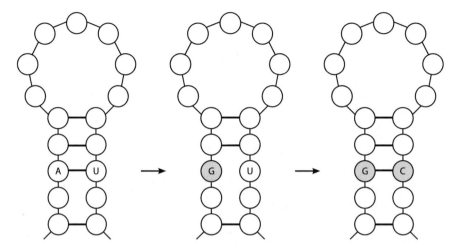

Abb. 5.4 Übergang einer Helix in einer RNA-Sekundärstruktur mit einer A-U-Paarung über einen G-U-Zwischenzustand in ein G-C-Paar. Die erste Mutation von A zu G ist schädlich, da sie ein kanonisches Watson-Crick-Paar aufbricht und somit die Helix destabilisiert. Die zweite Mutation von U zu C repariert diesen Schaden; sie wird deshalb auch kompensatorisch genannt (Abschn. 7.3). (Modifiziert nach Kusumi et al. 2016, Abb. 1A, mit freundlicher Genehmigung von Elsevier)

Übungen

5.1 Warum kann die natürliche Selektion bei mischender Vererbung nicht wirken?

5.2 Leiten Sie die Gl. 5.4 mithilfe der Gl. 5.1 und 5.3 ab.

5.3 Erklären Sie die Gl. 5.7 für die marginale Fitness von Allel A_2.

5.4 Leiten Sie die Gl. 5.5 mithilfe der Gl. 5.9 und 5.10 ab.

5.5 Zeigen Sie, dass sich die rechte Seite von Gl. 5.5 nicht ändert, wenn die Fitnesswerte der Genotypen A_1A_1, A_1A_2 und A_2A_2 mit einer Konstanten K multipliziert werden.

5.6 Überzeugen Sie sich, dass die Frequenz eines vorteilhaften Allels in einer diploiden Population stets ansteigt (ähnlich wie in einer haploiden Population).

5.7 Zeigen Sie, dass die Gleichgewichtsfrequenzen beim Heterozygotenvorteil durch die Gl. 5.11 gegeben sind.

5.8 Wie lange braucht eine vorteilhafte Mutation mit einer Anfangsfrequenz von $1/10^6$, um die Endfrequenz von 0,999 zu erreichen, wenn der Selektionskoeffizient

a) $s = 0,001$ und

b) $s = 0,01$ beträgt?

Literatur

Allison AC (1964) Polymorphism and natural selection in human populations. Cold Spring Harb Symp Quant Biol 29:137–149

Bradshaw HD, Otto KG, Frewen BE, McKay JK, Schemske DW (1998) Quantitative trait loci affecting differences in floral morphology between two species of monkeyflower (*Mimulus*). Genetics 149:367–382

Bradshaw HD, Schemske DW (2003) Allele substitution at a flower colour locus produces a pollinator shift in monkeyflowers. Nature 426:176–178

Charlesworth B, Charlesworth D (2012) Elements of evolutionary genetics, 2. Aufl. Roberts and Company, Greenwood Village

Darwin C (1859) On the origin of species, 1. Aufl. John Murray, London

Darwin C, Wallace AR (1858) On the tendency of species to form varieties; and on the perpetuation of varieties and species by natural means of selection. J Proc Linnean Soc (Zoology) 3:45–62

Dykhuizen DE (1990) Experimental studies of natural selection in bacteria. Annu Rev Ecol Syst 21:373–398

Fisher RA (1918) The correlation between relatives on the supposition of Mendelian inheritance. Trans R Soc Edinburgh 52:399–433

Fisher RA (1922) On the dominance ratio. Proc R Soc Edinburgh 52:312–341

Fisher RA (1930) The genetical theory of natural selection. Clarendon, Oxford

Goldschmidt RB (1940) The material basis of evolution. Yale University Press, New Haven

Haldane JBS (1924) A mathematical theory of natural and artificial selection. Part I. Trans Camb Philos Soc 23:19–41

Haldane JBS (1927) A mathematical theory of natural and artificial selection. Part V. Selection and mutation. Proc Camb Philos Soc 23:838–844

Hartl DL, Clark AG (2007) Principles of population genetics, 4. Aufl. Sinauer Associates, Sunderland

Innan H, Stephan W (2001) Selection intensity against deleterious mutations in RNA secondary structures and rate of compensatory nucleotide substitutions. Genetics 159:389–399

Jenkin F (1867) The origin of species. North Br Rev 46:277–318

Kimura M (1983) The neutral theory of molecular evolution. Cambridge University Press, Cambridge

Kusumi J, Ichinose M, Takefu M, Piskol R, Stephan W et al (2016) A model of compensatory molecular evolution involving multiple sites in RNA molecules. J Theor Biol 388:96–107

Lenski RE, Travisano M (1994) Dynamics of adaptation and diversification: a 10,000-generation experiment with bacterial populations. Proc Natl Acad Sci USA 91:6808–6814

Meer MV, Kondrashov AS, Artzy-Randrup Y, Kondrashov FA (2010) Compensatory evolution in mitochondrial tRNAs navigates valleys of low fitness. Nature 464:279–282

Orr HA (1998) The population genetics of adaptation: the distribution of factors fixed during adaptive evolution. Evolution 52:935–949

Provine WB (1971) The origins of theoretical population genetics. University of Chicago Press, Chicago

Sherman-Broyles S, Boggs N, Farkas A, Liu P, Vrebalov J et al (2007) *S* locus genes and the evolution of self-fertility in *Arabidopsis thaliana*. Plant Cell 19:94–106

Tishkoff SA, Reed FA, Ranciaro A, Voight BF, Babbitt CC et al (2007) Convergent adaptation of human lactase persistence in Africa and Europe. Nat Genet 39:31–40

Weinreich DM, Delaney NF, Depristo MA, Hartl DL (2006) Darwinian evolution can follow only very few mutational paths to fitter proteins. Science 312:111–114

Wright S (1932) The role of mutation, inbreeding, crossbreeding and selection in evolution. Proceedings of the 6th International Congress of Genetics, S 356–366

Wechselwirkung der natürlichen Selektion mit Mutation, Migration und genetischer Drift

6

Selektion wirkt im Allgemeinen nicht alleine, sondern in der Gegenwart der anderen Evolutionskräfte. Zu Letzteren gehören Mutation, Migration, genetische Drift und Rekombination. Wir betrachten im Folgenden die Selektion an einem Locus (oder einer Nukleotidstelle), an dem die genetische Variation zugleich durch Mutation, Migration oder Drift beeinflusst wird. Das Zusammenwirken von Rekombination und Selektion kann mit diesem Ansatz nicht beschrieben werden, da hierfür mindestens zwei Loci nötig sind, und wird deshalb in Kap. 7 behandelt.

Im Kap. 5 haben wir festgestellt, dass balancierende Selektion die genetische Variation in einer Population erhalten kann. Aber meistens führt die Selektion zum Verlust der Variation, wie dies für die gerichtete Selektion der Fall ist. Genetische Variabilität kann in einer solchen Situation nur erhalten werden, wenn andere Evolutionskräfte der Selektion entgegenwirken. Zu diesen Kräften gehören Mutation und Migration, die neue Varianten in eine Population einschleusen. Ihr Zusammenwirken mit der Selektion werden wir in Abschn. 6.1 und 6.2 betrachten und anschließend die Interaktion von Selektion und genetischer Drift behandeln (Abschn. 6.3).

6.1 Mutation und Selektion

Obwohl Mutation eine sehr schwache Kraft ist, die DNA-Sequenzen von höheren Eukaryoten lediglich mit einer Rate von ungefähr 10^{-9} bis 10^{-8} pro Nukleotidstelle pro Generation verändert (Abschn. 1.2.3), ist sie im Evolutionsgeschehen ständig präsent. Das bedeutet, dass selbst wenn die gerichtete Selektion die Sequenz eines Gens mit der größten Fitness unter den herrschenden Bedingungen in einer Population etabliert hat, es immer Mutationen zu neuen und oft weniger fitten Varianten geben wird. Die Rate von nachteiligen Mutationen beim Menschen beträgt fast sechs Mutationen pro Individuum pro Generation (Charlesworth und Charlesworth 2012, Abschn. 4.2). Der dauernde Input von schädlichen

© Springer-Verlag GmbH Deutschland, ein Teil von Springer Nature 2019
W. Stephan und A. C. Hörger, *Molekulare Populationsgenetik*,
https://doi.org/10.1007/978-3-662-59428-5_6

Mutationen ist daher von großer Bedeutung sowohl für die medizinische als auch evolutionäre Genetik. Wir modellieren hier das Gleichgewicht zwischen der Produktion von schädlichen Mutationen und ihrer Eliminierung durch purifizierende Selektion, eine Form der gerichteten Selektion, die wir schon im Kap. 4 kennengelernt haben.

6.1.1 Mutations-Selektions-Gleichgewicht

Wir betrachten den einfachen Fall einer Mutation an einem autosomalen Locus einer diploiden Population mit Zufallspaarung. Wir nehmen an, dass das Wildtyp-Allel A_1 mit einer Rate u pro Generation zu einer nachteiligen Variante A_2 mutiert. Ferner nehmen wir an, dass die purifizierende Selektion so stark ist, dass A_2 in sehr niedriger Frequenz vorliegt und deshalb die Rückmutation von A_2 nach A_1 vernachlässigt werden kann. Die Frequenzänderung durch die Mutation von Allel A_1 von einer Generation zur nächsten ist dann

$$\Delta_{mut}p \approx -up, \tag{6.1}$$

wobei der Index *mut* andeutet, dass die Änderung durch Mutation zustande gekommen ist. Um Selektion zu modellieren, betrachten wir wie im Abschn. 5.1.2.1 das folgende Fitnessschema: Die Fitness von A_1A_1 ist 1, die von A_1A_2 ist $1 - hs$ und die von A_2A_2 ist $1 - s$. Die Änderung der Frequenz von A_1 durch Selektion ist dann näherungsweise gegeben durch die Gl. 5.16, wobei die mittlere Populationsfitness nahe bei 1 liegt. Falls Mutation und Selektion gleichzeitig wirken, ergibt sich die Änderung von p näherungsweise als die Summe der Änderungen durch Mutation und Selektion, d. h.

$$\Delta p \approx -up + spq\left[ph + q(1 - h)\right]. \tag{6.2}$$

Das einzige stabile Gleichgewicht dieser Gleichung ist im Fall $h > 0$ gegeben durch (Übung 6.1)

$$\widetilde{q} \approx \frac{u}{hs}. \tag{6.3}$$

Bei der Ableitung von Gl. 6.3 wird angenommen, dass die Selektion stark genug ist, sodass homozygote Träger der schädlichen Mutation in der Population extrem selten vorkommen. Die Gl. 6.3 macht intuitiv Sinn, denn im Gleichgewicht ist der Input durch neue Mutationen genau gleich dem Verlust von nachteiligen Varianten durch purifizierende Selektion. Der Input von Mutationen ist charakterisiert durch die Mutationsrate u und der Verlust durch den Selektionskoeffizienten hs gegen die heterozygoten Träger der schädlichen Varianten (die homozygoten Träger liegen in zu geringer Frequenz vor, um zu diesem Gleichgewicht einen Beitrag zu leisten). Wir folgern aus diesem Resultat, dass Allele, die relativ schwach nachteilig sind, häufiger in einer Population im Gleichgewicht vorkommen als relativ stark schädliche Allele.

Ferner stellen wir fest, dass die Frequenz von Trägern von nachteiligen Allelen im Gleichgewicht als $2\tilde{p}\tilde{q} \approx \frac{2u}{hs}$ gegeben ist, da $\tilde{p} \approx 1$. Daraus lässt sich die nachteilige Mutationsrate u abschätzen, wenn die linke Seite dieser Gleichung und hs bekannt sind. Dazu betrachten wir ein Beispiel in der Übung 6.2.

Im Falle von vollständig rezessiven Mutationen ($h = 0$) hat die Gl. 6.2 auch ein stabiles Gleichgewicht (Übung 6.1), nämlich

$$\tilde{q} \approx \sqrt{\frac{u}{s}}. \tag{6.4}$$

6.1.2 Genetische Bürde

Der Effekt einer schädlichen Mutation auf ein Individuum ist durch die Reduktion der individuellen Fitness gegeben. In ähnlicher Weise können wir den Effekt einer nachteiligen Mutation auf die gesamte Population quantifizieren. Letzteres erfolgt durch den Begriff der **genetischen Bürde** (oder genetischen Last), die definiert wird als

$$L = \frac{w_{opt} - \overline{w}}{w_{opt}}, \tag{6.5}$$

wobei w_{opt} die optimale Fitness ist. Da wir diese gleich 1 gesetzt haben, erhalten wir als genetische Bürde $L = 1 - \overline{w}$.

Die genetische Bürde kann interpretiert werden als der Anteil von Individuen einer Population, der nicht bis zum Erwachsenenalter überlebt oder sich nicht reproduziert wegen selektiver Unterschiede zwischen den Genotypen der Population. Man bezeichnet das auch als genetischen Tod. Außer genetischen Ursachen gibt es natürlich immer auch umweltbedingte Gründe für den Tod von Individuen oder für Fehlschläge in der Fortpflanzung.

Wir betrachten hier zunächst die genetische Bürde, die durch nachteilige Mutationen verursacht und auch als Mutationsbürde bezeichnet wird. Wir erhalten

$$\overline{w} = p^2 + 2pq(1 - hs) + q^2(1 - s) = 1 - 2pqhs - q^2s.$$

Falls $h > 0$, ergibt dies näherungsweise $\overline{w} \approx 1 - 2qhs$. Daraus folgt im Gleichgewicht unter Berücksichtigung von Gl. 6.3:

$$L \approx 2u. \tag{6.6}$$

Im vollständig rezessiven Fall ($h = 0$) ist $\overline{w} = 1 - q^2s$, sodass im Gleichgewicht unter Berücksichtigung von Gl. 6.4

$$L \approx u. \tag{6.7}$$

Besonders bemerkenswert an diesen letzten zwei Gleichungen ist, dass in beiden Fällen die Mutationsbürde unabhängig vom Selektionskoeffizienten ist. Dies hat seinen Grund darin, dass der Beitrag einer einzelnen nachteiligen Mutation zur genetischen Bürde bei schwacher Selektion zwar geringer ist als bei starker, aber deren Gleichgewichtsfrequenz bei schwacher Selektion höher als bei starker

Selektion ist. Diese beiden Effekte eliminieren sich gegenseitig. Den Unterschied zwischen Gl. 6.6 und 6.7 behandeln wir in Übung 6.3.

Neben der Mutationsbürde gibt es noch weitere Fälle der genetischen Bürde. Sie betreffen die beiden Selektionsprozesse der balancierenden und der gerichteten Selektion, die wir in Abschn. 5.1.2 besprochen haben. Genetische Variation, die durch balancierende Selektion im Gleichgewicht gehalten wird, kreiert die sogenannte Segregationsbürde. Im Falle des Heterozygotenvorteils, wo in jeder Generation auch homozygote Genotypen mit geringerer Fitness entstehen, ist diese durch

$$L \approx \frac{st}{s+t} \tag{6.8}$$

gegeben (Übung 6.4). Die Fixierung eines vorteilhaften Allels durch gerichtete Selektion verursacht ebenfalls eine genetische Bürde, die Substitutionsbürde oder der „Preis der natürlichen Selektion" genannt wird (Haldane 1957). Bei der Fixierung eines vorteilhaften Allels entsteht eine Bürde, da der Substitutionsprozess eine beträchtliche Zeit dauern kann, in der noch Individuen mit dem ursprünglichen Allel vorhanden sind, sodass die mittlere Fitness einer Population niedriger ist als zum Zeitpunkt der Fixierung.

6.2   Migration und Selektion

Wir behandeln zunächst die Migration zwischen zwei Subpopulationen mithilfe eines Modells von Moran (1962, Kap. 9), um den Begriff der **lokalen Adaptation** einzuführen (Abschn. 6.2.1). Anschließend betrachten wir die Migration und Selektion in einem kontinuierlichen Habitat, um das Entstehen von Klinen (d. h. kontinuierlichen Änderungen eines phänotypischen Merkmals oder von Allelfrequenzen entlang eines geographischen Gradienten) zu beschreiben (Abschn. 6.2.2).

6.2.1   Migration und Selektion in diskreten Subpopulationen

Box 6.1 Selektion und Migration zwischen zwei Subpopulationen

In Morans (1962) Modell von zwei Subpopulationen, die durch symmetrische Migration verbunden sind, seien die Frequenzen der Allele A_1 und A_2 in der Population 1 durch p_1 und q_1 gegeben und in der Population 2 durch p_2 und q_2. Die Frequenz von A_2 nach der Wirkung der Migration in der Population 1 ist dann $(1-m)q_1 + mq_2$, und in der Population 2 erhalten wir $(1-m)q_2 + mq_1$. Die Änderungen der Frequenzen durch Migration sind deshalb:

$$\Delta q_{1mig} = -\Delta q_{2mig} = m(q_2 - q_1), \tag{6.9}$$

wobei *mig* andeutet, dass die Änderungen durch Migration zustande gekommen sind. Um die Selektion zu beschreiben, nehmen wir an, dass die Population haploid ist. Das Fitnessschema für die beiden Populationen ist dann:

	A_1	A_2
Population 1	1	$1-s$
Population 2	$1-s$	1

Für schwache Selektion erhalten wir im haploiden Fall

$$\Delta q_{1sel} \approx -sp_1q_1, \Delta q_{2sel} \approx -sp_2q_2. \tag{6.10}$$

Die Lösung im Gleichgewicht wird gefunden, indem man die Frequenzänderung Δq_1, die ungefähr gleich der Summe von Δq_{1mig} in Gl. 6.9 und Δq_{1sel} in Gl. 6.10 ist, gleich null setzt und dabei berücksichtigt, dass im Gleichgewicht aus Symmetriegründen $q_2 = p_1$:

$$sp_1q_1 + m(q_1 - p_1) \approx 0. \tag{6.11}$$

Daraus folgt, dass die Gleichgewichtsfrequenz die Lösung einer quadratischen Gleichung und eine Funktion von m/s ist (Übung 6.5).

In der Box 6.1 leiten wir die Allelfrequenz im Gleichgewicht zwischen Migration und Selektion für zwei diskrete Subpopulationen ab, die durch symmetrische Migration mit der Rate m verbunden sind. Wir betrachten ein haploides Modell (Moran 1962). Das Allel A_1 ist dabei in der Population 1 vorteilhaft mit dem Selektionskoeffizienten s, während in der Population 2 das Allel A_2 einen Vorteil s über A_1 hat. Wir finden, dass die lokale Frequenz des Allels, das in einer Population im Selektionsnachteil ist, eine Funktion von m/s ist (Box 6.1):

$$\widetilde{q}_1 \approx \frac{1}{2}\left(1 + 2\frac{m}{s} - \sqrt{1 + 4\left(\frac{m}{s}\right)^2}\right). \tag{6.12}$$

Im Fall $m \ll s$ ist die Allelfrequenz gegeben durch

$$\widetilde{q}_1 \approx \frac{m}{s}. \tag{6.13}$$

Diese Formel entspricht der Gl. 6.3 im analogen Fall des Mutations-Selektions-Gleichgewichts (wobei zu bemerken ist, dass wir hier den haploiden Fall behandelt und im Abschn. 6.1.1 ein diploides Selektionsschema angenommen haben, weshalb in Gl. 6.3 s durch hs ersetzt wird). Die Gl. (6.13) bedeutet, dass das Allel A_1 in der Population 1 weitaus am häufigsten vorkommt, wo es einen Selektionsvorteil gegenüber A_2 hat, während das Allel A_2 mit Abstand am häufigsten in der Population 2 ist. In anderen Worten: Wir beobachten eine nahezu fixierte Differenz zwischen den Varianten A_1 und A_2 in beiden Populationen; der Fixierungsindex F_{ST} ist deshalb nahezu 1. Dieses Phänomen wird als lokale Adaptation bezeichnet.

Ein in der Evolutionsbiologie seit nahezu 100 Jahren bekanntes Beispiel lokaler Adaptation liefert die Rauhaar-Taschenmaus *Chaetodipus intermedius,* die im Südwesten der USA verbreitet ist. Mäuse, die auf steinigem Grund leben, haben ein helles Fell, während die Mäuse, die auf Lavaböden vorkommen, eher dunkel sind. Die dunkle Form wird durch ein nahezu dominantes Allel des *Mc1r*-Gens, das für den Melanocortin-1-Rezeptor codiert, kontrolliert. Die Farbe des Fells dient den Mäusen offenbar als Schutz gegen Fressfeinde (Vögel). Hoekstra et al. (2004) schätzten die Migrationsrate *m* zwischen Populationen auf Lavafeldern und umliegenden Gebieten mithilfe von mitochondrialen Polymorphismusdaten ab und auch die Frequenz des dunklen *Mc1r*-Allels. Daraus schlossen sie mithilfe eines Ansatzes, der Gl. (6.13) ähnelt, dass der Wert von *s,* der den Selektionsdruck gegen die helle Morphe auf Lavaböden charakterisiert, zwischen 0,04 und 0,4 liegt, je nach den spezifischen Annahmen ihres Modells.

Ein ähnlich prominentes Beispiel für lokale Adaptation ist neuerdings die Hirschmaus *(Peromyscus maniculatus).* Eine Population dieser Art von den Sand Hills in Nebraska, USA, wurde im letzten Jahrzehnt ausführlich bezüglich genetischer und phänotypischer Variation sowie Fitness untersucht. Diese Tiere haben ein helleres Fell als ihre Artgenossen, die auf dunkleren Böden in der Umgebung leben. Verschiedene genetische Kartierungsmethoden haben gezeigt, dass das *Agouti*-Gen, das die Produktion des gelben Pigments Pheomelanin bei Vertebraten kontrolliert, eine wichtige Rolle bei den beobachteten Farbunterschieden spielt (Linnen et al. 2009). Ferner wurden in Assoziationsstudien (Abschn. 12.1) Mutationen identifiziert, die spezifische Pigmentmuster hervorrufen, welche die Überlebenschance auf den verschiedenen Böden beeinflussen (Linnen et al. 2013). In einer weiteren Studie von elf Populationen wurde schließlich das Zusammenwirken von Migration, Selektion und genetischer Drift untersucht (Pfeifer et al. 2018). Anhand von genomischen Daten wurden hohe Migrationsraten zwischen den Populationen gefunden, sodass die Genome der elf Populationen größtenteils homogenisiert sind mit Ausnahme des *Agouti*-Locus. Ferner wurde gezeigt, dass Mutationen am *Agouti*-Locus stark mit den Pigmentmerkmalen assoziiert sind, die mit der Bodenfarbe korrelieren. Zusammen betrachtet deuten die Daten stark darauf hin, dass der *Agouti*-Locus eine wichtige Rolle bei der lokalen Anpassung der Mäusepopulationen spielt.

6.2.2 Migration und Selektion in einem kontinuierlichen Habitat

Das Zusammenwirken von Migration und Selektion in einem kontinuierlichen Lebensraum kann zur Bildung von Klinen führen. In einer Kline ändern sich phänotypische Merkmale oder Allelfrequenzen kontinuierlich entlang eines geographischen Gradienten, wie z. B. dem Breitengrad. Ein bekanntes Beispiel ist die Körpergröße von Tieren, die mit dem Breitengrad zunimmt (insbesondere bei Warmblütern; Bergmann'sche Regel). Klinen werden oft auch für die Frequenzen von Aminosäurevarianten in metabolischen Enzymen beobachtet. Am besten untersucht ist wahrscheinlich die Kline der elektrophoretischen F- und S-Allele des Adh-Locus in *Drosophila melanogaster* (Umina et al. 2005). Das F-Allel ist in kalten Zonen häufiger zu finden als das S-Allel, während das S-Allel in warmen Breitengraden überwiegt – und dies auf mehreren Kontinenten und in beiden Hemisphären. Diese Reproduzierbarkeit von Klinen legt nahe, dass der zugrunde liegende Selektionsdruck durch lokale Gegebenheiten ausgelöst wird, wenn auch die Form der Selektion vielleicht nicht genau bestimmt werden kann. Im Falle der Adh-Kline wurde jedoch vermutet, dass balancierende Selektion eine wichtige Rolle spielen könnte (Kap. 4 und 9).

In neuerer Zeit haben populationsgenomische Studien gezeigt, dass es außer den oben erwähnten klassischen Beispielen eine große Zahl weiterer Fälle von Klinen gibt. Diese betreffen z. B. Gene, die in wichtigen Signalwegen wie Insulin/TOR und JAK/STAT bei *D. melanogaster* wirken (Fabian et al. 2012) oder bei der Reparatur von UV-Schäden beteiligt sind (Svetec et al. 2016). Um aus den genomischen Daten Informationen über die zugrunde liegenden Evolutionskräfte zu ziehen, bedarf es aber relativ komplizierter theoretischer Verfahren, die den Rahmen dieses Lehrbuches übersteigen.

Schließlich sollen noch **Hybridzonen** erwähnt werden, die eine spezifische Form von Klinen darstellen. Sie können entstehen, wenn zwei Subpopulationen einer Spezies, die für eine lange Zeit geographisch isoliert waren, wieder zusammentreffen, wie z. B. in der Hybridzone der Rotbauchunke *(Bombina bombina)* und der Gelbbauchunke *(Bombina variegata)* (Yanchukov et al. 2006). Die beiden Populationen könnten in der Zeit der Separation eine partielle reproduktive Isolation entwickelt haben, wenn in beiden Populationen verschiedene, teilweise lokal angepasste Allele fixiert worden sind. Dies würde die Fitness von F1-Hybriden bei einem sekundären Kontakt der Subpopulationen reduzieren. In einem Beispiel einer pflanzlichen Hybridzone zwischen zwei Sonnenblumenarten ist dies eindrucksvoll bestätigt (Abb. 6.1). Diese Fitnessreduktion würde dann einer Ausweitung der Hybridzone in die Verbreitungsgebiete der jeweiligen Subpopulationen entgegenwirken.

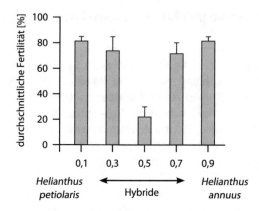

Abb. 6.1 Reduzierte Fertilität in Hybriden zwischen zwei Sonnenblumenarten (*Helianthus petiolaris* und *H. annuus*). Die x-Achse stellt den Grad dar, zu welchem die Individuen hybrid sind (basierend auf Allozympolymorphismen), während das Fitnessmaß auf der y-Achse die weibliche Fertilität der Pflanzen in der Hybridzone wiedergibt. (Modifiziert nach Rieseberg et al. 1998, Abb. 2, mit freundlicher Genehmigung von John Wiley and Sons, Copyright 1998 The Society for the Study of Evolution)

6.3 Genetische Drift und Selektion

In Abschn. 5.2 haben wir gezeigt, dass die gerichtete Selektion in (unendlich) großen Populationen sehr effizient sein kann, wenn sie ohne die anderen Evolutionskräfte wirkt. In diesem Abschnitt fragen wir uns, ob Selektion auch eine potente Evolutionskraft in endlich großen Populationen ist, in denen genetische Drift präsent ist und zu Allelfluktuationen führt. Am besten kann diese Frage beantwortet werden, indem man den Fixierungsprozess von vorteilhaften Mutationen durch gerichtete Selektion analysiert.

6.3.1 Fixierungswahrscheinlichkeit unter der Wirkung von Drift und Selektion

Wir betrachten ein vorteilhaftes semidominantes Allel A_1 in einer diploiden Population der Größe N und der effektiven Populationsgröße N_e. Wie groß ist die Wahrscheinlichkeit, dass ein solches Allel mit einer Anfangsfrequenz p_0 in der Population fixiert wird?

Wir nehmen wieder folgendes Selektionsschema an:

Genotyp	A_1A_1	A_1A_2	A_2A_2
Relative Fitness	1	$1 - \frac{1}{2}s$	$1 - s$

Dann ist die Fixierungswahrscheinlichkeit von A_1 gegeben als (Kimura 1962)

$$P_{fix}(p_0) = \frac{1 - e^{-2N_e s p_0}}{1 - e^{-2N_e s}}. \tag{6.14}$$

Kimura hat diese Formel mithilfe der Diffusionstheorie abgeleitet. Obwohl diese Theorie in der Populationsgenetik eine wichtige Rolle bei der Behandlung von endlich großen Populationen spielt, würde es den Rahmen dieses Buches sprengen, sie hier darzustellen. Der interessierte Leser sei auf die Bücher von Crow und Kimura (1970, Kap. 8) oder von Ewens (2004, Kap. 4 und 5) verwiesen. Wir verwenden aber die Gl. 6.14, um einige wichtige Resultate über das Zusammenwirken von genetischer Drift und Selektion zu erörtern. Falls das Allel A_1 eine neue Mutation ist, gilt $p_0 = \frac{1}{2N}$ und deshalb

$$P_{fix}\left(\frac{1}{2N}\right) = \frac{1 - e^{-N_e s/N}}{1 - e^{-2N_e s}}. \tag{6.15}$$

Im Falle starker Selektion ($N_e s \gg 1$) lässt sich die Gl. 6.15 folgendermaßen vereinfachen. Der Nenner der rechten Seite von Gl. 6.15 ist ungefähr 1. Ferner kann der Zähler durch sN_e/N approximiert werden, da N_e im Allgemeinen viel kleiner als N ist (siehe Gl. 13.2). Wir erhalten damit das Resultat, dass die Fixierungswahrscheinlichkeit einer vorteilhaften semidominanten Mutation gegeben ist durch

$$P_{fix}\left(\frac{1}{2N}\right) \approx s\frac{N_e}{N}. \tag{6.16}$$

Dieses Resultat ist dem Ergebnis ähnlich, das wir in Abschn. 5.2.2 für eine unendlich große Population erhalten haben, bis auf den Faktor $\frac{N_e}{N}$ (in Abschn. 5.2.2 haben wir jedoch eine haploide Population analysiert und deshalb $2s$ statt s als Fixierungswahrscheinlichkeit erhalten). Der Faktor $\frac{N_e}{N}$ ist 1 für das Wright-Fisher-Modell (Abschn. 2.1.1). Wir schließen aus diesem Ergebnis, dass die Fixierungswahrscheinlichkeiten im Falle starker Selektion ($N_e s \gg 1$) für endlich große und unendlich große Populationen (mit Zufallspaarung) identisch sind. Genetische Drift spielt aber eine Rolle für kleinere Werte von $N_e s$: In diesem Parameterbereich kann die Fixierungswahrscheinlichkeit viel kleiner als s sein.

Für nachteilige Mutationen ($s < 0$) ist die Fixierungswahrscheinlichkeit extrem klein, wenn $N_e|s| \gg 1$. Wenn hingegen $N_e|s| < 1$, d. h. im Bereich der fast-neutralen Theorie der molekularen Evolution (Abschn. 4.2.2), konvergiert die Fixierungswahrscheinlichkeit gegen den neutralen Wert $\frac{1}{2N}$ (Übung 6.6). Das Gleiche gilt für vorteilhafte Mutationen im Bereich $N_e s < 1$.

6.3.2   Relative Stärke von Drift und Selektion: die Bedeutung von $N_e s$

Die Fixierungswahrscheinlichkeit in Gl. 6.14 hängt von einem Parameter ab, nämlich $N_e s$. Das heißt, nicht der Selektionskoeffizient s, der die Stärke der Selektion in unendlich großen Populationen angibt, und auch nicht der für genetische Drift charakteristische Parameter N_e kommen separat in dieser Gleichung vor, sondern das Produkt der beiden bestimmt die Fixierungswahrscheinlichkeit. Dies gilt nicht spezifisch für diese Gleichung, sondern ist ein Charakteristikum für alle Gleichungen der Populationsgenetik, die das Wirken der natürlichen Selektion in endlich großen Populationen beschreiben. Einerseits hat dies mathematische Gründe, die in den Annahmen der Diffusionstheorie begründet sind (Ewens 2004, Kap. 4), andererseits hat es auch wichtige biologische Implikationen. Wie wir bereits im Abschn. 6.3.1 angedeutet haben, dominiert die Selektion im Bereich $N_e|s| \gg 1$. Wir haben gesehen, dass für positive Selektionskoeffizienten die Fixierungswahrscheinlichkeit in einer endlich großen Wright-Fisher-Population und einer unendlich großen Population gleich und durch s gegeben ist. Für negative Selektionskoeffizienten ist die Fixierungswahrscheinlichkeit extrem niedrig, weil Selektion – wie im Falle positiver Selektionskoeffizienten – die Wirkung von genetischer Drift unterdrückt. Im Bereich $N_e|s| < 1$, also wenn die Populationsgröße gering ist und/oder unter sehr schwacher Selektion hingegen, fluktuieren die Allelfrequenzen annähernd wie die von strikt-neutralen Allelen. Der Einfluss der Selektion ist in diesem Zustand in einer Population kaum zu erkennen. Allerdings können die Effekte der Selektion über lange Zeiträume entdeckt werden, wenn man z. B. Raten der Nukleotidsubstitution zwischen Spezies analysiert (Abschn. 4.1). Hier kommt Ohtas (1973) Theorie der fast-neutralen Evolution zum Tragen (Abschn. 4.2.2).

Übungen

6.1   Zeigen Sie, dass die Gl. 6.2 nur ein stabiles Gleichgewicht hat, und zwar sowohl für $h = 0$ als auch $h > 0$.

6.2   Achondroplasie (Kleinwuchs) ist eine genetische Krankheit, die durch eine autosomale dominante Mutation verursacht wird. In einer Studie wurden zehn Fälle von Achondroplasie bei 94.075 Geburten gefunden. Berechnen Sie die Gleichgewichtsfrequenz $\widetilde{q}$. Die Studie zeigte ferner, dass die (heterozygoten) Träger des schädlichen Allels 0,25 Kinder haben, während ihre nicht betroffenen Verwandten im Durchschnitt 1,27 Kinder gebären. Berechnen Sie daraus die relative Fitness der Träger, hs und schließlich die Mutationsrate u.

6.3   Erklären Sie den Unterschied zwischen Gl. 6.6 und 6.7.

6.4   Leiten Sie die Gl. 6.8 für die Segregationsbürde ab.

6.5   Lösen Sie die Gl. 6.11 nach q_1 auf.

6.6   Zeigen Sie, dass für nachteilige Mutationen die Fixierungswahrscheinlichkeit für $N_e|s| < 1$ gegen den neutralen Wert $1/(2N)$ konvergiert und das Gleiche für vorteilhafte Mutationen im Bereich $N_e s < 1$ gilt.

Literatur

Charlesworth B, Charlesworth D (2012) Elements of evolutionary genetics, 2. Aufl. Roberts and Company, Greenwood Village

Crow JF, Kimura M (1970) An introduction to population genetics theory. Burgess Publishing, Minneapolis

Ewens WJ (2004) Mathematical population genetics – I. Theoretical introduction, 2. Aufl. Springer, Heidelberg

Fabian DK, Kapun M, Nolte V, Kofler R, Schmidt PS et al (2012) Genome-wide patterns of latitudinal differentiation among populations of *Drosophila melanogaster* from North America. Mol Ecol 21:4748–4769

Haldane JBS (1957) The cost of natural selection. J Genet 55:511–524

Hoekstra HE, Drumm KE, Nachman MW (2004) Ecological genetics of adaptive color polymorphism in pocket mice: geographic variation in selected and neutral genes. Evolution 58:1329–1341

Kimura M (1962) On the probability of fixation of mutant genes in a population. Genetics 47:713–719

Linnen CR, Kingsley EP, Jensen JD, Hoekstra HE (2009) On the origin and spread of an adaptive allele in deer mice. Science 325:1095–1098

Linnen CR, Poh YP, Peterson BK, Barrett RD, Larson JG et al (2013) Adaptive evolution of multiple traits through multiple mutations at a single gene. Science 339:1312–1316

Moran PAP (1962) The statistical processes of evolutionary theory. Oxford University Press, Oxford

Ohta T (1973) Slightly deleterious mutant substitutions in evolution. Nature 246:96–98

Pfeifer SP, Laurent S, Sousa V, Linnen CR, Foll M et al (2018) The evolutionary history of Nebraska deer mice: local adaptation in the face of strong gene flow. Mol Biol Evol 35:792–806

Rieseberg LH, Baird SJE, Desrochers AM (1998) Patterns of mating in wild sunflower hybrid zones. Evolution 52:713–726

Svetec N, Cridland JM, Zhao L, Begun DJ (2016) The adaptive significance of natural genetic variation in the DNA damage response of *Drosophila melanogaster*. PLoS Genet 12:e1005869

Umina PA, Weeks AR, Kearney MR, McKechnie SW, Hoffmann AA (2005) A rapid shift in a classic clinal pattern in *Drosophila* reflecting climate change. Science 308:691–693

Yanchukov A, Hofman S, Szymura JM, Mezhzherin SV, Morozov-Leonov SY et al (2006) Hybridization of *Bombina bombina* and *B. variegata* (Anura, Discoglossidae) at a sharp ecotone in western Ukraine: comparisons across transects and over time. Evolution 60:583–600

Rekombination und Selektion

7

Bei diploiden Eukaryoten kann es während der Meiose mitunter zur Neu-kombination von Allelen kommen, was als Rekombination bezeichnet wird. Um diesen Prozess zu beschreiben, brauchen wir mindestens zwei Loci. In Abb. 7.1 ist der reziproke Austausch zwischen zwei **Haplotypen** (Gameten) zu sehen, die durch zwei Loci gekennzeichnet sind. Am Locus A segregieren dabei in einer Population die Allele A_1 und A_2 und am Locus B die Allele B_1 und B_2. Durch Rekombination entstehen aus den Elternhaplotypen A_1B_1 und A_2B_2 zwei rekombinante Tochterhaplotypen, nämlich A_1B_2 und A_2B_1. Die Rate oder Frequenz, mit der dieser Austausch geschieht, wird durch den Parameter c quantifiziert. Dieser misst die Proportion der Rekombinanten, die bei einem Rekombinationsereignis zwischen den Haplotypen A_1B_1 und A_2B_2 pro Generation entstehen, d. h. c ist im Allgemeinen abhängig von der Distanz der beiden Loci auf einem Chromosom und liegt zwischen 0 und $\frac{1}{2}$. Dabei bedeutet 0, dass die beiden Loci vollständig gekoppelt sind, während $\frac{1}{2}$ angibt, dass die Loci A und B unabhängig voneinander evolvieren (weil sie auf den Chromosomen sehr weit auseinander oder auf verschiedenen Chromosomen liegen). Der maximale Wert von c ist $\frac{1}{2}$ (nicht 1), da bei einem Rekombinationsereignis während der Meiose nur zwei der vier möglichen Gameten Rekombinanten sind.

Im Folgenden werden wir zunächst den Einfluss der Rekombination auf die genetische Variabilität in einer diploiden Population beschreiben. Die Rekombination wird sich dabei als eine wichtige Evolutionskraft heraus-kristallisieren, die imstande ist, die genetische Diversität einer Population zu strukturieren, indem sie Assoziationen zwischen Polymorphismen beeinflusst. Der Parameter, mit dem wir diese Assoziationen messen und damit das Wirken der Rekombination auf der Populationsebene analysieren, ist das **Kopplungs-ungleichgewicht** (Abschn. 7.1). Im Anschluss daran werden wir das Zusammen-wirken der Rekombination mit den anderen Evolutionskräften, insbesondere der genetischen Drift (Abschn. 7.2) und der Selektion (Abschn. 7.3), untersuchen.

© Springer-Verlag GmbH Deutschland, ein Teil von Springer Nature 2019
W. Stephan und A. C. Hörger, *Molekulare Populationsgenetik*,
https://doi.org/10.1007/978-3-662-59428-5_7

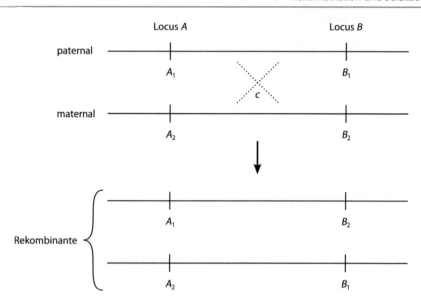

Abb. 7.1 Austausch zwischen einem paternalen und einem maternalen Haplotyp mit der Rekombinationsrate c. Beide Haplotypen sind durch zwei Loci A und B charakterisiert, an denen der paternale Haplotyp die Allele A_1 und B_1 trägt, während der maternale die Allele A_2 und B_2 hat. Die rekombinanten Haplotypen sind A_1B_2 und A_2B_1. Die in der Meiose nicht rekombinierenden elterlichen Haplotypen A_1B_1 und A_2B_2 sind nicht gezeigt

7.1   Das Kopplungsungleichgewicht (LD)

Das Kopplungsungleichgewicht (*linkage disequilibrium* oder kurz LD genannt) gibt an, zu welchem Grad Polymorphismen an zwei oder mehr Loci miteinander assoziiert sind (wir beschränken uns hier auf zwei Loci). Sind zwei Polymorphismen im Kopplungsgleichgewicht (*linkage equilibrium* oder LE), evolvieren sie unabhängig voneinander. Indem wir in diesem Abschnitt Methoden entwickeln, um die Assoziation zwischen Polymorphismen entlang eines Chromosoms zu messen, geben wir die Annahme, die wir bisher in diesem Buch gemacht haben, dass Polymorphismen unabhängig voneinander oder starr aneinander gekoppelt sind (z. B. Abschn. 3.3), auf.

Der Koeffizient des Kopplungsungleichgewichts D ist definiert durch

$$D = x_1 x_4 - x_2 x_3. \tag{7.1}$$

Um diese Definition zu verstehen, gehen wir von den Haplotypen (Gameten) A_1B_1, A_1B_2, A_2B_1 und A_2B_2 aus. Aus den Frequenzen dieser vier Haplotypen x_1, x_2, x_3 und x_4 können wir dann die Frequenzen der vier Allele, die an beiden Loci segregieren, ausrechnen. Im Kopplungsgleichgewicht ist beispielsweise die Frequenz von A_1B_1 durch das Produkt der Frequenz von A_1 und der Frequenz von B_1 gegeben (wegen der Multiplikationsregel der Wahrscheinlichkeitsrechnung;

Abschn. 13.2.1). Im Kopplungsungleichgewicht gilt aber diese Gleichung nicht mehr. Die Abweichung wird durch D gemessen. Das heißt, im Fall von A_1B_1 erhalten wir.

$$D = f(A_1B_1) - f(A_1)f(B_1) = x_1 - p_A p_B, \qquad (7.2)$$

wobei $p_A = f(A_1)$ und $p_B = f(B_1)$ ist. Für die anderen drei Haplotypen gilt eine ähnliche Beziehung. Die jeweilige Abweichung vom Kopplungsgleichgewicht ist durch D oder $-D$ gegeben (Übung 7.1); sie wird also durch einen einzigen Parameter beschrieben. Dies liegt daran, dass die Dynamik der vier Haplotypen durch drei frei wählbare Variablen (x_1, p_A und p_B im vorherigen Beispiel) beschrieben werden kann, es auf der Ebene der Allelfrequenzen aber nur zwei frei wählbare Variablen gibt, nämlich eine für den Locus A und eine für den Locus B. Als dritte Variable fungiert hier D.

Ein weiteres Maß für das Kopplungsungleichgewicht ist der Korrelationskoeffizient r (definiert durch die Gl. 13.35). Dieser kann mithilfe von D und den Frequenzen von A_1 und B_1 auf folgende Weise ausgedrückt werden (Gillespie 2004, S. 196):

$$r = \frac{D}{\sqrt{p_A(1 - p_A)p_B(1 - p_B)}}. \qquad (7.3)$$

Durch den Nenner in Gl. 7.3 hängt der Korrelationskoeffizient r viel weniger von den Frequenzen von A_1 und B_1 ab als D und wird deshalb häufiger benutzt. In vielen Fällen wird auch r^2 verwendet (siehe Abschn. 7.2).

7.2 Wirkung von Rekombination und genetischer Drift auf LD

Zunächst wollen wir den Effekt von genetischer Drift auf das Kopplungsungleichgewicht (LD) untersuchen. Für das Modell mit zwei Loci und zwei Allelen an jedem Locus, das wir hier verwenden, ist es am einfachsten, die vier Haplotypen A_1B_1, A_1B_2, A_2B_1 und A_2B_2 so zu betrachten, als ob sie Allele an einem einzigen Locus wären. Wir wissen, dass die genetische Drift den Erwartungswert von Allelfrequenzen nicht ändert, aber ihre Varianz erhöht (Abschn. 2.1). Deswegen gilt: $E\{D\} = 0$ und $Var\{D\} = E\{D^2\} > 0$ (siehe Gl. 13.19).

Um mithilfe des Kopplungsungleichgewichts Polymorphismusdaten analysieren zu können, wäre es nützlich, den Erwartungswert von r^2 als Funktion der zugrunde liegenden Evolutionskräfte genetische Drift und Rekombination (bzw. deren charakteristische Parameter N_e und c) auszudrücken. Dies erweist sich allerdings als schwierig. $E\{r^2\}$ kann aber unter der Annahme, dass die Allelfrequenzen p_A und p_B nicht zu nahe bei 0 oder 1 liegen, durch das sogenannte standardisierte Kopplungsungleichgewicht $\sigma_D^2 = E\{D^2\}/E\{p_A(1 - p_A)p_B(1 - p_B)\}$ approximiert werden. Letzteres ist im Gleichgewicht näherungsweise eine Funktion der skalierten Rekombinationsrate $\rho = 4N_e c$ (Ohta und Kimura 1971):

$$\sigma_D^2 \approx \frac{10 + \rho}{22 + 13\rho + \rho^2}. \qquad (7.4)$$

In diese Formel gehen die Parameter N_e und c wiederum nicht separat, sondern als Produkt ein (ähnlich wie in Abschn. 6.3 N_e und s nicht einzeln, sondern als Produkt auftauchen), da auch die Gl. 7.4 mithilfe der Diffusionstheorie gewonnen wurde.

Wie verhält sich LD nun in verschiedenen Genomen? Fortschritte in der DNA-Sequenziertechnologie haben dazu geführt, dass das LD in mehreren Spezies ausführlich untersucht wurde, einschließlich Menschen (McVean et al. 2005), *Drosophila melanogaster* (Ometto et al. 2005) und *Caenorhabditis remanei* (Cutter et al. 2006). Dabei wurden folgende Beobachtungen gemacht: In sexuellen Spezies mit großer effektiver Populationsgröße, wie *D. melanogaster,* findet man ein hohes LD für Paare von SNPs, die im Genom sehr nahe beieinander liegen (Abb. 7.2). Dieses kann aber innerhalb von ungefähr 100 Basenpaaren auf weniger als die Hälfte abfallen, wie in der afrikanischen *D. melanogaster*-Population (Abb. 7.2a). Das Gleiche gilt auch für *C. remanei.* In sexuellen Spezies mit kleiner effektiver Populationsgröße, wie beim Menschen, hingegen fällt das LD viel langsamer mit der Distanz ab. Ausgedehnte Blöcke von LD von über 100 oder mehr Kilobasen sind beim Menschen nicht selten zu finden (McVean et al. 2005). In Spezies mit hoher Selbstbefruchtungsrate, wie dem Fadenwurm *Caenorhabditis elegans,* ist das Kopplungsungleichgewicht generell hoch.

Das LD in Pflanzen wurde bisher seltener untersucht als in Tieren oder im Menschen. Die meisten Erkenntnisse in pflanzlichen Systemen wurden anhand von Nutzpflanzen (z. B. Mais, Zuckerrohr) oder Modellpflanzen *(Arabidopsis thaliana)* gewonnen und reflektieren in der Regel die zuvor beschriebenen Befunde. In fremdbefruchteten Pflanzenarten fällt das LD in der Regel relativ schnell mit der Distanz ab (z. B. Mais; Tenaillon et al. 2001), wohingegen sich das LD in selbstbefruchtenden Pflanzenarten wie *A. thaliana* über größere Distanzen erhält (durchschnittlich über etwa 10 Kilobasen; Kim et al. 2007). Das Kopplungsungleichgewicht in Nutzpflanzen ist teilweise auch stark durch die Historie (d. h. Demographie) der Züchtung geprägt (siehe Übersicht in Flint-Garcia et al. 2003).

Neben genetischer Drift und Rekombination wird das LD noch durch weitere Faktoren beeinflusst. Wir betrachten in diesem Abschnitt nur neutrale Evolutionskräfte, wie demographische Prozesse (z. B. Flaschenhalsereignisse) und Migration, die die Variation entlang des gesamten Genoms beeinflussen (Kap. 3). In unserem oben genannten Beispiel können wir auf diese Kräfte durch Vergleich der LD-Daten der europäischen *D. melanogaster*-Population (Abb. 7.2b) mit der Theorie auf folgende Weise schließen: Wir prüfen, ob die Gl. 7.4 mit den in der Abb. 7.2b gezeigten Mittelwerten von r^2 der europäischen Population kompatibel ist. Ometto et al. (2005) haben aufgrund der beobachteten Nukleotiddiversität geschätzt, dass N_e für die europäische Population ungefähr $0{,}0131/0{,}0046 = 2{,}85$-mal kleiner ist als für die afrikanische Population. Durch Plotten der Gl. 7.4 für Rekombinationsraten, in denen sich die sequenzierten genomischen Fragmente befinden (Ometto et al. 2005, Abb. 1), sieht man, dass die beobachteten Mittelwerte von r^2 deutlich über der theoretischen Kurve liegen und das gemessene LD damit zu hoch ist (Übung 7.2). Dies bedeutet, dass ein Modell einer Population im Gleichgewicht (d. h. mit konstanter effektiver Populationsgröße) die Daten nicht

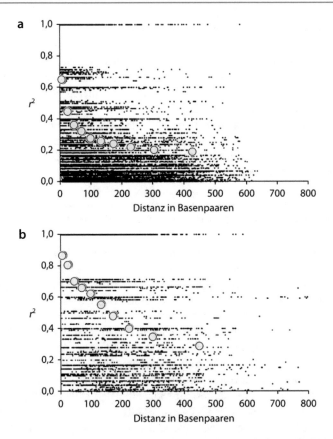

Abb. 7.2 Abnahme des Kopplungsungleichgewichts (LD) mit der Distanz zwischen Paaren von SNPs in (**a**) afrikanischen und (**b**) europäischen *D. melanogaster*-Populationen. Dabei ist r^2 für jedes Paar von SNPs mit gegebenem Abstand (in Basenpaaren) gezeigt. Die gemittelten r^2-Werte für zehn Gruppen mit gleicher Anzahl von Paaren von SNPs sind als *graue Kreise* eingezeichnet. (Modifiziert nach Ometto et al. 2005, Abb. 2, mit freundlicher Genehmigung von Oxford University Press in Vertretung der Society for Molecular Biology and Evolution, Copyright The Author 2005)

erklären kann. Ein Populationsflaschenhals in der jüngeren Vergangenheit von *D. melanogaster*, der bei der Ausdehnung des Habitats von Afrika nach Europa entstanden ist, kommt aber sehr wohl als Ursache für das erhöhte LD in Betracht (Ometto et al. 2005). Die durch das Flaschenhalsereignis verringerte Populationsgröße könnte hier zu einer Reduktion der skalierten Rekombinationsrate geführt haben. Ferner könnte Migration zwischen der anzestralen Population und den Populationen außerhalb Afrikas eine Rolle spielen, da Unterschiede in den Allelfrequenzen zwischen Subpopulationen auch zu LD führen können.

Ein ähnlicher Vergleich der LD-Daten der afrikanischen *D. melanogaster*-Population mit Gl. 7.4 kann nicht durchgeführt werden, da in diesem Fall die Gl. 7.4 wegen eines Überschusses von Polymorphismen in niedriger Frequenz keine adäquate Approximation von $E\{r^2\}$ darstellt. Durch andere Analysen (einschließlich Tajimas D-Test; Abschn. 3.3) konnte aber gezeigt werden, dass auch in der afrikanischen Population das LD durch demographische Faktoren beeinflusst wurde, und zwar wurde es durch die Populationsexpansion in Afrika relativ zum Gleichgewichtswert erniedrigt (Übung 7.3).

Zusammenfassend können wir deshalb feststellen, dass das Kopplungsungleichgewicht (LD) neben der Rekombination und der genetischen Drift auch durch andere neutrale Evolutionskräfte, wie demographische Prozesse und Migration, beeinflusst werden kann.

7.3   Wirkung von Rekombination und Selektion auf LD

Als Nächstes analysieren wir das Kopplungsungleichgewicht (LD) unter der Wirkung von Rekombination und Selektion. Gemäß dem Diktum der Populationsgenomik, dass neutrale Evolutionskräfte wie die genetische Drift, demographische Prozesse und die Migration das gesamte Genom betreffen, die Selektion sich aber nur lokal im Genom auswirkt, betrachten wir das LD in diesem Abschnitt bei einzelnen Genen oder genomischen Regionen. Dabei wird das LD zwischen Paaren von SNPs z. B. mithilfe des exakten Tests von Fisher (Abschn. 13.3.2) untersucht und in eine Dreiecksmatrix eingetragen. In Abb. 7.3 sind die Ergebnisse der *Adh*-Region von *Drosophila pseudoobscura,* die das *Adh*-Gen und ein Duplikat von *Adh (Adh-Dup)* enthält, dargestellt (Schaeffer und Miller 1993). Die schwarzen Quadrate zeigen Paare von SNPs mit signifikantem LD ($P<0{,}05$). Paare mit signifikantem LD sind über die gesamte Länge der *Adh*-Region von 3,1 Kilobasen verstreut, jedoch sind die meisten schwarzen Quadrate entlang der Diagonalen zu finden, wo die Distanz zwischen SNPs am kleinsten ist. Diese Beobachtung stimmt mit dem starken Abfall des Kopplungsungleichgewichts über eine kurze Distanz in Abb. 7.2 überein und ist nicht überraschend, da *D. pseudoobscura* eine ähnlich große effektive Populationsgröße und Rekombinationsrate wie *D. melanogaster* hat.

Auffallend an Abb. 7.3 ist aber, dass die schwarzen Quadrate entlang der Diagonalen nicht gleichmäßig verteilt, sondern eher in Clustern angeordnet sind. Im großen Intron von *Adh* befindet sich ein Cluster zwischen den Koordinaten 331 und 358 und im kleinen Intron 2 ist ein ähnliches, jedoch weniger perfektes Muster zwischen den Koordinaten 1454 und 1500 zu sehen. Diese Beobachtungen sind nicht zwingend der Wirkung von genetischer Drift zuzuschreiben, sondern wurden von Kirby et al. (1995) durch **epistatische Selektion** erklärt (d. h. Multi-Locus-Selektion mit Fitnesswechselwirkungen zwischen den Varianten an individuellen Loci; Charlesworth und Charlesworth 2012, Abschn. 8.4). Dies wird im Folgenden für das Cluster im großen *Adh*-Intron beschrieben. Für das Cluster im kleinen Intron 2 gilt Ähnliches.

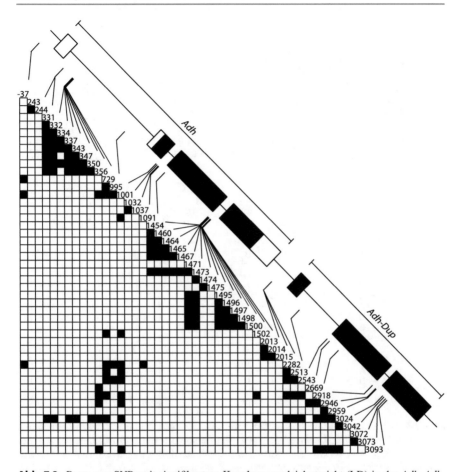

Abb. 7.3 Paare von SNPs mit signifikantem Kopplungsungleichgewicht (LD) in der *Adh–Adh-Dup*-Region von *Drosophila pseudoobscura*. Die Koordinaten der SNPs sind entlang der Diagonalen angegeben. Die schwarzen Quadrate zeigen Paare von SNPs mit signifikantem LD ($P < 0{,}05$). (Modifiziert nach Schaeffer und Miller 1993, Abb. 5, mit freundlicher Genehmigung der Genetics Society of America über Copyright Clearance Center, Inc.)

Kirby et al. (1995) haben durch phylogenetische Vergleiche der *Adh*-Region mehrerer *Drosophila*-Spezies (Abb. 7.4a) gezeigt, dass in der Region des großen Introns, in der sich ein Cluster von SNPs mit signifikantem LD befindet, die Prä-mRNA eine Sekundärstruktur bildet (Abb. 7.4b). Dabei existieren in der *D. pseudoobscura*-Population zwei Haplotypen, die sich deutlich in ihrer Sekundärstruktur unterscheiden. Der Haplotyp 1 hat eine längere terminale Helix als der Haplotyp 2 und weist auch in der unteren Helix Unterschiede an einzelnen Nukleotidstellen auf (Abb. 7.4b). Die Struktur vom Haplotyp 1 ähnelt der Struktur von *D. persimilis* und die vom Haplotyp 2 derjenigen von *D. miranda*. Beide sind Schwesterarten von *D. pseudoobscura*. Diese Beobachtung legt nahe, dass die Sekundärstrukturen der Haplotypen 1 und 2 schon in der anzestralen Spezies

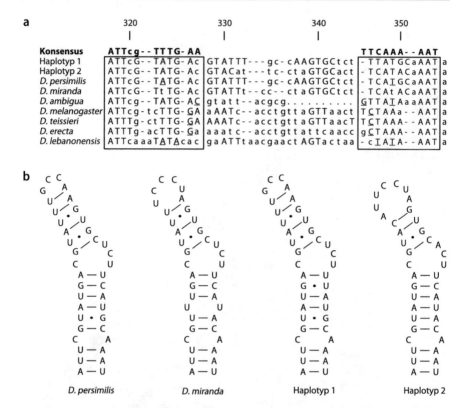

Abb. 7.4 Alignierte Sequenzen des großen Introns von *Adh* und Prä-mRNA-Sekundärstrukturen in *Drosophila persimilis, D. miranda* und von zwei Haplotypen von *D. pseudoobscura*. **a** Außer den beiden *D. pseudoobscura*-Haplotypen 1 und 2 und der Konsensussequenz sind die Sequenzen von *D. persimilis, D. miranda, D. ambigua, D. melanogaster, D. teissieri, D. erecta* und *D. lebanonensis* aligniert. *Großbuchstaben* bezeichnen Basen in Watson-Crick-Paarung, während ungepaarte Basen durch *Kleinbuchstaben* gekennzeichnet sind. Basen in Watson-Crick-Paarung, die von der Konsensussequenz abweichen, sind durch *Unterstriche* hervorgehoben. Durch phylogenetische Analyse erhaltene Sequenzen der unteren Helix sind in *Kästen* dargestellt. **b** Prä-mRNA-Sekundärstrukturen von *D. persimilis, D. miranda* und zwei *D. pseudoobscura*-Haplotypen. (Modifiziert nach Kirby et al. 1995, Abb. 1, Copyright (1995) National Academy of Sciences, U.S.A.)

von *D. pseudoobscura, D. persimilis* und *D. miranda* existiert haben und seitdem durch epistatische Selektion erhalten worden sind.

Die epistatische Selektion wirkt nicht an einem einzelnen Locus oder einer einzelnen Nukleotidstelle, wie wir dies in den Kap. 5 und 6 kennengelernt haben, sondern an zwei oder mehreren Stellen zugleich. Im vorliegenden Fall einer RNA-Sekundärstruktur sind mindestens die beiden Stellen involviert, die durch Wasserstoffbrückenbindung an der Bildung einer Helix beteiligt sind. Falls an einer der beiden Stellen eine Mutation auftaucht und dadurch die Helix destabilisiert, kann dieser nachteilige Effekt durch eine zweite Mutation auf der anderen Seite der Helix kompensiert werden. So kann ein Übergang z. B. von einem A-U-Paar zu einem G-C-Paar (Abb. 5.4) durch ein Tal niedriger Fitness erfolgen. Oft ist es möglich, beide Watson-Crick-Paare in der Population als LD zu beobachten, wie im vorliegenden Fall. Da solche Übergänge relativ langsam sind, ist es möglich, dabei auch Zwischenzustände zu sehen, wie G-U-Paare (sogenannte *Wobble*-Paare), die nicht besonders nachteilig sind (weil sie eine Wasserstoffbrückenbindung ausbilden) und deshalb eine höhere Frequenz erreichen als z. B. A-C- oder G-G-Zustände.

Kimura (1985) hat ein Modell für die kompensatorische Evolution vorgeschlagen, mit dem Übergänge von einem Watson-Crick-Paar A_1B_1 zu einem anderen Watson-Crick-Paar A_2B_2 in der Gegenwart von Rekombination zwischen den betroffenen Nukleotidstellen beschrieben werden können (Abb. 7.5). Dabei findet er, dass diese Übergänge nur dann relativ häufig sind, wenn die Distanz zwischen den am Übergang beteiligten Nukleotiden sehr klein (wie im hier beschriebenen Beispiel) und die Selektion gegen die nachteiligen Zwischenzustände A_1B_2 und A_2B_1 schwach ist (wie bei G-U-Zuständen). Chen und Stephan (2003) haben Kimuras Modell direkt getestet, indem sie die phylogenetisch vorhergesagte Sekundärstruktur im kleinen Intron 1 von *Adh* durch *in vitro*-Mutagenese verändert und den Effekt auf das Spleißen von Intron 1 untersucht haben. Dabei konnten sie zeigen, dass Mutationen, die die Sekundärstruktur destabilisieren, einen negativen Effekt auf das Spleißen und damit verbunden auf die Produktion des Alkoholdehydrogenase(ADH)-Proteins hatten. Kompensatorische Mutationen hingegen konnten diesen Effekt wieder rückgängig machen. Diese Experimente haben somit Kimuras Modell bestätigt.

Epistatische Selektion ist die wichtigste Form der Selektion, die mit dem Begriff des Kopplungsungleichgewichts verknüpft ist. In der Tat wurde dieser Begriff von Lewontin und Kojima (1960) eingeführt, um Evidenz für Fitnessinteraktionen von multiplen Polymorphismen zu finden. Weitere Formen der

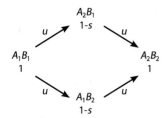

Abb. 7.5 Kimuras (1985) haploides Zwei-Locus-Modell der kompensatorischen Evolution. Das Watson-Crick-Paar A_1B_1 mutiert dabei zuerst in einen nachteiligen Zwischenzustand und dann durch eine kompensatorische Mutation in ein anderes Watson-Crick-Paar. Dieser Übergang kann in diesem Modell auf zwei verschiedenen Wegen passieren. Die Mutationsrate ist jeweils u. Die relativen Fitnesswerte der vier Haplotypen sind 1 für die beiden Watson-Crick-Paare und $1-s$ für die Zwischenzustände, wobei $s > 0$. Die Rekombinationsrate zwischen den beiden Loci ist c. Kimuras Modell lässt sich auch auf Proteinstrukturen anwenden. (Modifiziert nach Kusumi et al. 2016, Abb. 2, mit freundlicher Genehmigung von Elsevier)

natürlichen Selektion im Zusammenhang mit Rekombination und LD, wie gerichtete Selektion und balancierende Selektion in Verbindung mit genetischem *hitchhiking,* werden wir in den folgenden Kapiteln besprechen.

Übungen

7.1   Drückt man LD wie in Gl. 7.2 als Abweichung der Gametenfrequenz $f\left(A_i B_j\right)$ vom Produkt $f(A_i)f\left(B_j\right)$ aus (wobei $i, j = 1, 2$ ist), findet man:

$$D = f(A_1 B_1) - f(A_1)f(B_1),$$

$$-D = f(A_1 B_2) - f(A_1)f(B_2),$$

$$-D = f(A_2 B_1) - f(A_2)f(B_1),$$

$$D = f(A_2 B_2) - f(A_2)f(B_2).$$

Zeigen Sie mithilfe dieser vier Formeln, dass Gl. 7.1 gilt.

7.2   Zeigen Sie, dass die gemessenen durchschnittlichen Werte von r^2 in der europäischen Population von *D. melanogaster* höher sind als die aus Gl. 7.4 berechneten Werte. Nehmen Sie dabei an, dass die effektive Größe der afrikanischen Population 10^6 beträgt und die analysierten Fragmente eine Rekombinationsrate zwischen $0,5 \times 10^{-8}$ und $5,0 \times 10^{-8}$ pro Generation pro Nukleotidstelle aufweisen. Die durchschnittlichen Werte der Distanz zwischen Paaren von SNPs und r^2 in der europäischen Stichprobe sind der folgenden Tabelle zu entnehmen. Sie zeigt das durchschnittliche Kopplungsungleichgewicht r^2 als Funktion der durchschnittlichen Distanz zwischen Paaren von SNPs in der europäischen *D. melanogaster*-Population (Ometto et al. 2005, Abb. 2b).

Durchschnittliche Distanz [bp]	Durchschnittliches Kopplungsungleichgewicht r^2
6,9	0,866
24,4	0,811
46,0	0,705
69,4	0,665
97,5	0,621
131,5	0,56
170,1	0,48
221,9	0,401
297,5	0,351
447,1	0,285

7.3   Eine Population ist relativ zum Ausgangswert N_{e0} im Laufe der Zeit angewachsen und hat in der Gegenwart zum Zeitpunkt der Untersuchung eine effektive Populationsgröße N_{e1}. Warum hat in dieser Zeit das LD abgenommen?

Literatur

Charlesworth B, Charlesworth D (2012) Elements of evolutionary genetics, 2. Aufl. Roberts and Company, Greenwood Village

Chen Y, Stephan W (2003) Compensatory evolution of a precursor messenger RNA secondary structure in the *Drosophila melanogaster Adh* gene. Proc Natl Acad Sci USA 100:11499–11504

Cutter AD, Baird SE, Charlesworth D (2006) High nucleotide polymorphism and rapid decay of linkage disequilibrium in wild populations of *Caenorhabditis remanei*. Genetics 174:901–913

Flint-Garcia SA, Thornsberry JM, Buckler ES (2003) Structure of linkage disequilibrium in plants. Annu Rev Plant Biol 54:357–374

Gillespie JH (2004) Population genetics – a concise guide, 2. Aufl. The Johns Hopkins University Press, Baltimore

Kim S, Plagnol V, Hu TT, Toomajian C, Clark RM et al (2007) Recombination and linkage disequilibrium in *Arabidopsis thaliana*. Nat Genet 39:1151–1155

Kimura M (1985) The role of compensatory neutral mutations in molecular evolution. J Genet 64:7–19

Kirby DA, Muse SV, Stephan W (1995) Maintenance of pre-mRNA secondary structure by epistatic selection. Proc Natl Acad Sci USA 92:9047–9051

Kusumi J, Ichinose M, Takefu M, Piskol R, Stephan W et al (2016) A model of compensatory molecular evolution involving multiple sites in RNA molecules. J Theor Biol 388:96–107

Lewontin RC, Kojima K-I (1960) The evolutionary dynamics of complex polymorphisms. Evolution 14:458–472

McVean G, Spencer CC, Chaix R (2005) Perspectives on human genetic variation from the HapMap project. PLoS Genet 1:e54

Ohta T, Kimura M (1971) Linkage disequilibrium between two segregating nucleotide sites under the steady flux of mutations in a finite population. Genetics 68:571–580

Ometto L, Glinka S, De Lorenzo D, Stephan W (2005) Inferring the effects of demography and selection on *Drosophila melanogaster* populations from a chromosome-wide scan of DNA variation. Mol Biol Evol 22:2119–2130

Schaeffer SW, Miller EL (1993) Estimates of linkage disequilibrium and the recombination parameter determined from segregating nucleotide sites in the alcohol dehydrogenase region of *Drosophila pseudoobscura*. Genetics 135:541–552

Tenaillon MI, Sawkins MC, Long AD, Gaut RL, Doebley JF et al (2001) Patterns of DNA sequence polymorphism along chromosome 1 of maize (*Zea mays* ssp. *mays* L.). Proc Natl Acad Sci USA 98:9161–9166

Selective sweeps

8

Wie wir in Kap. 5 gesehen haben, ist die natürliche Selektion die wichtigste Evolutionskraft, da sie die Anpassung von Organismen an ihre Umwelt ermöglicht. In diesem und den nächsten Kapiteln geht es um den Nachweis der Selektion. Um Evidenz für die natürliche Selektion zu finden, hat die Evolutionsbiologie auf der phänotypischen und genetischen Ebene verschiedene Methoden entwickelt. In der heutigen Zeit jedoch, begünstigt durch die Erfolge der Molekularbiologie, ist es am effizientesten, die Auswirkungen der Selektion auf Individuen anhand der genetischen Variabilität von Populationen zu studieren. In diesem und den folgenden Kapiteln wollen wir zeigen, wie das Wirken der natürlichen Selektion auf der genomischen Ebene nachgewiesen werden kann. Dazu wurden in der molekularen Populationsgenetik seit den 1980er-Jahren verschiedene Verfahren entwickelt, mit deren Hilfe Signaturen verschiedener Selektionstypen (wie gerichteter oder balancierender Selektion) in DNA-Polymorphismusdaten identifiziert werden können. Diese Verfahren gehen über die in Abschn. 4.3 entwickelten Tests der strikt-neutralen Theorie insofern hinaus, als sie für den Nachweis von spezifischen Formen der Selektion konstruiert und angewendet werden.

Wir beginnen in diesem Kapitel mit der gerichteten Selektion, die bewirkt, dass ein vorteilhaftes Allel in der Frequenz zunimmt. Wir nennen diesen Typ der Selektion vom Standpunkt eines vorteilhaften Allels aus betrachtet deshalb auch „positiv gerichtete Selektion". Um Selektion nachzuweisen, betrachten wir die Allele, die unter dem Einfluss der Selektion stehen, jedoch nicht selbst. Da diese in den meisten Fällen *a priori* nicht bekannt sind, ist das auch gar nicht möglich. Stattdessen gehen wir indirekt vor und analysieren im Abschn. 8.1 den sogenannten *hitchhiking*-Effekt eines vorteilhaften Allels auf neutrale Polymorphismen in der Umgebung eines selektierten Locus. Dies führt zu einem charakteristischen Muster der genetischen Variation in der Nähe der selektierten Stelle, das durch spezifische Testverfahren erkannt werden kann. Wir werden diese Verfahren im Abschn. 8.2 behandeln und die daraus gewonnenen Resultate anschließend

© Springer-Verlag GmbH Deutschland, ein Teil von Springer Nature 2019
W. Stephan und A. C. Hörger, *Molekulare Populationsgenetik,*
https://doi.org/10.1007/978-3-662-59428-5_8

vorstellen (Abschn. 8.3). In dem Fall, dass ein Allel, das bereits in einer Population vorhanden ist, beispielsweise durch eine Umweltveränderung unter positiv gerichtete Selektion gerät, kann man hingegen ein anderes Muster der genetischen Variation erwarten, welches wir schließlich im Abschn. 8.4 erläutern.

8.1   *Hitchhiking*-Effekt eines vorteilhaften Allels

Wir betrachten ein vorteilhaftes Allel, das durch positiv gerichtete Selektion von einer sehr niedrigen Frequenz zur Fixierung getrieben wird. Der Selektionskoeffizient s dieses Allels sei relativ groß und die effektive Populationsgröße N_e ebenfalls, sodass $N_e s \gg 1$, d. h. das Allel ist unter starker, positiv gerichteter Selektion. Das selektierte Allel könnte durch Mutation neu entstanden oder durch Migration in die Population gelangt sein. Eine weitere Möglichkeit ist, dass es bereits in der Population in sehr niedriger Frequenz vorhanden war (neutral oder in einem Mutations-Selektions-Gleichgewicht) und nach einer Umweltveränderung unter positiven Selektionsdruck geraten ist.

Um den *hitchhiking*-Effekt eines vorteilhaften Allels zu verstehen, müssen wir folgende Frage beantworten: Was passiert mit neutralen oder nahezu neutralen Polymorphismen in der Umgebung des selektierten Locus, an dem das vorteilhafte Allel im Genom segregiert? Am einfachsten ist es, diese Frage für Organismen zu beantworten, die keine oder fast keine Rekombination haben (z. B. Bakterien). Die Varianten der in der Population vorhandenen neutralen Polymorphismen, die an das vorteilhafte Allel gekoppelt sind, werden mit deren Frequenzanstieg in ihrer Frequenz ebenfalls zunehmen. Schließlich werden sie bei der Fixierung des vorteilhaften Allels gleichermaßen fixiert, während die anderen neutralen Varianten verloren gehen. Das heißt, die neutralen Varianten, die an das vorteilhafte Allel gekoppelt sind, werden bis zum Ziel der Reise (der Fixierung) mitgenommen, was an das Fahren per Anhalter erinnert (daher der englische Begriff *hitchhiking*). Die genetische Variabilität der Population verschwindet bei diesem Prozess unmittelbar nach der Fixierung des vorteilhaften Allels auf dem gesamten Chromosom, auf dem sich das selektierte Allel befindet.

Bei Organismen mit sexueller Reproduktion und Rekombination (Kap. 7) ist die Kopplung zwischen dem vorteilhaften Allel und den neutralen Polymorphismen in der Umgebung des selektierten Locus jedoch nicht perfekt. Neutrale Varianten können somit vom vorteilhaften Allel „wegrekombinieren" (während dieses in der Frequenz zunimmt) und gelangen somit nicht zur Fixierung. Maynard Smith und Haigh (1974) haben diesen Vorgang anhand eines Zwei-Locus-Modells (Abb. 8.1) untersucht. An einem Locus existiert dabei ein neutraler Polymorphismus in der Population. Am anderen Locus trägt ein Haplotyp ein vorteilhaftes Allel, das in sehr niedriger Frequenz in der Population vorkommt (z. B. nur einmal, wenn es eine neue Mutation ist). Die Rekombinationsrate zwischen beiden Loci ist c.

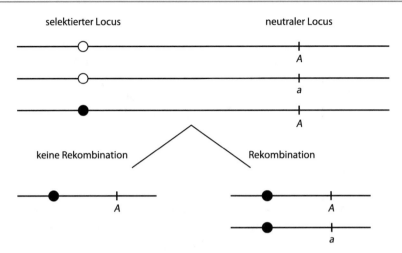

Abb. 8.1 Zwei-Locus-*hitchhiking*-Modell. Die oberen beiden Haplotypen zeigen am selektierten Locus das Wildtyp-Allel *(weißer Kreis)* und am neutralen Locus einen Polymorphismus mit den Varianten *A* und *a*. Der dritte Haplotyp hat am selektierten Locus ein vorteilhaftes Allel *(schwarzer Kreis)* und am neutralen Locus die Variante *A*. Maynard Smith und Haigh (1974) haben angenommen, dass dieser Haplotyp durch Mutation am selektierten Locus entstanden ist (wie im Text beschrieben könnte er aber auch anders entstanden oder durch Migration in die Population gelangt sein). Die drei oberen Haplotypen sind in der Population vorhanden, wenn der *hitchhiking*-Prozess beginnt. Unten sind die Haplotypen nach der Fixierung des vorteilhaften Allels und dem Wirken der Rekombination zu sehen. Falls keine Rekombination zwischen den selektierten und neutralen Loci während des *hitchhiking*-Prozesses auftritt, wird der Haplotyp mit der Variante *A* fixiert, der am Anfang in der Population existiert hat. Hat hingegen Rekombination stattgefunden, bleibt nach der Fixierung des vorteilhaften Allels der Polymorphismus am neutralen Locus (mit veränderten Frequenzen der neutralen Varianten) erhalten, da *A* vom vorteilhaften Allel „weg-" und *a* „hinrekombinieren" kann

Maynard Smith und Haigh (1974) haben gezeigt, dass der *hitchhiking*-Prozess zu einer Reduktion der Heterozygotie am neutralen Locus führt. Diese hängt vor allem vom Parameter *c/s* ab. Falls $c=0$ ist, wird die neutrale Variante *A*, die am Anfang des *hitchhiking*-Prozesses an das vorteilhafte Allel gekoppelt war, fixiert und die andere neutrale Variante *a* eliminiert, wie es oben für nicht-rekombinierende Organismen beschrieben wurde. Deshalb sinkt unmittelbar nach der Fixierung die Heterozygotie am neutralen Locus auf null. Falls jedoch $c>0$ (z. B. wenn der neutrale Polymorphismus weiter vom selektierten Locus entfernt ist oder die Rekombinationsrate pro Nukleotid ansteigt), ist auch die Heterozygotie am neutralen Locus größer als null. Und in der Tat, die Heterozygotie wächst mit der Entfernung von der selektierten Stelle kontinuierlich an, bis sie schließlich den neutralen Gleichgewichtswert erreicht (Abb. 8.2).

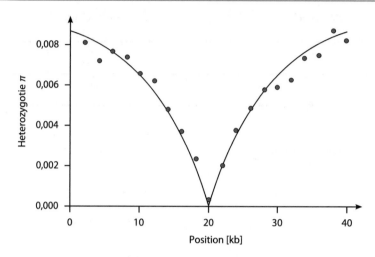

Abb. 8.2 Neutrale Nukleotidheterozygotie als Funktion der Distanz vom selektierten Locus in Organismen mit Rekombination. Folgendes Szenario wurde mithilfe des Koaleszenzprozesses (Abschn. 2.3) simuliert: Eine vorteilhafte Mutation mit einem Selektionskoeffizienten von 0,001 tritt an der Nukleotidposition 20,0 kb vor 0,01 N_e Generationen auf und gelangt unter der Wirkung von gerichteter Selektion und genetischer Drift zur Fixierung. Dabei wird die neutrale Nukleotidheterozygotie in der Nähe der selektierten Stelle reduziert. Der Grad der Reduktion hängt vom Abstand der neutralen Polymorphismen zum selektierten Locus ab. Die *grauen Punkte* stellen die durchschnittliche Nukleotidheterozygotie gemittelt über 50.000 Simulationen dar. Die Berechnung der theoretischen Kurve wird in Kim und Stephan (2002) beschrieben. Die Parameterwerte sind: Größe der Stichprobe $n = 5$, Rekombinationsrate pro Basenpaar pro Generation $\chi = 10^{-8}$, $N_e = 200.000$ und $\theta = 0,01$. (Modifiziert nach Kim und Stephan 2002, Abb. 2, mit freundlicher Genehmigung der Genetics Society of America über Copyright Clearance Center, Inc.)

Neben der Reduktion der genetischen Variabilität in der Nähe des selektierten Locus hinterlässt der *hitchhiking*-Prozess noch weitere Signaturen, die in SNP-Daten identifiziert werden können:

1. Der *hitchhiking*-Effekt führt zu einer Verzerrung des Frequenzspektrums SFS (*site frequency spectrum;* Abschn. 3.3), sodass es – im Vergleich zum strikt-neutralen Spektrum – zu einem Überschuss an niederfrequenten, abgeleiteten Varianten (insbesondere *singletons*) kommt (Braverman et al. 1995); ferner treten zu viele hochfrequente Varianten auf (Fay und Wu 2000).
2. *Hitchhiking* verändert auch das Kopplungsungleichgewicht (LD; Abschn. 7.1) in der Nähe einer selektierten Stelle. Das LD zwischen neutralen Polymorphismen auf verschiedenen Seiten des selektierten Locus wächst zunächst stark an, während das vorteilhafte Allel an Frequenz zunimmt, bricht dann aber zusammen, sobald sich das vorteilhafte Allel der Fixierung nähert (Kim und Nielsen 2004; Stephan et al. 2006).

In einer räumlich strukturierten Population kann außerdem *hitchhiking* dazu führen, dass F_{ST} zwischen lokalen Subpopulationen sehr groß wird, insbesondere wenn ein Allel in einer Subpopulation und ein anderes in einer anderen Subpopulation vorteilhaft ist. Wir haben es dann mit lokaler Adaptation zu tun (Abschn. 6.2). Ein bekanntes Beispiel ist das Laktase-Gen beim Menschen, bei dem unabhängige Mutationen zu *hitchhiking*-Prozessen in unterschiedlichen Subpopulationen geführt haben (Abschn. 8.3.1). Die Kombination der oben genannten Eigenschaften wird in Testverfahren ausgenutzt, um Signaturen von *hitchhiking*-Ereignissen in SNP-Daten und damit Spuren positiv gerichteter Selektion im Genom von rekombinierenden Organismen zu finden. Diese Verfahren werden im Abschn. 8.2 behandelt.

Zum Schluss dieses Abschnitts noch ein Wort zur Terminologie: *Hitchhiking* bezieht sich in der neueren populationsgenetischen Literatur nicht nur auf Prozesse, die durch positiv gerichtete Selektion verursacht werden, sondern allgemein auf jede Situation, in der die Änderung von Allelfrequenzen durch Selektion die Frequenzen von neutralen Varianten an gekoppelten Nukleotidstellen im Genom beeinflusst. Dies gilt z. B. auch für balancierende Selektion, wie wir in Kap. 9 feststellen werden. Um im Sprachgebrauch präzise zu sein, bezeichnen wir deshalb im Folgenden *hitchhiking,* das durch positiv gerichtete Selektion hervorgerufen wird, als **selective sweep.** Diese Definition geht auf Berry et al. (1991) zurück und wird inzwischen allgemein verwendet.

8.2 Nachweis der positiv gerichteten Selektion mithilfe von *selective sweeps*

Um die Idee der Nachweismethode zu verstehen, nehmen wir zunächst an, dass nur genetische Drift und positiv gerichtete Selektion in einer panmiktischen Population wirken. Unter diesen Annahmen haben Kim und Stephan (2002) einen *composite likelihood ratio*(CLR)-Test entwickelt, um die Wahrscheinlichkeit zu berechnen, dass eine beobachtete Reduktion der Variabilität und Verzerrung des Frequenzspektrums SFS im Genom durch positiv gerichtete Selektion verursacht worden ist (anstatt durch genetische Drift). Das heißt, dieser Test vergleicht die beobachteten Muster von SNP-Daten unter einem strikt-neutralen Modell mit denen unter einem Modell eines *selective sweep* (Box 8.1). Durch Maximierung der Wahrscheinlichkeit bezüglich der Modellparameter kann dabei die Nukleotidstelle geschätzt werden, an der die Selektion im Genom aufgetreten ist, und man erhält auch einen Schätzwert für den Selektionskoeffizienten s des vorteilhaften Allels.

Box 8.1 CLR-Test zum Nachweis eines *selective sweep*
Bei konstanter effektiver Populationsgröße N_e ist die erwartete Anzahl der Nukleotidstellen mit abgeleiteten neutralen Varianten (Mutationen) im Frequenzintervall $(p, p + dp)$ durch

$$\phi_0(p)dp = \frac{\theta}{p}dp \tag{8.1}$$

gegeben (Ewens 2004; Gl. 9.18), wobei θ die skalierte Nukleotidmutationsrate pro DNA-Sequenzlänge ist. Fay und Wu (2000) haben gezeigt, dass unmittelbar nach der Fixierung des vorteilhaften Allels die Verteilung $\phi_0(p)$ zu folgender Verteilung transformiert wird:

$$\phi_1(p) = \begin{cases} \frac{\theta}{p} - \frac{\theta}{C}, & \text{falls } 0 < p < C \\ 0, & \text{falls } C \le p \le 1 - C \\ \frac{\theta}{C}, & \text{falls } 1 - C < p < 1 \end{cases} \tag{8.2}$$

Dabei ist $C = 1 - \varepsilon^{c/s}$ und ε die Frequenz des vorteilhaften Allels am Beginn des *hitchhiking*-Prozesses (Übung 8.2).

Die Wahrscheinlichkeit P_{nk}, eine Nukleotidstelle mit k abgeleiteten Varianten in einer Stichprobe der Größe n zu beobachten, lässt sich mithilfe der Binomialverteilung (Gl. 13.20) auf folgende Weise berechnen:

$$P_{nk} = \int_0^1 \binom{n}{k} p^k (1 - p)^{n-k} \phi(p)dp. \tag{8.3}$$

Die Frequenzverteilung $\phi(p)$ ist dabei unter dem neutralen Modell mit konstanter Populationsgröße durch Gl. 8.1 und im *selective sweep*-Modell durch Gl. 8.2 gegeben. Daraus erhalten wir die Statistik des CLR-Tests als

$$\Lambda = ln\left(\frac{\max P(\text{Daten}|M_{SS})}{P(\text{Daten}|M_{NT})}\right), \tag{8.4}$$

wobei max andeutet, dass die Funktion im Zähler bezüglich der Parameter des *selective sweep*-Modells (nämlich der selektierten Stelle im Genom und dem Selektionskoeffizienten) maximiert werden muss. M_{SS} bezeichnet das *selective sweep*-Modell und M_{NT} das strikt-neutrale Modell (mit konstanter Populationsgröße). Die Daten sind als SFS (Abschn. 3.3) gegeben; d. h. das LD ist in diesem Test nicht berücksichtigt. Das statistische Verfahren heißt *composite likelihood ratio*(CLR)-Test, da die Wahrscheinlichkeiten in Gl. 8.4 durch Multiplikation der Wahrscheinlichkeiten von Gl. 8.3 erhalten werden (Übung 8.3).

Falls eine Population nicht konstant ist, gelten die obigen Gleichungen nicht. Um die Demographie in diesem Fall zu berücksichtigen und dadurch die Rate falsch-positiver Ergebnisse zu kontrollieren, haben Thornton und Jensen (2007) vorgeschlagen, den Nenner von Gl. 8.4 durch eine Funktion zu ersetzen, die die Demographie adäquat beschreibt. Diese wird im Allgemeinen durch Simulation gewonnen. Falsch-positive Befunde können bei der Suche nach *selective sweeps* im Genom häufig vorkommen. Dies liegt daran, dass Adaptationen (und damit *sweeps*) oft nach Umweltänderungen auftreten, wenn Populationen neue Lebensräume besiedeln und dabei eine Reduktion der Populationsgröße *(bottleneck)* erfahren (Übung 8.4).

Dieses Verfahren soll am Beispiel von *polyhomeotic (ph),* einem in *Drosophila melanogaster* unter Selektion stehendem Gen (Beisswanger und Stephan 2008), erläutert werden. Die besagte Genregion wurde durch einen Genomscan gefunden (Glinka et al. 2003). In der Nähe des dabei in einer europäischen Population entdeckten Fragments mit niedriger Variabilität wurden in den afrikanischen und europäischen Stichproben weitere Fragmente analysiert. Dabei ergab sich ein Tal der Variabilität (Abb. 8.3), das in der afrikanischen Population viel enger war als in der europäischen, weshalb für die anschließende Feinanalyse zunächst die afrikanische Stichprobe gewählt wurde (Beisswanger und Stephan 2008). Durch Anwendung des CLR-Tests konnte gezeigt werden, dass das Muster der Variabilität in Afrika durch positiv gerichtete Selektion entstanden ist (und nicht durch einen Populationsflaschenhals). Ferner konnte das Ziel der Selektion im großen Intron von *ph-p (polyhomeotic-proximal),* einem der Duplikate von *ph,* lokalisiert werden (in einem Bereich, in dem mehrere Transkriptionsfaktor-Bindungsstellen liegen), und auch der Selektionskoeffizient konnte ermittelt werden. Obwohl die *ph*-Duplikation vor mehr als 25 Mio. Jahren stattgefunden hat, sind *ph-p* und *ph-d* auf der DNA-Sequenz-Ebene sehr ähnlich, jedoch zeigen sie unterschiedliche Expressionsprofile. Offenbar stehen sie also am Anfang ihrer Differenzierung. Starke Selektion sorgt aber – wie im beschriebenen Fall angedeutet – dafür, dass sich ihre Funktionen allmählich auseinanderentwickeln.

Der in Box 8.1 beschriebene CLR-Test wurde in den letzten 15 Jahren in verschiedene Richtungen weiterentwickelt, um ein geeignetes Nullmodell zu konstruieren, das die biologischen Gegebenheiten einer Population realistischer beschreibt als das neutrale Modell mit konstanter Populationsgröße. Dieses Nullmodell soll dabei neben der genetischen Drift die Evolutionskräfte enthalten, die auf das gesamte Genom wirken, während positiv gerichtete Selektion nur einzelne Bereiche des Genoms betrifft (Abschn. 3.3). So berücksichtigt der Test *SweepFinder* die Demographie einer Population, indem die Nullhypothese nicht mithilfe eines Modells beschrieben, sondern mithilfe des empirischen SFS wiedergegeben wird (Nielsen et al. 2005). Dasselbe gilt für das Verfahren von Boitard et al. (2009). Die neueste Version von *SweepFinder* zieht auch die Tatsache in Betracht, dass die beobachteten Polymorphismen nicht alle neutral sind, sondern teilweise

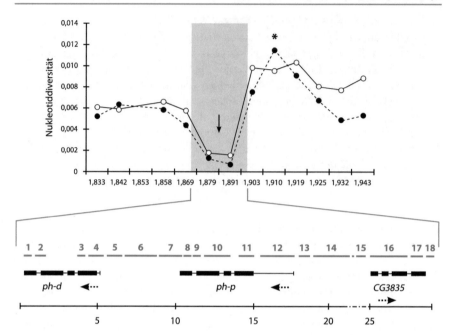

Abb. 8.3 Nukleotiddiversität π und θ_W in der *polyhomeotic*-Region einer afrikanischen *Drosophila melanogaster*-Population. Die Diversitätswerte wurden durch Sequenzieren von zwölf kurzen Fragmenten von ca. 500 bp gemessen, wobei das mit einem *Stern* gekennzeichnete Fragment im ursprünglichen Genomscan einer europäischen Population als monomorph gefunden wurde. Für das Fragment um die Koordinate 1,853 sind keine Diversitätswerte angezeigt, da hier die Sequenzierung der afrikanischen Population nicht erfolgreich war. Im grau hinterlegten Bereich sind zwei Eigenschaften eines *selective sweep* zu sehen: 1) π (gestrichelt) und θ_W (durchgezogen) sind erniedrigt; 2) die Differenz $\pi - \theta_W$, die zu Tajimas D proportional ist (Box 3.1), ist negativ. Das vom CLR-Test geschätzte Ziel der Selektion ist durch einen *senkrechten Pfeil* angedeutet und liegt im großen Intron von *ph-p*. Der untere Teil der Abbildung zeigt 18 weitere, in einer nachfolgenden Feinanalyse sequenzierte Fragmente, die Struktur der Gene und die Koordinaten der *ph*-Region (in kb). *Gestrichelte Pfeile* deuten die Leserichtung der Gene an. (Modifiziert nach Beisswanger und Stephan 2008, Abb. 1, Copyright (2008) National Academy of Sciences, U.S.A.)

unter schwach purifizierender Selektion stehen – wie im Modell von Ohta (1973) angenommen wird (Abschn. 4.2.2) – oder mit Polymorphismen gekoppelt sind, die unter stark purifizierender Selektion stehen (*background selection*, Kap. 10) (Huber et al. 2016). Andere *selective sweep*-Tests haben neben der Reduktion der Variabilität in der Nähe des selektierten Locus und der Verzerrung des SFS auch Kopplungsungleichgewichte zwischen SNPs und fortgeschrittene computergestützte Rechenverfahren integriert, um selektierte Nukleotidstellen besser lokalisieren zu können (Alachiotis et al. 2012; Pavlidis et al. 2010, 2013). Aufgrund dieser Weiterentwicklungen ist es heute nicht mehr nötig, den ursprünglichen CLR-Test durch ein zusätzliches statistisches Verfahren zu stützen, wie es im Beispiel von *ph* noch angewendet wurde (Beisswanger und Stephan 2008).

8.3   Evidenz für positiv gerichtete Selektion im Genom

8.3.1   Genomscans

Um positive Selektion mithilfe von *selective sweeps* zu identifizieren, wird das Genom zunächst systematisch nach Regionen mit reduzierter Variation und nach Verzerrungen des Frequenzspektrums SFS, den wichtigsten Signaturen von *sweeps* (Abschn. 8.1), abgesucht. Organismen, deren Genome vollständig sequenziert sind, eignen sich besonders gut für solche Genomscans. Beim Menschen z. B. hat das HapMap-Projekt mehrere Millionen SNPs identifiziert (Box 8.2; Frazer et al. 2007). Von *D. melanogaster* wurden inzwischen auch mehr als 1100 Genome vollständig sequenziert. Die Analyse dieser Datensätze mithilfe des CLR-Tests (Box 8.1) von Kim und Stephan (2002) und dessen Weiterentwicklungen (insbesondere von *SweepFinder;* Nielsen et al. 2005) hat zu den im Folgenden beschriebenen Resultaten bei *D. melanogaster* und dem Menschen, den beiden am besten untersuchten Arten, geführt.

Box 8.2 Das Internationale HapMap-Projekt

Das Internationale HapMap-Projekt war eine Zusammenarbeit von akademischen Wissenschaftlern, nichtkommerziellen biomedizinischen Forschungsgruppen und Unternehmen aus Japan, Großbritannien, Kanada, China, Nigeria und den USA mit dem Ziel, die Haplotypen des menschlichen Genoms zu kartieren. Das Projekt wurde im Jahr 2002 gestartet und lief in drei Phasen bis 2009. In diesen drei Phasen wurden in Zusammenarbeit mit zwei weiteren genomischen Kartierungsprojekten etwa 10 Mio. SNPs in fast 1200 Individuen aus elf verschiedenen Populationen unterschiedlicher Herkunft genotypisiert und die Daten wurden für die Wissenschaft frei zugänglich publiziert (Altshuler et al. 2005; Frazer et al. 2007; The International HapMap Consortium 2010). Obwohl die Probenentnahme anonymisiert erfolgte und die Spender selbst nicht identifiziert werden können, wurde sichergestellt, dass eine geographische Zuordnung der Proben möglich ist. Somit können anhand der Datensätze geographische Muster im menschlichen Genom ausfindig gemacht und neue Erkenntnisse über diverse Parameter, die die Evolution des menschlichen Genoms beschreiben, wie z. B. die Variabilität des menschlichen Genoms, die Rekombinationsrate oder das Ausmaß des Kopplungsungleichgewichts erworben werden. Des Weiteren können mithilfe des Datensatzes Gene identifiziert werden, die in Anpassungsprozesse des Menschen involviert sind. Diese Daten stellen somit eine nützliche Ressource für die evolutionsbiologische und biomedizinische Forschung (z. B. zur Assoziation von SNPs mit Krankheiten oder mit der Reaktion auf Umweltreize) dar. In den letzten Jahren wurde eine Vielzahl ähnlicher Projekte zur Genotypisierung von Populationen des Menschen (z. B. das *1000-Genomes-Project*) initiiert und vergleichbare Projekte gibt es auch für diverse Modellorganismen (z. B. *1001-Genomes-Project* bei *Arabidopsis thaliana* oder das *Drosophila Genetic Reference Panel* bei *Drosophila melanogaster*).

Drosophila melanogaster
Die Taufliege *D. melanogaster* war einer der ersten Vielzeller, dessen Genom komplett sequenziert wurde. Mithilfe der dadurch ermöglichten SNP-Scans konnte die Anzahl der Ereignisse positiv gerichteter Selektion in afrikanischen und nicht-afrikanischen Populationen geschätzt werden (Li und Stephan 2006). Die Frequenz der adaptiven Ereignisse ist z. B. in Europa viel höher als in Afrika, was sich wahrscheinlich mit der Ausbreitung der Fliegen von Afrika in neue Territorien (temperierte Klimazonen) und die damit verbundenen Anpassungen erklären lässt.

Die Zielstellen positiver Selektion im *D. melanogaster*-Genom können relativ genau lokalisiert werden (siehe Abschn. 8.2 für das Beispiel der *ph*-Gene). Das bedeutet, dass man die Gene kennt, die bei der Adaptation eine Rolle gespielt haben. Mithilfe dieser Information kann man nun beginnen, einzelne Adaptationen zu analysieren. Bisher wissen wir, dass von den Genen mit bekannter Funktion die weitaus meisten in Signalwegen wirken, die an der Anpassung von *D. melanogaster*-Populationen an ihre Umwelt beteiligt sind. Dazu gehören Resistenzgene und Gene, die die Körpergröße regulieren oder die Sinneswahrnehmung beeinflussen. Andererseits wurden aber auch Gene identifiziert, die sich nicht einfach in das herkömmliche Bild der ökologischen Anpassung einordnen lassen. Beispielsweise wurde positive Selektion an einem der beiden tandemduplizierten *ph*-Gene nachgewiesen (Abschn. 8.2). Dieses Gen codiert für einen Transkriptionsrepressor (aus der Polycomb-Gruppe). Man hätte deshalb kaum vermutet, dass dieses Gen bei der Anpassung an die Umwelt eine Rolle spielt. Die Genkarte der annotierten Selektionsereignisse zeigt jedoch, dass es von adaptiver Bedeutung ist. Den Grund dafür kennen wir bisher nicht genau (siehe aber Abschn. 8.3.2 für mögliche Hinweise). Dennoch ist dieses Beispiel besonders interessant, da nachgewiesen werden konnte, dass positive Selektion hier die funktionelle Differenzierung der beiden *polyhomeotic*-Duplikate vorantreibt und somit zur Entstehung neuer Funktionen beiträgt (Voigt et al. 2015).

Mensch
Die Analyse der HapMap-Daten (Box 8.2) hat zur Lokalisierung zahlreicher Genregionen im menschlichen Genom geführt, die Evidenz für *selective sweeps* aufweisen. Zunächst hat man sich dabei auf unvollständige *selective sweeps* konzentriert, also Selektionsereignisse, in denen das vorteilhafte Allel noch auf dem Weg zur Fixierung ist, sich in der Population aber noch nicht vollständig durchgesetzt hat (Voight et al. 2006). Statt einer Reduktion der Variation führt dies zu einem Muster, in dem die genetische Variation in langen Haplotypen organisiert ist. Das bekannteste Beispiel hierfür ist die Genregion, die das für die Aufspaltung von Milchzucker (Laktose) verantwortliche Laktase-Gen *LCT* enthält. Bekanntlich ist dieses Gen bei Nordeuropäern und manchen afrikanischen Populationen seit der Verbreitung der Milchwirtschaft unter positiver Selektion, nicht aber in Teilen von anderen Populationen (z. B. in Asien). Das selektierte Allel in der europäischen Population geht dabei auf eine einzelne Punktmutation in der Enhancer-Region des Laktase-Gens zurück, während die Situation in afrikanischen

Populationen komplexer ist (Abschn. 8.4). Weitere Klassen von Genen, die man bei der Analyse der HapMap-Daten in den insgesamt 700 identifizierten Genomregionen gefunden hat, umfassen Pigmentgene und Gene, die die Gehirngröße, den Geruchssinn, die Beweglichkeit von Spermien und die Fruchtbarkeit von Eizellen beeinflussen. Ähnliche Klassen von Genen wurden auch gefunden, wenn die menschlichen SNP-Daten auf Stellen im Genom durchsucht wurden, an denen die genetische Variation – ähnlich wie im Falle von *D. melanogaster* – reduziert ist, was auf eine Fixierung vorteilhafter Allele und damit auf *selective sweeps* hindeutet (Williamson et al. 2007).

Genomscans für positive Selektion wurden auch in natürlichen Populationen von Mäusen durchgeführt (Ihle et al. 2006) und in neuerer Zeit in natürlichen und domestizierten Populationen von Huhn (Rubin et al. 2010), Hund (Axelsson et al. 2013), Schwein (Rubin et al. 2012) und Rind (Qanbari et al. 2014). Die dabei gefundenen Gene stehen zum Teil unter künstlicher Selektion. Dies ist von großem Interesse, da sie im Allgemeinen mit für die Züchtung wichtigen quantitativen Merkmalen assoziiert sind. Wir werden die Beobachtungen, die bezüglich der *selective sweeps* im Zusammenhang mit Domestikation gemacht wurden, nochmals in Abschn. 11.2.2 aufgreifen.

Die Suche nach Genen, die an der Adaptation beteiligt sind, spielt seit einiger Zeit auch in der Pflanzenforschung und -züchtung eine wichtige Rolle. Die *selective sweep*-Methode kam dabei vor allem bei der Untersuchung von kultiviertem Mais und seiner Vorgängerpflanze Teosinte zum Einsatz. So haben Wright et al. (2005) festgestellt, dass 2–4 % aller untersuchten Gene von gezüchteten Mais- und Teosinte-Linien Signaturen von *selective sweeps* aufweisen. Die meisten gefundenen Gene waren dabei in das Pflanzenwachstum und die Aminosäuresynthese involviert.

Obwohl Gene mit Signaturen von *selective sweeps* in sehr vielen biologischen Funktionsklassen gefunden wurden (auch solchen, deren Bezug zur ökologischen Anpassung nicht sofort ersichtlich ist), zeigen die bisher genauer analysierten Beispiele, dass Resistenzgene die markantesten Signaturen von positiv gerichteter Selektion im Genom aufweisen. Zwei schon seit Längerem bekannte Fälle sind zum einen der *sweep* in der Region des Dihydrofolatreduktase(*dhfr*)-Gens des Malariaparasiten *Plasmodium falciparum* (Nair et al. 2003), der durch eine Resistenzmutation gegen das Antiparasitikum Pyrimethamin ausgelöst wurde. Der *sweep* des Gens, das in die Resistenz gegen das Insektizid DDT (Dichlordiphenyltrichlorethan) involviert ist, wurde nicht durch eine Punktmutation, sondern eine Transposoninsertion verursacht (Ffrench-Constant et al. 2004; Schlenke und Begun 2004).

8.3.2 Funktionelle Untersuchungen zu *selective sweeps*

Obwohl die Lokalisierung der Zielgene von positiv gerichteter Selektion im Genom relativ genau ist, gibt es bisher nur wenige Untersuchungen zur Funktion der betroffenen Gene und der selektierten Nukleotidänderungen, die zu *selective sweeps* geführt haben. Jedoch sind die bisherigen Ergebnisse ermutigend. So haben z. B. Voigt et al. (2015) gezeigt, dass ein *selective sweep* in der Region zwischen *ph-p* und *CG3835* (Abb. 8.3), der in der europäischen *D. melanogaster*-Population nach ihrer Trennung von der anzestralen afrikanischen Population auftrat, die Thermosensitivität der Genexpression in temperierten Klimazonen reduziert. Dabei überlappt die Zielregion der Selektion mit den Promotoren der Polycomb-regulierten Gene *ph-p* und *CG3835*. Dieses Fragment enthält fünf Sequenzvarianten, die stark zwischen den afrikanischen und europäischen Populationen differenziert sind. Die Expression der europäischen *ph-p*- und *CG3835*-Allele erwies sich in Reportergenexperimenten in transgenen Fliegen als viel temperaturunempfindlicher als die Expression der afrikanischen Allele, was für Fliegen in kalten Klimazonen einen Selektionsvorteil haben könnte.

Ähnliche Experimente wurden im Labor von John Parsch durchgeführt. Kürzlich publizierten er und seine Mitarbeiter eine Studie, in der sie von einem Indel-Polymorphismus in der 3'-UTR *(untranslated region)* des Metallothionein-Gens *MtnA* berichten, der mit einer Variation der Genexpression dieses Gens in *D. melanogaster*-Populationen assoziiert ist (Catalan et al. 2016). Ein abgeleitetes Allel von *MtnA* mit einer 49-bp-Deletion segregiert in hoher Frequenz in Populationen außerhalb der anzestralen Region von *D. melanogaster* in Afrika. Die Frequenz dieser Deletion nimmt mit dem Breitengrad nach Norden hin zu und erreicht fast 100 % im Norden Europas. Fliegen mit der Deletion haben eine mehr als vierfach erhöhte *MtnA*-Expression im Vergleich zu Fliegen mit der anzestralen Sequenz. In Reportergenexperimenten konnte gezeigt werden, dass die Deletion signifikant zu den beobachteten Expressionsunterschieden beiträgt. Ferner wurde in populationsgenetischen Analysen ein *selective sweep* in der *MtnA*-Region in den nordeuropäischen Populationen gefunden. Die 3'-UTR-Deletion ist assoziiert mit höherer oxidativer Stresstoleranz. Diese Resultate legen daher nahe, dass die 3'-UTR-Deletion eine Zielregion der natürlichen Selektion wegen ihrer Eigenschaft war, die Genexpression von *MtnA* in nordeuropäischen Populationen zu erhöhen (möglicherweise wegen eines lokalen Vorteils durch eine erhöhte oxidative Stresstoleranz).

8.4   Soft sweeps

Wie in Abschn. 8.1 beschrieben, findet ein *selective sweep* statt, wenn ein einzelnes vorteilhaftes Allel in der Vergangenheit in einer Population aufgetreten und zur Fixierung gelangt ist. Das Allel könnte durch Mutation neu entstanden oder durch Migration in die Population gelangt sein. Eine weitere Möglichkeit ist, dass es bereits in der Population in sehr niedriger Frequenz vorhanden war (neutral oder in einem Mutations-Selektions-Gleichgewicht) und nach einer Umweltveränderung unter positiven Selektionsdruck geraten ist. Im letzteren Fall eines schon in der Population existierenden Allels, das plötzlich unter positiven Selektionsdruck gerät, ist es auch möglich, dass mehrere vorteilhafte Haplotypen nach einer Umweltänderung in einer Population präsent sind, die sich zwar nicht am selektierten Locus unterscheiden, aber an daran gekoppelten Nukleotidstellen, sodass schließlich mehr als ein Haplotyp fixiert wird. Dieser Fall wird als *soft sweep* bezeichnet (Hermisson und Pennings 2005).

Dieser Prozess unterscheidet sich von einem *selective sweep,* weil bei einem *soft sweep* das vorteilhafte Allel, das vor der Umweltänderung in einer Population neutral segregierte oder in einem Mutations-Selektions-Gleichgewicht existierte, in mehr als einem Haplotyp vorkommt. Verschiedene Autoren haben versucht, die Frequenz auszurechnen, in der ein Allel vor der Umweltänderung segregieren muss, damit danach ein *soft sweep* entsteht (Orr und Betancourt 2001; Hermisson und Pennings 2005; Przeworski et al. 2005). Diese Frequenz hängt von mehreren, relativ unbekannten Parametern ab, sodass es schwierig ist, theoretisch die Häufigkeit von *soft sweeps* in der Natur vorherzusagen.

Ein weiteres Problem ist die Detektion eines *soft sweep.* Es ist nicht trivial, *soft sweeps* mithilfe des *hitchhiking*-Effektes aus dem vorhandenen Muster der Nukleotiddiversität herauszulesen, wie es bei *selective sweeps* möglich ist, denn weder eine Reduktion der Sequenzvariabilität noch eine Verzerrung des Frequenzspektrums SFS sind im Allgemeinen brauchbare Signaturen von *soft sweeps.* Hinzu kommt, dass die Unterscheidung von *selective sweeps* und *soft sweeps* nicht immer eindeutig ist. So wird der Fall von Milchverträglichkeit (Laktasepersistenz) in Menschen manchmal global (d. h. unter Einbeziehung vieler Subpopulationen) als ein Paradebeispiel eines *soft sweep* betrachtet, während wir ihn in Abschn. 8.3.1 zuvor für die europäische Population (also lokal) als ein Beispiel eines *selective sweep* beschrieben haben, da es in der europäischen Population nicht mehr als einen Haplotypen gibt, der mit der selektierten SNP-Variante C/T-13910 im Intron 13 des *MCM6*-Gens (das im Genom oberhalb des Laktase-Gens *LCT* liegt) assoziiert ist. In mehreren afrikanischen Populationen sind jedoch vier weitere vorteilhafte SNP-Varianten innerhalb einer Distanz von ca. 100 Basenpaaren von der SNP-Variante C/T-13910 entfernt gefunden worden (Tishkoff et al. 2007). In manchen dieser Populationen scheinen lokal mehr als ein Haplotyp mit einer Kombination dieser vier SNP-Varianten (aber nicht C/T-13910) mit der Laktasepersistenz assoziiert zu sein (Hermisson und Pennings 2017), was der obigen Definition eines *soft sweep* entspräche.

Übungen

8.1   Warum ist die Nukleotidheterozygotie in der unmittelbaren Nähe des selektierten Locus nicht null? Siehe Abb. 8.3.

8.2   Zeichnen Sie die Verteilungen $\phi_0(p)$ und $\phi_1(p)$ der Gl. 8.1 und 8.2 für folgende Parameterwerte: $\theta = 1{,}0$, $\varepsilon = 10^{-6}$, $c = 0{,}0002$ und $s = 0{,}01$, wobei θ sich auf ein DNA-Fragment bezieht (z. B. 100 bp). Interpretieren Sie den Unterschied zwischen beiden Verteilungen.

8.3   Berechnen Sie die Wahrscheinlichkeit der Daten unter dem neutralen Modell. Die Daten sind folgendermaßen gegeben, wobei angenommen wird, dass es an einer Nukleotidstelle nur zwei Varianten gibt:

Sequenz 1: 00010 00000
Sequenz 2: 11010 00011
Sequenz 3: 10100 11111
Sequenz 4: 00001 00001
Variante 1 ist dabei abgeleitet.

8.4   Warum sind *selective sweeps* von Populationsflaschenhalsereignissen *(bottlenecks)* schwer zu unterscheiden?

8.5   Im grau hinterlegten Bereich von Abb. 8.3 sind zwei Eigenschaften eines *selective sweep* zu sehen: 1) π (gestrichelt) und θ_W (durchgezogen) sind erniedrigt, und 2) die Differenz $\pi - \theta_W$, die zu Tajimas D proportional ist (Box 3.1), ist negativ. Warum ist 2) eine Signatur eines *selective sweep?*

Literatur

Alachiotis N, Stamatakis A, Pavlidis P (2012) OmegaPlus: a scalable tool for rapid detection of selective sweeps in whole-genome datasets. Bioinformatics 28:2274–2275

Altshuler D, Donnelly P, The International HapMap Consortium (2005) A haplotype map of the human genome. Nature 437:1299–1320

Axelsson E, Ratnakumar A, Arendt M-L, Maqbool K, Webster MT et al (2013) The genomic signature of dog domestication reveals adaptation to a starch-rich diet. Nature 495:360–364

Beisswanger S, Stephan W (2008) Evidence that strong positive selection drives neofunctionalization in the tandemly duplicated *polyhomeotic* genes in Drosophila. Proc Natl Acad Sci USA 105:5447–5452

Berry AJ, Ajioka JW, Kreitman M (1991) Lack of polymorphism on the *Drosophila* fourth chromosome resulting from selection. Genetics 129:1111–1117

Boitard S, Schlötterer C, Futschik A (2009) Detecting selective sweeps: a new approach based on hidden markov models. Genetics 181:1567–1578

Braverman JM, Hudson RR, Kaplan NL, Langley CH, Stephan W (1995) The hitchhiking effect on the site frequency-spectrum of DNA polymorphisms. Genetics 140:783–796

Catalan A, Glaser-Schmitt A, Argyridou E, Duchen P, Parsch J (2016) An indel polymorphism in the *MtnA* 3' untranslated region is associated with gene expression variation and local adaptation in *Drosophila melanogaster*. PLoS Genet 12:e1005987

Ewens WJ (2004) Mathematical population genetics – I. Theoretical introduction. 2. Aufl. Springer, Heidelberg

Fay JC, Wu CI (2000) Hitchhiking under positive Darwinian selection. Genetics 155:1405–1413

Ffrench-Constant RH, Daborn PJ, Le Goff G (2004) The genetics and genomics of insecticide resistance. Trends Genet 20:163–170

Frazer KA, Ballinger DG, Cox DR, Hinds DA, Stuve LL et al (2007) A second generation human haplotype map of over 3.1 million SNPs. Nature 449:851–861

Glinka S, Ometto L, Mousset S, Stephan W, De Lorenzo D (2003) Demography and natural selection have shaped genetic variation in *Drosophila melanogaster*: a multi-locus approach. Genetics 165:1269–1278

Hermisson J, Pennings PS (2005) Soft sweeps: molecular population genetics of adaptation from standing genetic variation. Genetics 169:2335–2352

Hermisson J, Pennings PS (2017) Soft sweeps and beyond: understanding the patterns and probabilities of selection footprints under rapid adaptation. Methods Ecol Evol 8:700–716

Huber CD, DeGiorgio M, Hellmann I, Nielsen R (2016) Detecting recent selective sweeps while controlling for mutation rate and background selection. Mol Ecol 25:142–156

Ihle S, Ravaoarimanana I, Thomas M, Tautz D (2006) An analysis of signatures of selective sweeps in natural populations of the house mouse. Mol Biol Evol 23:790–797

Kim Y, Nielsen R (2004) Linkage disequilibrium as a signature of selective sweeps. Genetics 167:1513–1524

Kim Y, Stephan W (2002) Detecting a local signature of genetic hitchhiking along a recombining chromosome. Genetics 160:765–777

Li H, Stephan W (2006) Inferring the demographic history and rate of adaptive substitution in *Drosophila*. PLoS Genet 2:e166

Maynard Smith J, Haigh J (1974) The hitch-hiking effect of a favourable gene. Genet Res 23:23–35

Nair S, Williams JT, Brockman A, Paiphun L, Mayxay M et al (2003) A selective sweep driven by pyrimethamine treatment in southeast asian malaria parasites. Mol Biol Evol 20:1526–1536

Nielsen R, Williamson S, Kim Y, Hubisz MJ, Clark AG et al (2005) Genomic scans for selective sweeps using SNP data. Genome Res 15:1566–1575

Ohta T (1973) Slightly deleterious mutant substitutions in evolution. Nature 246:96–98

Orr HA, Betancourt AJ (2001) Haldane's sieve and adaptation from the standing genetic variation. Genetics 157:875–884

Pavlidis P, Jensen JD, Stephan W (2010) Searching for footprints of positive selection in whole-genome SNP data from nonequilibrium populations. Genetics 185:907–922

Pavlidis P, Zivkovic D, Stamatakis A, Alachiotis N (2013) SweeD: likelihood-based detection of selective sweeps in thousands of genomes. Mol Biol Evol 30:2224–2234

Przeworski M, Coop G, Wall JD (2005) The signature of positive selection on standing genetic variation. Evolution 59:2312–2323

Qanbari S, Pausch H, Jansen S, Somel T, Strom TM et al (2014) Classic selective sweeps revealed by massive sequencing in cattle. PLoS Genet 10:e1004148

Rubin CJ, Zody MC, Eriksson J, Meadows JRS, Sherwood E et al (2010) Whole-genome resequencing reveals loci under selection during chicken domestication. Nature 464:587–591

Rubin CJ, Megens HJ, Martinez Barrio A, Maqpool K, Sayyab S et al (2012) Strong signatures of selection in the domestic pig genome. Proc Natl Acad Sci USA 109:19529–19536

Schlenke TA, Begun DJ (2004) Strong selective sweep associated with a transposon insertion in *Drosophila simulans*. Proc Natl Acad Sci USA 101:1626–1631

Stephan W, Song YS, Langley CH (2006) The hitchhiking effect on linkage disequilibrium between linked neutral loci. Genetics 172:2647–2663

The International HapMap Consortium (2010) Integrating common and rare genetic variation in diverse human populations. Nature 467:52–58

Thornton KR, Jensen JD (2007) Controlling the false-positive rate in multilocus genome scans for selection. Genetics 175:737–750

Tishkoff SA, Reed FA, Ranciaro A, Voight BF, Babbitt CC et al (2007) Convergent adaptation of human lactase persistence in Africa and Europe. Nat Genet 39:31–40

Voight BF, Kudaravalli S, Wen XQ, Pritchard JK (2006) A map of recent positive selection in the human genome. PLoS Biol 4:446–458

Voigt S, Laurent S, Litovchenko M, Stephan W (2015) Positive selection at the *polyhomeotic* locus led to decreased thermosensitivity of gene expression in temperate *Drosophila melanogaster*. Genetics 200:591–599

Williamson SH, Hubisz MJ, Clark AG, Payseur BA, Bustamante CD et al (2007) Localizing recent adaptive evolution in the human genome. PLoS Genet 3:e90

Wright SI, Bi IV, Schroeder SG, Yamasaki M, Doebley JF et al (2005) The effects of artificial selection on the maize genome. Science 308:1310–1314

Balancierende Selektion

9

Wir haben in den Kap. 5, 7 und 8 gesehen, dass Selektion meist in einer Reduktion der Diversität am selektierten Locus sowie an gekoppelten Genregionen resultiert. Wie jedoch bereits in Kap. 5 erwähnt, kann eine Form der Selektion, nämlich die balancierende Selektion, die Erhaltung adaptiver Varianten eines Merkmals fördern und somit zum Erhalt von Diversität am selektierten Locus führen. Dabei können verschiedene vorteilhafte Varianten über lange Zeiträume hinweg erhalten werden und sogar über Artbildungsprozesse hinaus bestehen, wie z. B. Allele des Haupthistokompatibilitätskomplex(MHC)-Locus von Vertebraten (Takahata und Nei 1990), des Selbstinkompatibilitäts*(S)*-Locus bei Pflanzen (Uyenoyama 1997) oder der MAT*(mating type)*-Loci, die den Paarungstyp in Pilzen bestimmen (van Diepen et al. 2013). Wie bereits in Abschn. 5.1.2.2 erwähnt, können verschiedene Formen der balancierenden Selektion zur Ausprägung von stabilen Polymorphismen führen. Einen wichtigen Stellenwert nehmen dabei Szenarien ein, in denen Fitnesswerte von Allelen aus verschiedenen Gründen variieren. Ein Sonderfall der balancierenden Selektion ist der Heterozygotenvorteil, bei dem trotz konstanter Fitnesswerte Polymorphismen erhalten bleiben. All diese Prozesse werden wir im Abschn. 9.1 genauer kennenlernen. Des Weiteren werden wir uns mit dem Einfluss von balancierender Selektion auf benachbarte Regionen des Genoms befassen (Abschn. 9.2) und besprechen, wie man diese Form der Selektion nachweisen kann (Abschn. 9.3).

9.1 Formen der balancierenden Selektion

9.1.1 Heterozygotenvorteil

Die einfachste Form von balancierender Selektion ist der sogenannte Heterozygotenvorteil (oder auch Überdominanz genannt). Bei diesem haben heterozygote Individuen einen Fitnessvorteil gegenüber homozygoten Trägern der beiden Allele.

© Springer-Verlag GmbH Deutschland, ein Teil von Springer Nature 2019
W. Stephan und A. C. Hörger, *Molekulare Populationsgenetik*,
https://doi.org/10.1007/978-3-662-59428-5_9

Dies hat zur Folge, dass beide Allele in der Population erhalten bleiben und sich auf bestimmte Gleichgewichtsfrequenzen einpendeln. Da hier die Selektionskoeffizienten s und t die Fitness der beiden homozygoten Genotypen reduzieren und $w_1 = 1 - ps$ und $w_2 = 1 - qt$ gilt, ist die Population im Gleichgewicht, wenn $ps = qt$ (Abschn. 5.1.2.2). Die Gleichgewichtsfrequenzen werden berechnet als $\tilde{p} = \frac{t}{s+t}$ und $\tilde{q} = \frac{s}{s+t}$ (Gl. 5.11) und hängen somit von den Fitnessverhältnissen der beiden Homozygoten ab. Wie ausführlich in Abschn. 13.1.2 beschrieben, ist dieser Gleichgewichtspolymorphismus stabil, da gilt $\Delta q > 0$ für $q < \tilde{q}$ und $\Delta q < 0$ für $q > \tilde{q}$ und sich somit im Laufe der Zeit sowohl niedrigere als auch höhere Allelfrequenzen q dem Gleichgewichtspunkt annähern.

Ein klassisches Beispiel für den Heterozygotenvorteil ist die Sichelzellanämie, bei der heterozygote Träger eine erhöhte Resistenz gegenüber Malaria aufweisen und gleichzeitig nur eine schwache Form der Sichelzellanämie ausprägen. Diese wurde in Abschn. 5.1.2.2 bereits ausführlich besprochen (siehe auch Übung 9.1). Ähnlich wie beim S-Allel der Sichelzellanämie scheint der Heterozygotenvorteil oft bei der Evolution von Immungenen eine Rolle zu spielen. Beispiele sind das *MEFV*-Gen beim Menschen, das eine Rolle bei der Ausprägung des familiären Mittelmeerfiebers spielt (Fumagalli et al. 2009), oder der MHC-Locus in Vertebraten (siehe z. B. Garrigan und Hedrick 2003; Savage und Zamudio 2011). Es sind aber auch andere Beispiele von Überdominanz bekannt, wie z. B. der balancierte Polymorphismus der Horngröße beim männlichen Soayschaf *(Ovis aries),* der hauptsächlich durch einen einzigen Locus, vermutlich das *RXFP2*-Gen, kontrolliert wird (Johnston et al. 2013). Homozygote Träger (Ho^+Ho^+) weisen größere Hörner und damit verbunden einen erhöhten Reproduktionserfolg auf, während ihre Überlebensraten gering sind (Abb. 9.1). Im Gegensatz dazu tragen Ho^PHo^P-Homozygote zu einem gewissen Prozentsatz kleinere Hörner und weisen eine geringere Reproduktionsrate bei erhöhter Überlebenswahrscheinlichkeit auf. In diesem Beispiel resultiert der *Trade-off* zwischen Reproduktionserfolg und Überlebenswahrscheinlichkeit in einer erhöhten Fitness für heterozygote Ho^+Ho^P-Individuen. Weitere Beispiele für Überdominanz, die durch *Trade-offs* bewirkt wird, sind in diversen Übersichtsartikeln beschrieben (z. B. Hedrick 2012; Llaurens et al. 2017) und umfassen beispielsweise Variationen in der Entwicklungszeit bei der marinen Assel *Paracerceis sculpta* (Shuster und Wade 1991) oder den Farbpolymorphismus der Blütenfarbe bei der alpinen Orchideenart *Gymnadenia rhellicani*, dem Gewöhnlichen Kohlröschen (Kellenberger et al. 2019).

Trotz einiger gut dokumentierter Beispiele, scheint Überdominanz aber eher selten vorzukommen. Dies hat verschiedene Gründe. Generell gilt, dass der Heterozygotenvorteil nicht für den gesamten Erhalt der genetischen Variation in natürlichen Populationen verantwortlich sein kann, denn diese Form der Selektion kann nicht zu stabilen Polymorphismen in haploiden oder asexuellen Populationen führen. In diploiden Organismen kann Überdominanz nur dann zu balancierten Polymorphismen von mehr als zwei Allelen an einem Locus führen, wenn alle Heterozygoten ungefähr die gleiche Fitness haben und zugleich allen Homozygoten überlegen sind. Obwohl dies unwahrscheinlich ist, sind in natürlichen Populationen häufig stabile Polymorphismen mehrerer Allele präsent, was

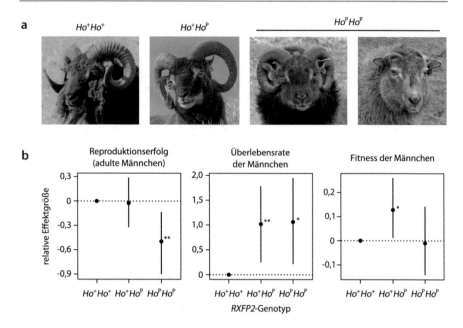

Abb. 9.1 Balancierter Polymorphismus der Horngröße beim Soayschaf *(Ovis aries)*. (**a**) Beispiele für typische Hornphänotypen bei männlichen Individuen. Männchen, die am *RXFP2*-Locus den homozygoten *Ho⁺Ho⁺*-Genotypen ausprägen, entwickeln große Hörner, während die Hörner von *HoᴾHoᴾ*-Individuen kleiner und zu einem gewissen Prozentsatz verkümmert sind. Heterozygote *Ho⁺Hoᴾ*-Individuen prägen Hörner in mittlerer Größe aus. (**b**) Jährliche Fitnessvariation der verschiedenen *RXFP2*-Genotypen. Die Effektgrößen wurden relativ zur geschätzten Effektgröße der *Ho⁺Ho⁺*-Homozygoten modelliert (* $p<0{,}05$, ** $p<0{,}01$). (Modifiziert nach Johnston et al. 2013, Abb. 1 und 2, mit freundlicher Genehmigung von Springer Nature)

bedeutet, dass hier wahrscheinlich andere Formen der balancierenden Selektion involviert sind. Ein weiterer wichtiger Faktor ist die genetische Drift. Vor allem in kleineren Populationen kann die genetische Drift bewirken, dass ein Allel, das einem Individuum im heterozygoten Zustand die höchste Fitness verleihen würde, aber zunächst noch in niedriger Frequenz vorkommt, schnell wieder aus der Population verloren wird. Dies ist besonders dann der Fall, wenn die Selektion gegenüber den beiden homozygoten Genotypen asymmetrisch ist. Hierbei kann das Allel sogar schneller verloren gehen, als es in einem Szenario ohne Selektion der Fall wäre (Abb. 9.2; Box 9.1; Hedrick 2012). Es ist daher wahrscheinlich, dass ein Heterozygotenvorteil nur dann entsteht, wenn der Selektionsvorteil der heterozygoten Individuen sehr hoch ist und die Fitness des vorherrschenden Homozygoten stark übertrifft oder wenn sich der Heterozygotenvorteil aus bereits bestehender Variation in der Population entwickelt, wobei beide Allele bereits in höherer Frequenz vorkommen. Abschließend ist anzumerken, dass der Nachweis eines Heterozygotenvorteils nicht trivial ist, da dies nur dann eindeutig möglich ist, wenn der beteiligte Locus identifiziert ist, und es ohne dieses Wissen auch zu falsch-positiven Ergebnissen kommen kann (Übung 9.2).

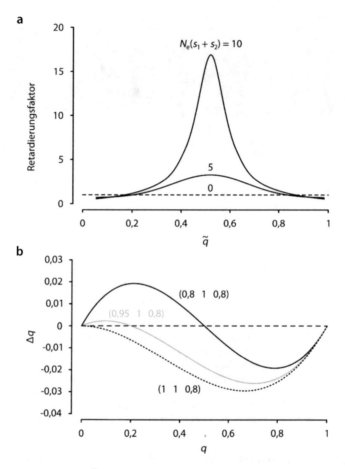

Abb. 9.2 Auswirkung von Überdominanz auf den Erhalt der genetischen Diversität. (**a**) Retardierungsfaktor für verschiedene Selektionsstärken gegen die Homozygoten A_1A_1 und A_2A_2 im Zusammenspiel mit genetischer Drift $N_e(s+t)$ als Funktion der Gleichgewichtsfrequenz $\tilde{q}$. Der Retardierungsfaktor beträgt 1, wenn keine Selektion wirkt *(gestrichelte Linie)*, und ist am größten, wenn die Überdominanz symmetrisch ist. (**b**) Δq im Falle von symmetrischer Überdominanz *(schwarze Linie)*, asymmetrischer Überdominanz (graue Linie) oder wenn Selektion gegen ein rezessives Allel wirkt *(gepunktete Linie)*. Die Fitnesswerte der Genotypen A_1A_1, A_1A_2 und A_2A_2 sind jeweils in Klammern neben der entsprechenden Trajektorie angegeben. (Modifiziert nach Hedrick 2012, Abb. 1, mit freundlicher Genehmigung von Elsevier, Copyright 2012 Elsevier Ltd.)

Box 9.1 Heterozygotenvorteil und genetische Drift

Wir betrachten einen Fall von Heterozygotenvorteil mit den Genotypen A_1A_1, A_1A_2 und A_2A_2, für die folgende Fitnesswerte definiert sind: $w_{11} = 1 - s$, $w_{12} = 1$ und $w_{22} = 1 - t$. Wenn keine Selektion vorliegt, gilt $s = t = 0$. In diesem Fall erfolgt der Verlust der genetischen Variation durch genetische Drift mit einer Rate von etwa $\frac{1}{2N_e}$ pro Generation (Gl. 2.3). Im Falle von balancierender Selektion wird die Rate des Verlustes um den Retardierungsfaktor $\frac{1}{2N_e d}$ verändert, wobei d der beobachtete Verlust der Heterozygotie ist (Ewens und Thomson 1970; Nei und Roychoudhury 1973). Im Falle von Überdominanz mit symmetrischer Selektion gegen beide homozygote Genotypen gilt $s = t$. Hier nimmt d einen sehr großen Wert an. Der Verlust der genetischen Variation wird also stark verlangsamt ablaufen. Wenn aber $s \neq t$ gilt und die Gleichgewichtsfrequenz $\tilde{q}$ sehr klein ($\tilde{q} < 0{,}2$) oder sehr groß ($\tilde{q} > 0{,}8$) ist, wird der Retardierungsfaktor < 1, und der Verlust der genetischen Variation wird beschleunigt (Abb. 9.2a).

Dies kann dadurch erklärt werden, dass der Heterozygotenvorteil im asymmetrischen Fall mit Selektion gegen ein rezessives Allel A_2 verglichen werden kann. Wenn A_2 selten ist, da es z. B. gerade erst durch Mutation neu entstanden ist, wird der Erwartungswert für Δq sehr niedrig sein und ungefähr $q(s - tq)$ betragen, da fast alle A_2-Allele heterozygot vorkommen und der Fitnessunterschied zwischen den Homozygoten A_1A_1 und den Heterozygoten A_1A_2 so marginal ist, dass die Selektion hier kaum eine Wirkung zeigt und die genetische Drift überwiegt (Abb. 9.2b).

9.1.2 Negativ frequenzabhängige Selektion

Wie zuvor erwähnt, kann der Erhalt von Polymorphismen in einer Population auch begünstigt werden, wenn die Fitness von Genotypen variabel ist. So ist es oft der Fall, dass die Fitness eines Genotyps von seiner eigenen Häufigkeit oder der Häufigkeit anderer Genotypen in der Population abhängt. Wir stellen uns ein dominantes Allel A_1 vor, das in jeder Kombination (A_1A_1 oder A_1A_2) eine höhere Fitness hat als A_2A_2, sofern es selten ist. Sobald es jedoch häufiger wird, fällt sein Fitnesswert unter die Fitness von A_2. In diesem Fall kann durch sogenannte **negativ frequenzabhängige Selektion** ein stabiler Polymorphismus ausgeprägt werden. Unter dieser Form der Selektion ist die relative Fitness einer Variante ausschließlich von ihrer eigenen Frequenz in der Population abhängig und erhöht sich, wenn die Frequenz in der Population abnimmt. Man spricht dann von einem Vorteil des seltenen Allels. Negativ frequenzabhängige Selektion kann somit auch in haploiden oder asexuell-diploiden Populationen zum Erhalt der Diversität führen, was nicht möglich ist, wenn die Fitness konstant bleibt. In dem Fall, dass sich die Fitness einer Variante mit ihrer Häufigkeit erhöht, spricht man von positiv frequenzabhängiger Selektion. Diese Form der Selektion führt allerdings nicht zum Erhalt von Variation.

Im Gegensatz zum Heterozygotenvorteil haben alle drei zuvor beschriebenen möglichen Genotypen A_1A_1, A_1A_2 und A_2A_2 je nach Frequenz eine ähnliche Fitness. Bei unvollständiger Dominanz des Allels, kann es jedoch zu Szenarien kommen, in denen die Fitness der Heterozygoten höher oder niedriger ist als diejenige beider Homozygoten oder nahe am Gleichgewichtspunkt liegt. Allgemein ist es jedoch auch hier notwendig, dass Heterozygote einen Fitnessvorteil gegenüber dem vorrangigen Homozygoten haben, damit ein Allel mit einer geringen Ausgangsfrequenz in der Population häufiger werden kann (Charlesworth und Charlesworth 1975; Wilson und Turelli 1986). Die Abhängigkeit der Fitness von Genotypfrequenzen bedeutet, dass ein stabiles Gleichgewicht nicht mehr mit einem Maximum der mittleren Fitness zusammenfallen muss. Zudem muss ein Gleichgewichtspolymorphismus unter frequenzabhängiger Selektion nicht mehr lokal stabil sein. Die Dynamik in einem solchen System kann dann in stabilen Zyklen resultieren, wobei die Allelfrequenzen unaufhörlich oszillieren (Abb. 9.3a; May und Anderson 1983).

Negativ frequenzabhängige Selektion spielt oft dann eine Rolle, wenn die Fitness einer Variante von der Häufigkeit einer Interaktion abhängt, beispielsweise zwischen alternativen Allelen, Geschlechtern oder Konkurrenten, sowie bei

Abb. 9.3 Dynamik der Allelfrequenzänderungen von Resistenzallelen *(rot)* bzw. Virulenzallelen *(blau)* im Falle eines stabilen **(a)** und eines instabilen **(b)** Gleichgewichts. Ist das Gleichgewicht instabil, können Allele beider Partner durch genetische Drift fixiert werden oder aus der Population verschwinden, wohingegen Polymorphismen in einem stabilen Gleichgewicht über lange Zeiträume hinweg erhalten werden können. (Modifiziert nach Tellier et al. 2014, Abb. S1, mit freundlicher Genehmigung von John Wiley and Sons, Copyright 2014 The Society for the Study of Evolution)

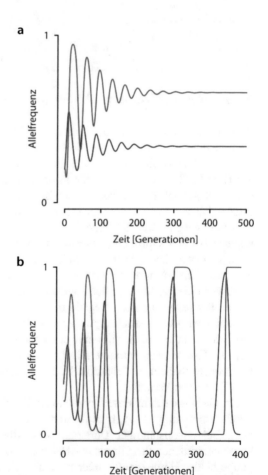

Wirt-Parasit-Interaktionen oder Räuber-Beute-Beziehungen. In der Natur sollte diese Form der Selektion daher relativ häufig auftreten (Clarke 1979).

Ein klassisches Beispiel der frequenzabhängigen Selektion ist die sogenannte apostatische Selektion, bei der der Selektionsdruck durch Beutegreifer ausgeübt wird, die ihr Verhalten erlernen und in Abhängigkeit von der verfügbaren Beute immer wieder verändern, während sie jagen (Clarke 1962). Beutegreifer jagen oft nach einem gegebenen optischen Beuteschema, d. h. sie konzentrieren sich auf einen bestimmten Beutephänotyp, mit dem sie bereits gute Erfahrung gemacht haben (z. B. weil er leicht zu fangen war). Diese Erfahrung wird in der Regel mit häufigen Beutephänotypen gemacht, da die Wahrscheinlichkeit, auf ein solches Beutetier zu treffen, naturgemäß größer ist. Individuen, die einen seltenen Beutephänotyp aufweisen, haben daher einen Selektionsvorteil gegenüber häufigen Phänotypen. Dieser Phänotyp wird daher in seiner Frequenz ansteigen, bis er zu häufig wird und dadurch seinen Selektionsvorteil verliert. Ein berühmtes Beispiel für diese Art von frequenzabhängiger Selektion ist das Schalenmuster der Hain-Bänderschnecke *Cepaea nemoralis* (Clarke 1962). Negativ frequenzabhängige Selektion wird auch für die Variation der Mundstellung bei schuppenfressenden Fischen verantwortlich gemacht. Diese Fische attackieren ihre Wirtsfische je nach der Orientierung ihrer Mundstellung bevorzugt von einer Seite, was zur Folge hat, dass die Wirtsfische ihre Verteidigungsstrategien hauptsächlich auf eine Körperseite fokussieren. Schuppenfressende Individuen, die von der anderen Seite attackieren, sind bei ihren Angriffen effizienter (Hori 1993).

Negativ frequenzabhängige Selektion steht auch im Zusammenhang mit Bates'scher Mimikry. Hierbei bilden genießbare Arten (Abbilder oder Mimeten) ungenießbare oder gar toxische Modellarten nach, um Fressfeinden zu entgehen. Wenn diese genießbaren Abbilder zu häufig werden, hat dies einen Einfluss auf das Lernverhalten des Beutegreifers, und somit wird der indirekte Fraßschutz, den die Mimeten genießen, abgeschwächt (Turner 1987). Diese Wechselwirkung kann zu Polymorphismen bei der Ausprägung des mimetischen Phänotyps führen, wie es z. B. beim Flügelmuster von Arten des Ritterfalters der Gattung *Papilio* der Fall ist (Joron und Mallet 1998). Auf ähnliche Weise können Blütenmerkmale von Täuschpflanzen, die ihren Bestäubern das Vorhandensein von Ressourcen vorgaukeln, ebenfalls unter negativ frequenzabhängiger Selektion stehen, da der bestäubende Partner lernt, den Besuch täuschender Pflanzen zu vermeiden (Gigord et al. 2001).

Negativ frequenzabhängige Selektion ist auch oft in Erkennungsmechanismen bei der geschlechtlichen Fortpflanzung involviert, wobei dann seltene Allele direkt einen größeren Reproduktionserfolg erzielen. So wird der Selbstinkompatibilitätsmechanismus bei hermaphroditen Pflanzenarten durch diese Form der Selektion gesteuert (Wright 1939; Vekemans und Slatkin 1994; Vekemans et al. 1998). Bei Pflanzen der Familie der Kreuzblütler (Brassicaceae) beispielsweise codiert der *S*-Locus für zwei Komponenten des Selbsterkennungssystems, das Selbstbefruchtung verhindern soll: ein Protein, das auf die Pollenkornwand aufgelagert ist, sowie den entsprechenden Narbenrezeptor. Dabei kann Pollen nur dann auf der Narbe auskeimen, wenn diese nicht den mit der Pollenhülle korrespondierenden Rezeptor exprimiert. Diese Interaktion wird dann als kompatibel bezeichnet.

Das bedeutet, dass Pollen, der ein seltenes Allel für die Proteinhülle exprimiert, einen reproduktiven Vorteil hat, da er häufiger auf kompatible Narben treffen wird. Steigt dann jedoch aufgrund des reproduktiven Erfolgs die Frequenz dieses Allels in der Population an, wird er wieder häufiger auf Narben treffen, die dasselbe S-Locus-Allel exprimieren und daher nicht keimen können. Der Gleichgewichtspunkt wird dann erreicht, wenn alle möglichen Heterozygoten mit ähnlicher Frequenz auftreten (Wright 1939). Die negativ frequenzabhängige Selektion fördert in diesem Fall den Erhalt einer großen Anzahl an seltenen S-Locus-Allelen (in einer Population diploider Pflanzen werden beispielsweise mindestens drei Allele benötigt, um die Population zu erhalten) und sie reguliert ihre Häufigkeit innerhalb von Populationen (Llaurens et al. 2008). Auf ähnliche Weise funktioniert die komplementäre Geschlechtsbestimmung bei sozialen Hautflüglern (Hymenoptera), die durch den *csd(complementary sex determination)*-Locus reguliert wird. Individuen, die an diesem Locus haploid (hemizygot) sind, entwickeln sich als Männchen. Diploide Individuen entwickeln sich als Weibchen, wenn sie am *csd*-Locus heterozygot sind, wohingegen sie sich als nicht lebensfähige oder unfruchtbare Männchen entwickeln, wenn sie homozygot sind. Gloag et al. (2016) konnten zeigen, dass negativ frequenzabhängige Selektion eine hohe Zahl an Allelen am *csd*-Locus erhält und dieser Mechanismus sogar den Verlust von Polymorphismen nach extremen Flaschenhalsereignissen schnell wieder ausgleichen kann.

Schließlich spielt die negativ frequenzabhängige Selektion eine wichtige Rolle bei Wirt-Parasit-Interaktionen. Um dies zu veranschaulichen, stellen wir uns ein Wirt-Parasit-System vor, in dem die Populationsgrößen von Wirt und Parasit einen Gleichgewichtszustand erreicht haben, die Individuenzahlen also konstant bleiben. Wenn nun in der Wirtspopulation eine neue Mutation auftritt, die Individuen des Wirts gegenüber dem Parasiten resistenter macht als die übrige Wirtspopulation, wird die Allelfrequenz dieser vorteilhaften Mutation (des **Resistenzallels**) in der Population zunehmen. Wenn diese neue Variante aber häufiger wird, wird der Parasit seltener auf einen Wirt treffen, den er infizieren kann, und die Parasitenpopulation wird daher schrumpfen. Gleichzeitig wird sich auch die Häufigkeit von Neuinfektionen nicht-resistenter Wirtsindividuen verringern, und das resistente Allel verliert seinen Selektionsvorteil. Wenn nun das resistente Allel Kosten mit sich bringt, sodass die Fitness von Individuen, die dieses Allel tragen, in der Abwesenheit des Parasiten geringer ist als die von nicht-resistenten Individuen, kann sich ein Gleichgewicht aus resistenten und nicht-resistenten Wirtsindividuen ausbilden. Gleichzeitig kann auch der Parasit frequenzabhängige Selektion erfahren, wenn in der Wirtspopulation eine genetische Variation für Resistenz vorhanden ist oder wenn Wirtsindividuen eine Immunreaktion gegenüber spezifischen Parasiten entwickeln können. Letzteres ist z. B. bei Vertebraten wegen ihres adaptiven Immunsystems der Fall. In beiden Fällen wird ein seltener Parasitengenotyp, der aufgrund eines wirkungsvollen **Virulenzallels** Wirtsindividuen infizieren kann, die resistent gegenüber dem vorherrschenden Parasitengenotyp sind, zunächst eine höhere Fitness haben und daher in der Population häufiger werden. Wenn dieses Allel wiederum Kosten mit sich bringt, wird sich seine Frequenz in der Population stabilisieren. Aufgrund der Dynamiken in den Wirts- bzw. Parasitenpopulationen können die Resistenz- bzw. Virulenzallelfrequenzen beider Partner beständig oszillieren. Abhängig von der Interaktion zwischen Wirt und Parasit, den geltenden ökologischen Bedingungen sowie der Selektionsstärke auf Wirt und Parasit können diese Oszillationen zwei verschiedene Dynamiken aufweisen. Wird die Amplitude der Allelfrequenzschwankungen über die Zeit hinweg kleiner, nähert sich das System einem stabilen Gleichgewicht an, und die Allele können ähnlich wie beim Heterozygotenvorteil über lange Zeiträume hinweg in der Population bestehen bleiben (Abb. 9.3a; May und Anderson 1983; Brown und Tellier 2011). Bei spezifischen Interaktionen zwischen Wirt und Parasit, wie es beispielsweise in „Gen-für-Gen"-Systemen der Fall ist, wo der Erkennungsmechanismus des Wirtes nur dann ausgelöst wird, wenn ein spezifisches Virulenzallel des Parasiten auf ein kompatibles Resistenzallel im Wirt trifft, kann dies zum Erhalt von beachtlicher Diversität an den korrespondierenden Loci führen. Ein ausgedehntes Repertoire an resistenten Allelen (Wirt) bzw. virulenzfördernden Allelen (Parasit) in der Population sind für beide Partner im Allgemeinen vorteilhaft, da sie dem Wirt Immunität gegenüber einer größeren Auswahl an Parasiten verleihen und die Entstehung von Epidemien unterbinden bzw. für den Parasiten den möglichen Pool an Wirtsindividuen vergrößern. Falls jedoch die Amplituden der Allelfrequenzschwankungen über die Zeit hinweg größer werden, gibt es in dem System keinen stabilen Gleichgewichtspunkt. In diesem Fall kann es durch genetische Drift zur Fixierung oder zum Verlust der betreffenden Allele kommen und damit zum Verlust der genetischen Diversität an den beteiligten Loci (Abb. 9.3b; Brown und Tellier 2011). Es sollte hier noch angemerkt werden, dass bei Wirt-Parasit-Interaktionen auch positiv gerichtete Selektion eine Rolle spielen kann. In diesem Fall werden neu entstandene, vorteilhafte Allele schnell durch starke Selektion in der Population fixiert und dann gleichermaßen durch neue vorteilhafte Varianten ersetzt. Diese Dynamiken gleichen einem Wettrüsten militärischer Opponenten und werden daher als *arms race*-Dynamiken bezeichnet (Dawkins und Krebs 1979). Die negativ frequenzabhängige Selektion scheint bei Wirt-Parasit-Interaktionen jedoch eine größere Rolle zu spielen und konnte bereits in diversen Systemen gezeigt werden, wie z. B. bei pflanzlichen Resistenzgenen (z. B. Stahl et al. 1999) oder bei Virulenzgenen des Malariaerregers *Plasmodium falciparum* (Polley und Conway 2001). Auch beim Erhalt der Diversität am MHC-Locus in Vertebraten spielt diese Art der Selektion wahrscheinlich eine wichtige Rolle (Sutton et al. 2011).

Weitere Beispiele für negativ frequenzabhängige Selektion umfassen Loci, die den Paarungstyp (*mating type*) bei Pilzen bestimmen (van Diepen et al. 2013), oder Loci, die in disassortative Fortpflanzungsstrategien involviert sind – hierbei bevorzugen Individuen bezüglich bestimmter Merkmale unähnliche Paarungspartner (z. B. Gefiederfarbe bei der Weißkehlammer; Thorneycroft 1975). Außerdem sind Loci betroffen, die Merkmale codieren, die bei der Konkurrenz um Ressourcen eine Rolle spielen (z. B. *rover*- und *sitter*-Genotypen bei *Drosophila melanogaster*-Larven, die unterschiedliche Aktivitätsmuster bei der Nahrungssuche aufweisen; Fitzpatrick et al. 2007). Abschließend sollte noch angemerkt werden, dass die beobachtete Diversität in vielen dieser Interaktionen nicht nur dem Wirken von frequenzabhängiger Selektion zuzuschreiben ist. Vielmehr ist es wahrscheinlich, dass es sich in vielen Fällen um eine Kombination aus Heterozygotenvorteil und frequenzabhängiger Selektion handelt oder die Selektionsstärke zugleich räumlich und/oder zeitlich variiert.

9.1.3 Räumlich und zeitlich variierende Selektion

In vielen Situationen wirkt die Selektion nicht konstant auf Individuen ein, sondern variiert in Raum und Zeit. Dies trifft beispielsweise oft auf Wirt-Parasit-Interaktionen zu, bei denen ein Parasit in der Regel nicht durchgängig präsent ist (z. B. weil die Witterungsbedingungen, die die Prävalenz des Parasiten beeinflussen, nicht konstant sind). Dadurch fluktuiert die Fitness von Allelen, die an der Parasitenabwehr beteiligt sind, zeitlich und/oder räumlich. Diese Fitnessschwankungen können dann ohne Zutun weiterer Selektionsprozesse zum Erhalt genetischer Varianten führen.

9.1.3.1 Zeitlich variierende Selektion
Zunächst wollen wir Situationen betrachten, in denen die Selektion zeitlich variiert. Die zugrunde liegenden Dynamiken der Allelfrequenzen kann man für eine diploide Population mit Zufallspaarung modellieren, indem man die relative Fitness der einzelnen Genotypen zwischen den Generationen variieren lässt. Wir betrachten dabei einen Locus A mit den Allelen A_1 und A_2. Wenn wir annehmen, dass q zunächst sehr klein ist, wird A_2 hauptsächlich in Heterozygoten vorkommen, und seine marginale Fitness wird ähnlich der Fitness der Heterozygoten sein. Gleichzeitig entspricht dann die marginale Fitness von A_1 ungefähr der Fitness der homozygoten A_1A_1-Individuen. Die Änderung der Allelfrequenz q ergibt sich nach Haldane (1924) und Gl. 5.9 sowie Gl. 5.10 dann aus dem Quotienten der Produkte aller Fitnesswerte der Heterozygoten A_1A_2 und Homozygoten A_1A_1 über die Zeit hinweg:

$$\frac{u_t}{u_0} = \frac{\prod_{v=0}^{t-1} w_{12,v}}{\prod_{v=0}^{t-1} w_{11,v}}. \tag{9.1}$$

Dabei stellt v eine Generation zwischen 0 und t dar, und zur Vereinfachung verwenden wir anstelle der eigentlichen Allelfrequenzen deren Verhältnis $u = q/p$. Für eine ausführliche Herleitung der Gl. 9.1 verweisen wir auf Charlesworth und Charlesworth (2012, Box 2.7). Wenn der Quotient größer als 1 ist, das Fitnessprodukt der Heterozygoten also größer ist als das Fitnessprodukt der Homozygoten A_1A_1, wird sich die Frequenz von A_2 über die Generationen hinweg erhöhen, sodass dieses Allel sich in der Population etablieren kann. Die zeitliche Variation von Fitnesswerten kann also die Frequenzzunahme seltener additiver oder dominanter Allele in eine Population begünstigen, sofern das Produkt der Fitnesswerte in den Heterozygoten das Produkt des vorherrschenden Homozygoten übertrifft. Dieses Phänomen wird auch als **geschützter Polymorphismus** bezeichnet (Prout 1968). Im Gegensatz dazu kann sich ein rezessives Allel nur dann auf diese Weise in der Population etablieren, wenn die mittlere Fitness der homozygoten Träger im Verhältnis zur Fitness der anderen Homozygoten den Wert von 1 übersteigt (Haldane und Jayakar 1963).

Im haploiden Fall führt die zeitliche Variation der Fitness jedoch im Allgemeinen nicht zur Erhaltung der genetischen Variabilität. Eine ähnliche Analyse wie im diploiden Fall ergibt (Übung 9.3):

$$\frac{u_t}{u_0} = \frac{\prod_{v=0}^{t-1} w_{2,v}}{\prod_{v=0}^{t-1} w_{1,v}}. \tag{9.2}$$

Falls das Produkt im Zähler größer ist als das im Nenner, wird das Allel A_2 fixiert – im anderen Fall A_1. Polymorphismen in einer Population können jedoch bestehen bleiben, sofern das Verhältnis der Fitnessprodukte zyklisch variiert (Nagylaki 1975). Da aber die Frequenzen von ihren Ausgangswerten abhängen, werden sich seltene Allele hier nicht durchsetzen.

Das Auftreten zeitlich fluktuierender Selektion wird in vielen Systemen vermutet. Es sind allerdings bisher nur wenige Fälle bekannt, in denen das Wirken dieser Form von Selektion ohne Beteiligung anderer Prozesse (z. B. frequenzabhängiger Selektion oder Heterozygotenvorteil) gezeigt werden konnte. Ein interessantes Beispiel ist der ausgeprägte Polymorphismus der Blütenfarbe von *Linanthus parryae,* einem in Kalifornien endemischen, einjährigen Sperrkrautgewächs, bei dem die Blüten entweder weiß oder blau sein können. Diesem Polymorphismus liegt hauptsächlich ein Locus zugrunde, und die Vererbung ist dominant (blaue Blüten)/rezessiv (weiße Blüten). Beide Phänotypen treten oft in relativ konstanten Frequenzen in natürlichen Populationen auf. Schemske und Bierzychudek (2001) und Turelli et al. (2001) konnten zeigen, dass dies vermutlich auf zeitlich variierende Fitnesswerte der beiden Allele zurückzuführen ist, da der weiße Phänotyp in Jahren mit hohem Niederschlag einen stark erhöhten Reproduktionserfolg aufweist, während seine Fitness in Jahren mit geringem Niederschlag niedriger ist als die des blauen Phänotyps. Vermutlich spielt hier aber auch die Tatsache eine Rolle, dass *Linanthus* sogenannte Diasporenbanken im Boden ausbildet und daraus zeitlich versetzt Nachkommen rekrutieren kann. Dabei verbleiben Diasporen der Pflanze über längere Zeiträume keimfähig im Boden, bis sie mit einer intrinsischen Keimungsrate zeitversetzt auskeimen. Auf diese Weise können Allelfrequenzen in der oberirdischen Pflanzenpopulation konstant gehalten werden, auch wenn sie zu einem gegebenen Zeitpunkt nicht aktiv über Selektion erhalten werden.

9.1.3.2 Räumlich variierende Selektion

Zu heterogener Selektion und dem Erhalt eines geschützten Polymorphismus kann es auch auf räumlicher Ebene kommen. Dies kann z. B. in strukturierten Populationen, deren Subpopulationen oder Nischen über Migration miteinander verknüpft sind, den Erhalt von Diversität fördern. Verschiedene Allele können dann nach dem Modell von Levene (1953) in unterschiedlichen Subpopulationen unterschiedliche relative Fitnesswerte aufweisen und bei ausreichend starkem **Genfluss** in der Gesamtpopulation erhalten bleiben. Dabei wird angenommen, dass die Selektion ausschließlich in den Nischen passiert und die nächste Generation mittels Zufallspaarung der überlebenden Individuen außerhalb der Nischen gebildet wird. Die k-te Nische aus n verschiedenen Nischen wird dann einen festgelegten Anteil c_k zu den Gameten der nächsten Generation beitragen. Der Fitnesswert eines Genotyps A_iA_j in der Nische k wird dabei als $w_{ij}^{(k)}$ definiert. Unter der Annahme von nischenübergreifender Zufallspaarung wird jede Nische zu Beginn jeder neuen Generation die gleiche Ausgangsallelfrequenz q aufweisen. Nach dem Selektionsprozess wird die Allelfrequenz in der Nische k entsprechend des Fitnesswertes $w_{ij}^{(k)}$ verändert werden. Basierend auf Gl. 5.9 und 5.10 können wir ähnlich wie im Fall der zeitlich variablen Selektion für ein seltenes Allel A_2 mit marginaler Fitness nahe $w_{12}^{(k)}$ sowie einer mittleren Fitness in der Nische, die bei $w_{11}^{(k)}$ liegt, die neue Allelfrequenz als

$$q' \approx q \sum_{k=1}^{n} c_k \frac{w_{12}^{(k)}}{w_{11}^{(k)}} \tag{9.3}$$

schreiben. Somit kann sich A_2 in der Population etablieren, wenn gilt $\sum_{k=1}^{n} c_k \frac{w_{12}^{(k)}}{w_{11}^{(k)}} > 1$. Das Gleiche gilt für die Frequenzänderung eines seltenen Allels A_1 bei entsprechender Anpassung der Fitnesswerte.

Diese Form der Selektion kann theoretisch auch zur Evolution von reproduktiver Isolation verschiedener Genotypen, die an verschiedene Nischen angepasst sind, und damit zu **sympatrischer Artbildung** führen, da die Anzahl an Heterozygoten mit geringer Fitness reduziert wird (Maynard Smith 1966). Dies wird als ökologische Artbildung bezeichnet und ist möglicherweise der Fall bei der Gespenstschrecke *Timema cristinae,* bei der verschiedene nah verwandte Formen an verschiedene Wirtspflanzen angepasst sind (Nosil et al. 2008). Solange jedoch die durchschnittliche Fitness über alle Nischen hinweg für die Heterozygoten am höchsten ist, kann Variation durch räumlich variierende Selektion erhalten werden.

Allgemein gilt, dass sowohl bei zeitlich als auch bei räumlich variierender Selektion Polymorphismen erhalten bleiben können, solange die Varianz des Fitnesswertes der Heterozygoten über alle Umwelten (Generationen oder Nischen) hinweg groß genug ist, weil in diesem Fall die Selektionskoeffizienten stark fluktuieren. Diese Theorie könnte man beispielsweise nutzen, um die Fixierung von Antibiotikaresistenzen in bakteriellen Pathogenpopulationen zu verhindern (z. B. Felsenstein 1976; Débarre et al. 2009). Eine Studie von Leale und Kassen (2018)

in *Pseudomonas aeruginosa* zeigt jedoch in Übereinstimmung mit den Schlussfolgerungen aus Gl. 9.2 (Abschn. 9.1.3.1), dass die Fixierung von Resistenzen
nicht durch zeitliche Variation verhindert werden kann. Räumlich fluktuierende
Antibiotikagaben können allerdings für eine gewisse Zeit zur Koexistenz von
resistenten und nicht-resistenten Isolaten führen. Sobald jedoch ein resistentes Iso-
lat in die Population einwandert, das keinen Fitnessnachteil in Abwesenheit des
Antibiotikums zeigt, wird dieser Genotyp rasch in der Population fixiert werden.
Eine räumliche Variation des Antibiotikaeinsatzes kann daher die Ausbreitung von
Resistenzen nur bedingt verlangsamen.

9.2 Einfluss von balancierender Selektion auf neutrale Variation

Aufgrund zahlreicher DNA-Sequenzuntersuchungen wissen wir, dass die Diversität im Genom nicht konstant ist, sondern dass sogar stille Positionen eine erhöhte
Diversität aufweisen können, wenn sie sich in der Nachbarschaft von stark polymorphen Loci befinden, wie beispielsweise dem MHC-Locus in Säugern (Shiina
et al. 2006) oder den Selbstinkompatibilitäts-Loci in Pflanzen (Richman et al.
1996; Kamau et al. 2007). Gleichermaßen können stille Positionen den Verlust von
Diversität widerspiegeln, wenn sie an entsprechende Loci gekoppelt sind. Dieses
Phänomen haben wir bereits als *selective sweep* in Kap. 8 kennengelernt, und wir
werden uns damit nochmals in Kap. 10 unter dem Begriff der *background selection* befassen. Eine Erhöhung der Diversität an neutralen Stellen lässt sich ebenfalls durch den *hitchhiking*-Effekt erklären (Abschn. 8.1), und zwar dadurch,
dass balancierende Selektion neutrale Varianten, die an einen selektierten Locus
gekoppelt sind, über lange Zeiträume in der Population erhält, solange sie nicht
durch Rekombination vom unter balancierender Selektion stehenden Locus
getrennt werden. Dieses Phänomen können wir modellieren, indem wir in einer
panmiktischen Population mit effektiver Populationsgröße N_e einen autosomalen Locus annehmen, an dem zwei Allele A_1 und A_2 durch balancierende Selektion (Heterozygotenvorteil) für einen längeren Zeitraum in der Population erhalten
werden, als die durchschnittliche Koaleszenzzeit für neutrale Allele beträgt. Im
Prinzip verhält sich unser Modell daher so wie eine strukturierte Population mit
zwei Subpopulationen, die durch die beiden balancierten Allele repräsentiert
werden. An den selektierten Locus ist ein neutraler Locus gekoppelt, und beide
rekombinieren mit der Rate c. Dabei hat die Rekombination lediglich in heterozygoten Individuen einen Effekt. Unter den Standardannahmen des Koaleszenzprozesses (Abschn. 2.3) und wenn die Parameter c, $\frac{1}{2N_e}$ und s jeweils sehr klein
sind, beträgt die Wahrscheinlichkeit, dass ein neutraler Polymorphismus aus
einem A_2-Hintergrund mittels Rekombination in einen A_1-Haplotyp einwandert
$c/2$. Dies entspricht der Migrationsrate m zwischen zwei Populationen der
Größe $N_e/2$ unter dem Inselmodell mit zwei Subpopulationen (Abschn. 3.1.2).
Unter Verwendung der Formeln für das Inselmodell mit zwei Subpopulationen
(Charlesworth et al. 1997) ergibt sich ein Erwartungswert der Koaleszenzzeit

$E\{T_A\}$ für neutrale Allele vom gleichen selektierten Haplotyp von $2N_e$, was dem Erwartungswert der Koaleszenzzeit unter neutralen Annahmen ohne Populationsstruktur entspricht (Abschn. 2.3.1). Gemäß Charlesworth et al. (1997) ist jedoch die Zeit $E\{T_T\}$, die es durchschnittlich dauert, bis zwei zufällig gewählte Allele am neutralen Locus, die vom gleichen oder von verschiedenen Haplotypen stammen können, ihren gemeinsamen Vorfahren finden, relativ zu $E\{T_A\}$ um den Faktor $1 + \frac{1}{4N_e c}$ erhöht. Dies bedeutet, dass der Erhalt von Diversität durch balancierende Selektion bei geringen Werten von c zu einer Verlängerung der Koaleszenzzeit am selektierten Locus sowie an nahe liegenden neutralen Loci führt. Dabei können die Koaleszenzzeiten von Allelen, die eng an Polymorphismen gekoppelt sind, die unter lang andauernder balancierender Selektion stehen, sogar über die Entstehungszeit der jeweiligen Art hinausgehen. Außerdem können die balancierten Allele innerhalb einer Art oder Population stärker voneinander differenziert sein als andere Loci zu ihren Homologen in nah verwandten Arten (Innan und Nordborg 2003). Wenn neutrale Polymorphismen, die die balancierten Allele unterscheiden, über Artgrenzen hinweg bestehen, ist es möglich, dass der balancierte Polymorphismus schon vor der Divergenz der bestehenden Arten existierte. In diesem Fall spricht man von einem sogenannten **Trans-Spezies-Polymorphismus** (Charlesworth 2006). Die Verlängerung der Koaleszenzzeiten von gekoppelten neutralen Allelen durch lang andauernde balancierende Selektion hat eine Verzerrung der Genealogie zur Folge, die mit dem Einfluss einer Populationssubstruktur vergleichbar ist. Wählt man beispielsweise zufällig Proben aus der Population, wird sich zeigen, dass die inneren Äste der Genealogie im Verhältnis zur Gesamtlänge des Baumes länger sein werden als für eine normale panmiktische Population, da die durchschnittliche Zeit bis zu einem Koaleszenzereignis verlängert ist. Genau wie in einer substrukturierten Population erwarten wir hier also einen Überschuss von Polymorphismen, die in mittleren Frequenzen in der Population vorkommen (siehe Abschn. 3.3.3).

Da sich Diversität proportional zur mittleren Koaleszenzzeit verhält, können die Erwartungswerte der Koaleszenzzeiten wiederum wie im Modell einer strukturierten Population verwendet werden, um die genetische Differenzierung der beiden unter Selektion stehenden Haplotypen A_1 und A_2 zu berechnen (siehe Gl. 3.3):

$$F_{AT} = \frac{E\{T_T\} - E\{T_A\}}{E\{T_T\}} = \frac{1}{1 + 4N_e c}. \tag{9.4}$$

F_{AT} ist somit vergleichbar mit dem Fixierungsindex F_{ST} in räumlich strukturierten Populationen. Der Index „A" entspricht dabei „S". Ähnlich wie F_{ST} kann dieser Parameter Werte von 0 bis 1 annehmen, und wir erhalten die höchsten Werte von F_{AT} sehr nahe am unter balancierender Selektion stehenden Locus. Zwischen den neutralen Varianten und den selektierten balancierten Polymorphismen besteht ein Kopplungsungleichgewicht, und somit entspricht F_{AT} auch σ_D^2 (Kap. 7; Nei und Li 1973; Charlesworth et al. 1997). Ähnlich wie beim Kopplungsungleichgewicht wird F_{AT} über eine genetische Distanz der Ordnung $N_e c$ abnehmen, bis es letztendlich 0 erreicht, wenn $N_e c > 1$.

Abschließend möchten wir an dieser Stelle noch einige weitere genomische Prozesse erwähnen, auf die balancierende Selektion einen Einfluss hat. So ist bekannt, dass viele Merkmale, die unter balancierender Selektion stehen, von der koordinierten Aktivität mehrerer Gene abhängig sind (Kap. 11). Da gut aufeinander abgestimmte Allelkombinationen kontinuierlich durch Rekombination getrennt werden können, scheint es für polygene Merkmale, die unter balancierender Selektion stehen, von Vorteil zu sein, wenn die Wahrscheinlichkeit der Rekombination durch die zugrunde liegende genomische Architektur eingeschränkt wird. So kann die Rekombinationsrate zwischen funktional gekoppelten Loci beispielsweise durch deren enge physikalische Kopplung reduziert werden. In der Tat hat sich herausgestellt, dass viele polygene balancierte Merkmale ko-segregieren und eine sogenannte Supergenarchitektur aufweisen (z. B. das Schalenmuster der Hain-Bänderschnecke *Cepaea nemoralis,* Richards et al. 2013). Die Integrität derartiger Genregionen ist ein Ergebnis chromosomaler Inversionen, die die Wahrscheinlichkeit der Rekombination zwischen den einzelnen Loci weiter reduzieren (z. B. Schwander et al. 2014).

Des Weiteren kann die Entstehung divergenter Allele, die dann durch balancierende Selektion erhalten bleiben, durch Genduplikation gefördert werden. Genduplikationen entstehen natürlicherweise als Fehler bei der DNA-Replikation. Es ist mittlerweile bekannt, dass viele Loci, die unter balancierender Selektion stehen, große Genfamilien bilden. Diese evolvieren größtenteils durch sogenannte *birth-and-death*-Prozesse (Entstehung einer neuen Genkopie durch Duplikation und Verlust von Kopien durch genetische Drift oder durch Änderung des adaptiven Wertes) sehr dynamisch und stellen somit ein beachtliches Reservoir an genetischer Variation dar. Diese Art der genomischen Architektur findet man oft bei Genen, die in Erkennungsmechanismen der Immunabwehr involviert sind, wie beispielsweise der MHC-Locus bei Säugern (Piertney und Oliver 2006) oder Resistenzgen-Loci bei Pflanzen (Hörger et al. 2012).

9.3   Nachweis von balancierender Selektion im Genom

Auch wenn es einige ausführlich untersuchte Fallstudien über balancierte Polymorphismen gibt (Abschn. 9.1), ist die Bedeutung von balancierender Selektion als evolutionärer Prozess bislang unklar. Obwohl diese Form der Selektion zum Erhalt von Polymorphismen über lange Zeiträume hinweg führen kann und daher distinkte Muster in einem Genom hinterlassen sollte, wurde sie bislang wesentlich seltener in Genomen nachgewiesen als vergleichsweise positiv gerichtete Selektion (Abschn. 8.3). Einer der Gründe dafür ist sicherlich, dass sich die Signaturen, die balancierende Selektion in einem Genom hinterlässt, je nach Form der Selektion unterscheiden. Theoretisch sollte balancierende Selektion mit folgenden Beobachtungen einhergehen: 1) Überzahl an Heterozygoten, 2) Überzahl an nicht-synonymen Polymorphismen, 3) Überzahl an häufigen Polymorphismen, 4) erhöhte Diversität an gekoppelten neutralen Stellen, 5) Fehlen räumlicher Populationsstruktur am selektierten Locus und/oder 6) Trans-Spezies-Polymorphismen (Fijarczyk und Babik 2015). Dabei kann aber die Auswirkung der Selektion je nach ihrer Form variieren. So würde man eine Abschwächung der räumlichen Populationsstruktur am selektierten Locus im Falle von negativ frequenzabhängiger Selektion erwarten (Weedall und Conway 2010); das Gegenteil aber wäre der Fall, wenn der balancierte Polymorphismus durch räumlich variierende Selektion bedingt ist. In ähnlicher Weise resultiert lang andauernde balancierende Selektion nur dann in Trans-Spezies-Polymorphismen, wenn der gleiche Selektionsdruck auch nach dem Artbildungsprozess in beiden Schwesterarten gleichermaßen fortbesteht. Ferner kann die geringe Anzahl von balancierten Polymorphismen, die durch einen Heterozygotenvorteil zustande kommen, möglicherweise durch die Wechselwirkung der Selektion mit genetischer Drift erklärt werden (Box 9.1). Auch der Einfluss von balancierender Selektion auf die neutrale Variation in der unmittelbaren Nachbarschaft führt nicht immer zur erwarteten Erhöhung der Diversität bzw. zu einer einheitlichen Haplotypenstruktur, da die assoziierte neutrale Variation nicht zwingend über die gleichen Zeiträume erhalten werden muss, also zwischendurch verloren gehen kann oder erst viel später entsteht (Charlesworth 2006). Aus diesen Gründen ist es sinnvoll, balancierende Selektion mittels einer Kombination mehrerer Methoden nachzuweisen.

Oft werden dazu die Häufigkeit von Polymorphismen und auch deren Verteilung mit den Erwartungswerten unter neutralen Bedingungen verglichen. Im Abschn. 4.3 haben wir bereits einige Tests kennengelernt, die bei einem derartigen Nachweis hilfreich sein können. Mittels Hudson-Kreitman-Aguadé(HKA)-Test kann man beispielsweise messen, ob ein Datensatz an einem bestimmten Locus unterschiedliche Proportionen von intraspezifischen Polymorphismen im Verhältnis zu interspezifischer Divergenz aufweist. Unter balancierender Selektion würde man einen Überschuss an Polymorphismen (vor allem auch an stillen Stellen) erwarten, da die Fixierungswahrscheinlichkeit eines Allels reduziert wird (Hudson et al. 1987; Hudson und Kaplan 1988). Ein Vergleich mit einem oder mehreren weiteren Loci kann dann Information darüber liefern, ob dies vielleicht durch eine Veränderung der Mutationsrate verursacht wurde. Dieses Verfahren wurde, wie in Abschn. 4.3.1 erläutert, zuerst auf den *Adh*-Locus in *Drosophila* angewendet.

Auch der McDonald-Kreitman(MK)-Test, den wir ebenfalls bereits in Abschn. 4.3.2 kennengelernt haben, kann verwendet werden, um Regionen unter balancierender Selektion zu detektieren. Dieser Test vergleicht das Verhältnis von Polymorphismen und fixierten Differenzen zwischen zwei Arten an synonymen und nicht-synonymen Stellen innerhalb von codierenden Regionen (McDonald und Kreitman 1991). Unter balancierender Selektion erwarten wir in der Regel einen Überschuss an Polymorphismen an nicht-synonymen Stellen, da hier verschiedene Aminosäurevarianten in mittleren Frequenzen erhalten bleiben.

Die balancierende Selektion bewirkt einen Überschuss an Polymorphismen, die in mittlerer bis hoher Frequenz in der Population vorkommen, also auf den inneren Ästen des Koaleszenten auftreten und eine Verzerrung der Genealogie zur Folge haben. Diese Abweichung vom neutralen Modell kann durch Tajimas *D*-Statistik (Tajima 1989), die wir in der Box 3.1 kennengelernt haben, getestet werden. Unter

balancierender Selektion erwarten wir aufgrund des erhöhten Vorkommens mittel-
bis hochfrequenter Polymorphismen größere Schätzwerte für π als für θ_W, sodass
Werte von D positiv sind. Das zugrunde liegende Frequenzspektrum sollte dann
auch eine klare Reduktion von Polymorphismen mit niedriger Frequenz zugunsten
der Polymorphismen mit mittlerer Frequenz aufweisen. Positive Werte von Tajimas D reflektieren eine Unterteilung der Population in zwei oder mehr Haplotypen
und können auch durch demographische Prozesse wie Populationsstruktur und
Flaschenhalsereignisse verursacht werden. Aus diesem Grund ist es absolut notwendig, einen Vergleich mehrerer Loci durchzuführen, um das Wirken von balancierender Selektion von anderen evolutionären Einflüssen zu unterscheiden. Eine
ähnliche Teststatistik, die hier verwendet werden kann, ist die Methode nach Fu
und Li (1993), die die Anzahl an tatsächlich vorkommenden *singletons* mit den
Erwartungen unter den Standardannahmen des Koaleszenzprozesses vergleicht.

Des Weiteren kann man sich auch das erhöhte Kopplungsungleichgewicht
zwischen den unter balancierender Selektion stehenden Allelen und den daran
gekoppelten neutralen Polymorphismen zunutze machen. Da die Anzahl stark
verschiedener Haplotypen unter balancierender Selektion geringer sein sollte als
unter neutralen Bedingungen, kann man testen, ob die Anzahl an verschiedenen
Haplotypen im untersuchten Datensatz mit den Annahmen der Zufallspaarung
übereinstimmt (Watterson 1978; Depaulis und Veuille 1998; Wall 1999; Depaulis
et al. 2001).

Wie bereits in Abschn. 9.2 erwähnt, führt balancierende Selektion in der Regel
auch zu Abweichungen von der unter neutralen Bedingungen zu erwartenden
Populationsdifferenzierung. Ein unter negativ frequenzabhängiger Selektion ste-
hender Locus wird folglich in einer strukturierten Population weniger differenziert sein als ein neutral evolvierender Locus, während ein Locus, dessen Fitness
räumliche Variation aufweist, eher stärker differenziert sein wird. Unterschiede in
der Differenzierung zwischen Subpopulationen können mittels der F_{ST}-Statistik
(Abschn. 3.1.2) sichtbar gemacht werden. Auch hier sollten wieder mehrere Loci
miteinander verglichen werden, um selektive von demographischen Prozessen
unterscheiden zu können.

Alle diese Tests können in Kombination durchgeführt sehr aussagekräftige
Ergebnisse liefern und das Wirken von balancierender Selektion an einzelnen vorher ausgewählten Kandidaten-Loci aufzeigen. Dies wurde bereits in einer Vielzahl von Studien durchgeführt, allerdings lag hierbei immer ein Hauptaugenmerk
auf Genen, die bekannterweise als Kandidatengene für die balancierende Selektion
galten (z. B. der MHC-Locus in Säugern, der *S*-Locus in Pflanzen oder Resistenzgene in Pflanzen). Durch die Verfügbarkeit von genomweiten Daten ist es jedoch
notwendig geworden, Methoden zu entwickeln, die es erlauben, relativ schnell und
unkompliziert balancierende Selektion ohne Vorwissen in entsprechend großen
Datensätzen zu identifizieren. In diesem Sinne wurden neue Methoden durch Integration mehrerer der zuvor beschriebenen Statistiken entwickelt, mit deren Hilfe man
ganze Genome nach Regionen, die potenziell unter balancierender Selektion stehen, absuchen kann. Ein Beispiel dafür ist der NCD*(Non-central Deviation)*-Test,
der überprüft, inwieweit das gemessene Frequenzspektrum von den Erwartungen

unter balancierender Selektion abweicht, und dabei Polymorphismen mit Differenzen zu einer Außengruppe vergleicht (Bitarello et al. 2018). Mithilfe dieses Tests wurden kürzlich in einem genomweiten Datensatz afrikanischer und europäischer Menschenpopulationen mehrere Loci identifiziert, die potenziell unter balancierender Selektion stehen.

Übungen

9.1   Im Falle des klassischen Beispiels eines Heterozygotenvorteils, der Sichelzellanämie, produzieren die Heterozygoten *AS*, bestehend aus dem Wildtyp *A* und dem „Sichelallel" *S*, größtenteils normales Hämoglobin und sind besser gegen Malaria geschützt als *AA*-Homozygote. *SS*-Homozygote leiden hingegen sehr stark unter der Sichelzellanämie. Die relative Fitness der Genotypen ist daher:

Genotyp	*AA*	*AS*	*SS*
Relative Fitness	$1 - s$	1	$1 - t$

für $s > 0$ und $t = 1$.
Berechnen Sie den Selektionskoeffizienten s für eine Population, für die im Gleichgewicht für das S-Allel eine Frequenz von 12 % gefunden wurde.

9.2   Erklären Sie, wie es durch Kopplung zweier (oder mehrerer) nicht-überdominanter Loci zum falsch-positiven Nachweis eines Heterozygotenvorteils kommen kann.

9.3   Leiten Sie die Gl. 9.2 mithilfe folgender Schritte ab:

a) In Analogie zu Gl. 5.2 und 5.3 gelten für den Fall zeitlich variabler Selektion die Gleichungen

$$p_{v+1} = p_v \frac{w_{1,v}}{\overline{w}_v}$$

und

$$q_{v+1} = q_v \frac{w_{2,v}}{\overline{w}_v},$$

wobei der Index v die Generationen durchnummeriert.

b) Eliminieren Sie aus diesen Gleichungen $\overline{w}_v$, indem Sie den Quotienten $u_v = \frac{q_v}{p_v}$ betrachten. Zeigen Sie, dass gilt:

$$\frac{u_{v+1}}{u_v} = \frac{w_{2,v}}{w_{1,v}}$$

für $v \geq 0$. Durch Iteration folgt daraus die Gl. 9.2.

Literatur

Bitarello BD, de Filippo C, Teixeira JC, Schmidt JM, Kleinert P et al (2018) Signatures of long-term balancing selection in human genomes. Genome Biol Evol 10:939–955

Brown JKM, Tellier A (2011) Plant-parasite coevolution: bridging the gap between genetics and ecology. Annu Rev Phytopathol 49:345–367

Charlesworth D (2006) Balancing selection and its effects on sequences in nearby genome regions. PLoS Genet 2:e64

Charlesworth B, Charlesworth D (2012) Elements of evolutionary genetics, 2. Aufl. Roberts and Company, Greenwood Village

Charlesworth D, Charlesworth B (1975) Theoretical genetics of Batesian mimicry I. Single-locus models. J Theor Biol 55:283–303

Charlesworth B, Nordborg M, Charlesworth D (1997) The effects of local selection, balanced polymorphism and background selection on equilibrium patterns of genetic diversity in subdivided populations. Genet Res Camb 70:155–174

Clarke B (1962) Natural selection in mixed populations of two polymorphic snails. Heredity 17:319–345

Clarke BC (1979) Evolution of genetic diversity. Proc R Soc B-Biol Sci 205:453–474

Dawkins R, Krebs JR (1979) Arms races between and within species. Proc R Soc B-Biol Sci 205:489–511

Débarre F, Lenormand T, Gandon S (2009) Evolutionary epidemiology of drug-resistance in space. PLoS Comput Biol 5:e1000337

Depaulis F, Veuille M (1998) Neutrality tests based on the distribution of haplotypes under an infinite-site model. Mol Biol Evol 15:1788–1790

Depaulis F, Mousset S, Veuille M (2001) Haplotype tests using coalescent simulations conditional on the number of segregating sites. Mol Biol Evol 18:1136–1138

Ewens WJ, Thomson G (1970) Heterozygote selective advantage. Ann Hum Genet 33:365–376

Felsenstein J (1976) Theoretical population genetics of variable selection and migration. Annu Rev Genet 10:253–280

Fijarczyk A, Babik W (2015) Detecting balancing selection in genomes: limits and prospects. Mol Ecol 24:3529–3545

Fitzpatrick MJ, Feder E, Rowe L, Sokolowski MB (2007) Maintaining a behaviour polymorphism by frequency-dependent selection on a single gene. Nature 447:210–212

Fu YX, Li WH (1993) Statistical tests of neutrality of mutations. Genetics 133:693–709

Fumagalli M, Cagliani R, Pozzoli U, Riva S, Comi GP et al (2009) Widespread balancing selection and pathogen-driven selection at blood group antigen genes. Genome Res 19:199–212

Garrigan D, Hedrick PW (2003) Perspective: detecting adaptive molecular polymorphism: lessons from the MHC. Evolution 57:1707–1722

Gigord LDB, Macnair MR, Smithson A (2001) Negative frequency-dependent selection maintains a dramatic flower color polymorphism in the rewardless orchid *Dactylorhiza sambucina* (L.) Soò. Proc Natl Acad Sci USA 98:6253–6255

Gloag R, Ding G, Christie JR, Buchmann G, Beekman M et al (2016) An invasive social insect overcomes genetic load at the sex locus. Nat Ecol Evol 1:11

Haldane JBS (1924) A mathematical theory of natural and artificial selection. Part I. Trans Camb Phil Soc 23:19–41

Haldane JBS, Jayakar SD (1963) Polymorphism due to selection depending on composition of a population. J Genet 58:318–323

Hedrick PW (2012) What is the evidence for heterozygote advantage selection? Trends Ecol Evol 27:698–704

Hörger AC, Ilyas M, Stephan W, Tellier A, van der Hoorn RAL et al (2012) Balancing selection at the tomato *RCR3* guardee gene family maintains variation in strength of pathogen defense. PLoS Genet 8:e1002813

Hori M (1993) Frequency-dependent natural selection in the handedness of scale-eating cichlid fish. Science 260:216–219

Hudson RR, Kaplan NL (1988) The coalescent process in models with selection and recombination. Genetics 120:831–840

Hudson RR, Kreitman M, Aguadé M (1987) A test of neutral molecular evolution based on nucleotide data. Genetics 116:153–159

Innan H, Nordborg M (2003) The extent of linkage disequilibrium and haplotype sharing around a polymorphic site. Genetics 165:437–444

Johnston SE, Gratten J, Berenos C, Pilkington JG, Clutton-Brock TH et al (2013) Life history trade-offs at a single locus maintain sexually selected genetic variation. Nature 502:93–95

Joron M, Mallet JLB (1998) Diversity in mimicry: paradox or paradigm? Trends Ecol Evol 13:461–466

Kamau E, Charlesworth B, Charlesworth D (2007) Linkage disequilibrium and recombination rate estimates in the self-incompatibility region of *Arabidopsis lyrata*. Genetics 176:2357–2369

Kellenberger RT, Byers KJRP, De Brito Francisco RM, Staedler YM, LaFountain AM et al (2019) Emergence of a floral colour polymorphism by pollinator-mediated overdominance. Nat Commun 10:63

Leale AM, Kassen R (2018) The emergence, maintenance, and demise of diversity in a spatially variable antibiotic regime. Evol Lett 2:134–143

Levene H (1953) Genetic equilibrium when more than one ecological niche is available. Am Nat 87:331–333

Llaurens V, Billiard S, Leducq JB, Castric V, Klein EK et al (2008) Does frequency-dependent selection with complex dominance interactions accurately predict allelic frequencies at the self-incompatibility locus in *Arabidopsis halleri?* Evolution 62:2545–2557

Llaurens V, Whibley A, Joron M (2017) Genetic architecture and balancing selection: the life and death of differentiated variants. Mol Ecol 26:2430–2448

May RM, Anderson RM (1983) Epidemiology and genetics in the coevolution of parasites and hosts. Proc R Soc Lond B 219:281–313

Maynard Smith J (1966) Sympatric speciation. Am Nat 100:637–650

McDonald JH, Kreitman M (1991) Adaptive protein evolution at the *Adh* locus in *Drosophila*. Nature 351:652–654

Nagylaki T (1975) Polymorphisms in cyclically-varying environments. Heredity 35:67–74

Nei M, Li W-H (1973) Linkage disequilibrium in subdivided populations. Genetics 75:213–219

Nei M, Roychoudhury AK (1973) Probability of fixation and mean fixation time of an overdominant mutation. Genetics 74:371–380

Nosil P, Egan SP, Funk DJ (2008) Heterogeneous genomic differentiation between walking-stick ecotypes: „isolation by adaptation" and multiple roles for divergent selection. Evolution 62:316–336

Piertney SB, Oliver MK (2006) The evolutionary ecology of the major histocompatibility complex. Heredity 96:7–21

Polley SD, Conway DJ (2001) Strong diversifying selection on domains of the *Plasmodium falciparum* apical membrane antigen 1 gene. Genetics 158:1505–1512

Prout T (1968) Sufficient conditions for multiple niche polymorphism. Am Nat 102:493–496

Richards PM, Liu MM, Lowe N, Davey JW, Blaxter ML et al (2013) RAD-Seq derived markers flank the shell colour and banding loci of the *Cepaea nemoralis* supergene. Mol Ecol 22:3077–3089

Richman AD, Uyenoyama MK, Kohn JR (1996) Allelic diversity and gene genealogy at the self-incompatibility locus in the Solanaceae. Science 273:1212–1216

Savage AE, Zamudio KR (2011) MHC genotypes associate with resistance to a frog-killing fungus. Proc Natl Acad Sci USA 108:16705–16710

Schemske DW, Bierzychudek P (2001) Perspective: evolution of flower color in the desert annual *Linanthus parryae*: Wright revisited. Evolution 55:1269–1282

Schwander T, Libbrecht R, Keller L (2014) Supergenes and complex phenotypes. Curr Biol 24:R288–R294

Shiina T, Ota M, Shimizu S, Katsuyama Y, Hashimoto N et al (2006) Rapid evolution of major histocompatibility complex class I genes in primates generates new disease alleles in humans via hitchhiking diversity. Genetics 173:1555–1570

Shuster SM, Wade MJ (1991) Equal mating success among male reproductive strategies in a marine isopod. Nature 350:608–610

Stahl EA, Dwyer G, Mauricio R, Kreitman M, Bergelson J (1999) Dynamics of disease resistance polymorphism at the *Rpm1* locus of *Arabidopsis*. Nature 400:667–671

Sutton JT, Nakagawa S, Robertson BC, Jamieson IG (2011) Disentangling the roles of natural selection and genetic drift in shaping variation at MHC immunity genes. Mol Ecol 20:4408–4420

Tajima F (1989) Statistical method for testing the neutral mutation hypothesis by DNA polymorphism. Genetics 123:585–595

Takahata N, Nei M (1990) Allelic genealogy under overdominant and frequency-dependent selection and polymorphism of major histocompatibility complex loci. Genetics 124:967–978

Tellier A, Moreno-Gamez S, Stephan W (2014) Speed of adaptation and genomic footprints of host-parasite coevolution under arms race and trench warfare dynamics. Evolution 68:2211–2224

Thorneycroft HB (1975) A cytogenetic study of the white-throated sparrow, *Zonotrichia albicollis* (Gmelin). Evolution 29:611–621

Turelli M, Schemske DW, Bierzychudek P (2001) Stable two-allele polymorphisms maintained by fluctuating fitnesses and seed banks: protecting the blues in *Linanthus parryae*. Evolution 55:1283–1298

Turner JRG (1987) The evolutionary dynamics of Batesian and Muellerian mimicry: similarities and differences. Ecol Entomol 12:81–95

Uyenoyama MK (1997) Genealogical structure among alleles regulating self-incompatibility in natural populations of flowering plants. Genetics 147:1389–1400

van Diepen LT, Olson A, Ihrmark K, Stenlid J, James TY (2013) Extensive trans-specific polymorphism at the mating type locus of the root decay fungus *Heterobasidion*. Mol Biol Evol 30:2286–2301

Vekemans X, Slatkin M (1994) Gene and allelic genealogies at a gametophytic self-incompatibility locus. Genetics 137:1157–1165

Vekemans X, Schierup MH, Christiansen FB (1998) Mate availability and fecundity selection in multi-allelic self-incompatibility systems in plants. Evolution 52:19–29

Wall JD (1999) Recombination and the power of statistical tests of neutrality. Genet Res 74:65–79

Watterson GA (1978) An analysis of multi-allelic data. Genetics 88:171–179

Weedall GD, Conway DJ (2010) Detecting signatures of balancing selection to identify targets of anti-parasite immunity. Trends Parasitol 26:363–369

Wilson DS, Turelli M (1986) Stable underdominance and the evolutionary invasion of empty niches. Am Nat 127:835–850

Wright S (1939) The distribution of self-sterility alleles in populations. Genetics 24:538–552

Background selection

10

Hitchhiking-Effekte werden nicht nur von starker, positiv gerichteter Selektion verursacht, wie in Kap. 8 beschrieben, sondern können auch die Folge von starker, negativ gerichteter (purifizierender) Selektion sein. Im letzteren Fall führt dies zur Eliminierung von nachteiligen Allelen, wobei aber rekurrente schädliche Mutationen dafür sorgen, dass solche Allele in natürlichen Populationen in einem Mutations-Selektions-Gleichgewicht erhalten bleiben (Abschn. 6.1.1) und somit einen wichtigen Evolutionsfaktor darstellen. In diesem Kapitel werden wir zunächst den *hitchhiking*-Effekt dieser stark nachteiligen Allele auf gekoppelte neutrale DNA-Varianten im Genom analysieren. Dieser wurde zuerst von Brian Charlesworth und Kollegen (Charlesworth et al. 1993) beschrieben und als *background selection* bezeichnet (Abschn. 10.1). Wir werden zeigen, dass *background selection* die neutrale genetische Variabilität reduzieren kann, wenn sehr viele nachteilige Allele an diesem Prozess beteiligt sind. Im Abschn. 10.2 werden wir die beiden Mechanismen *background selection* und *selective sweeps*, die beide zu einer Verringerung der genetischen Variation an gekoppelten Nukleotidstellen führen, vergleichen. Schließlich werden wir im Abschn. 10.3 die *hitchhiking*-Effekte von vorteilhaften und nachteiligen Allelen, d. h. *selective sweeps* und *background selection*, gemeinsam behandeln und zur Analyse von Polymorphismusdaten von *Drosophila melanogaster* verwenden.

10.1 Theorie der *background selection*

Nachteilige Allele, die in einer Population vorhanden sind, werden durch negativ gerichtete Selektion eliminiert, sodass sich ein Gleichgewicht zwischen Mutation (oder auch Migration) und Selektion einstellt (Abschn. 6.1.1). Bei diesem Eliminationsprozess werden zugleich neutrale und schwach selektionierte Varianten aus der Population entfernt, die an schädliche Allele gekoppelt sind. Dadurch reduziert sich die Frequenz der neutralen Varianten und die Variabilität im Genom

© Springer-Verlag GmbH Deutschland, ein Teil von Springer Nature 2019
W. Stephan und A. C. Hörger, *Molekulare Populationsgenetik,*
https://doi.org/10.1007/978-3-662-59428-5_10

nimmt ab (Abb. 10.1). Dieser Prozess mag ineffizient sein (im Vergleich zu einem *selective sweep*, bei dem ein einzelnes vorteilhaftes Allel zu einer Reduktion der Variabilität führt). Der Grund dafür ist, dass einzelne schädliche Allele in einer Population niedrige Frequenzen haben und daher die neutralen Varianten nur sukzessive in kleinen Portionen eliminiert werden können. Aber der kumulative Effekt aller nachteiligen Allele in einer Genomregion kann einen großen Effekt haben, insbesondere wenn die Rekombinationsrate niedrig und die Rate der schädlichen Mutationen hoch ist. Solche Bedingungen sind bei vielen Organismen gegeben, da die Rekombinationsrate z. B. in der Nähe der **Centromere** in der Regel sehr niedrig ist und auch in diesen Chromosomenregionen funktionale Gene vorkommen, an denen nachteilige Mutationen auftreten können (Abschn. 10.2).

Bei der Modellierung von *background selection* nimmt man im Allgemeinen an, dass die Selektion gegen ein schädliches Allel hinreichend stark verglichen mit der genetischen Drift ist, sodass der Absolutbetrag des Selektionskoeffizienten s viel größer als die inverse effektive Populationsgröße $1/N_e$ ist und damit nicht in den Gültigkeitsbereich von Ohtas fast-neutraler Theorie der molekularen Evolution (Abschn. 4.2.2) fällt; d. h. die genetische Drift ist viel schwächer als die Selektion (Charlesworth et al. 1993). Unter dieser Annahme ist die Gleichgewichtsfrequenz der nachteiligen Allele an autosomalen Loci aufgrund der deterministischen Theorie (Gl. 6.3) als $\frac{u}{hs}$ gegeben, wenn es keine Fitnesswechselwirkungen zwischen Allelen an verschiedenen Loci gibt. Im Fall, dass die schädlichen Allele durch Mutation entstehen, was wir im Folgenden voraussetzen, ist u die Mutationsrate vom Wildtyp A_1 zur Mutante A_2.

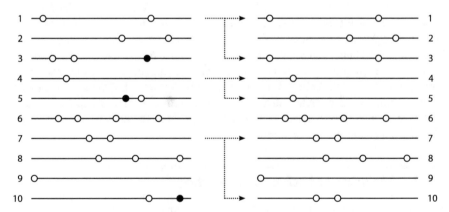

Abb. 10.1 *Background selection.* Gezeigt ist die Eliminierung von nachteiligen Allelen, die in der linken Stichprobe zu sehen sind *(schwarze Kreise)*. Bei dieser Eliminierung werden gleichzeitig neutrale Varianten *(weiße Kreise)* aus der Population entfernt, wenn sie an schädliche Allele gekoppelt sind. Dadurch bleiben von den ursprünglich zehn verschiedenen Haplotypen sieben verschiedene übrig: Die Haplotypen 3, 5 und 10 wurden entfernt und drei zuvor von schädlichen Allelen freie Haplotypen (1, 4 und 7) sind aufgrund von Drift in ihrer Frequenz verdoppelt worden (die *Pfeile* zwischen den linken und rechten Stichproben deuten an, welche Haplotypen verdoppelt wurden). Insgesamt wurde dadurch die Variabilität in der Population erniedrigt

Es gilt nun zunächst, den *hitchhiking*-Effekt eines einzelnen schädlichen Allels im Mutations-Selektions-Gleichgewicht auf einen neutralen Polymorphismus zu berechnen, wobei die Rekombinationsrate zwischen den selektierten und neutralen Loci c beträgt. Die Ableitung dieses zentralen Ergebnisses des *background selection*-Modells wollen wir hier aber nicht durchführen. Wir verweisen auf die Box 8.6 in Charlesworth und Charlesworth (2012) und erörtern hier nur die wichtigsten Ideen dieser Rechnung. Das Problem ist ähnlich wie im Falle von balancierender Selektion (Heterozygotenvorteil), in dem sich die selektierten Allele in einem stabilen Gleichgewicht befinden (Abschn. 9.1.1 und 9.2). Das bedeutet, dass wir die Gameten in zwei Klassen einteilen können, wobei die eine das Wildtyp-Allel A_1 und die andere das schädliche Allel A_2 trägt. Wir haben damit einen strukturierten Koaleszenzprozess vorliegen (Abschn. 9.2), mit dessen Hilfe wir den *hitchhiking*-Vorgang der neutralen Varianten beschreiben können. Die Zeit $E\{T\}$, die es durchschnittlich dauert, bis zwei Allele am neutralen Locus einen gemeinsamen Vorfahren finden, ist dann folgendermaßen gegeben:

$$E\{T\} = 2N_e \left\{ 1 - \frac{\frac{u}{hs}}{\left[1 + \frac{c(1-hs)}{hs}\right]^2} \right\}, \qquad (10.1)$$

wobei $2N_e$ den Erwartungswert der Koaleszenzzeit im Wright-Fisher-Modell (Abschn. 2.3.1), d. h. ohne *background selection,* darstellt (Übung 2.5).

Da die Gleichgewichtsfrequenz eines nachteiligen Allels durch $\frac{u}{hs}$ gegeben und damit im Allgemeinen sehr niedrig ist, ist der Effekt eines einzelnen selektierten Locus (siehe geschweifte Klammer) sehr klein. Die Gl. 10.1 lässt sich aber auf beliebig viele selektierte Loci unter der Annahme erweitern, dass die nachteiligen Varianten unabhängig in der Population verteilt sind (d. h., dass zwischen ihnen kein LD besteht). Der Erwartungswert der Koaleszenzzeit für ein Paar von neutralen Allelen ist in diesem Fall ein Produkt von Termen über alle selektierten Loci, wobei jeder dieser Terme die Form des Ausdrucks in der geschweiften Klammer von Gl. 10.1 hat und die Mutationsrate u, hs und c locus-abhängig sind; d. h. u_i ist die Mutationsrate vom Wildtyp zur nachteiliegen Mutante am selektierten Locus i, $t_i = h_i s_i$ ist der selektive Nachteil von Heterozygoten am Locus i und c_i die Rekombinationsrate zwischen Locus i und dem neutralen Locus. Mit diesen Definitionen lässt sich der Effekt der *background selection* auf die Koaleszenzzeit für ein Paar von Allelen am betrachteten neutralen Locus folgendermaßen angeben:

$$E\{T\} \approx 2N_e \prod_{i=1}^{m} \left\{ 1 - \frac{\frac{u_i}{t_i}}{[1 + c_i(1-t_i)/t_i]^2} \right\}, \qquad (10.2)$$

wobei m die Anzahl der selektierten Loci ist.

Da der Erwartungswert der Koaleszenzzeit proportional zur neutralen Nukleotiddiversität ist (Abschn. 2.3), lässt sich mithilfe von Gl. 10.2 der Effekt von *background selection* auf die Variation am neutralen Locus vorhersagen.

Wie oben schon angedeutet, besagt das Ergebnis, dass *background selection* die Variabilität am neutralen Locus erniedrigt. Die Effekte von *background selection* und *selective sweeps* sind somit qualitativ ähnlich. Es mag daher erstaunlich sein, dass zwei so unterschiedliche Evolutionskräfte wie negativ und positiv gerichtete Selektion ähnliche *hitchhiking*-Effekte erzeugen. Zudem ist interessant, dass die Reduktion der genetischen Variabilität auf zwei unterschiedlichen Wegen zustande kommt. Im Falle von *background selection* wird sie durch viele nachteilige Allele und bei einem *selective sweep* durch ein einzelnes vorteilhaftes Allel verursacht. Wir werden nun im Abschn. 10.2 genauer untersuchen, wie weit diese Ähnlichkeit tatsächlich geht.

10.2 Vergleich von *background selection* und *selective sweeps*

Um diese beiden Mechanismen, die zu einer Reduktion der genetischen Variabilität in einer Population führen, zu vergleichen, müssen wir uns zunächst über die Eigenschaften von *background selection* Klarheit verschaffen (die wichtigsten Signaturen von *selective sweeps* haben wir bereits im Abschn. 8.1 kennengelernt). Da wir (der Einfachheit halber) angenommen haben, dass die Selektion gegen ein schädliches Allel sehr stark ist, sodass $N_e sh \gg 1$, ist die Frequenz des schädlichen Allels zeitlich konstant und nicht der genetischen Drift unterworfen. Das bedeutet, dass die Klasse der neutralen Allele, die nicht an schädliche Allele gekoppelt sind und deshalb nicht mit diesen eliminiert werden, eine konstante effektive Populationsgröße $N_e B$ hat, für die das Wright-Fisher-Modell gilt und B durch das Produkt auf der rechten Seite von Gl. 10.2 gegeben ist und somit die Reduktion der Variabilität durch *background selection* angibt. Dies hat zur Folge, dass das Frequenzspektrum SFS dieser mutationsfreien Allele durch Gl. 3.5 bestimmt ist. Deshalb führt *background selection* im Falle sehr starker Selektion nicht zu einem Überschuss von niederfrequenten, abgeleiteten Varianten (z. B. *singletons*) und auch nicht zu einem Überschuss von hochfrequenten, abgeleiteten Varianten – Eigenschaften, die beide charakteristisch für *selective sweeps* sind (Abschn. 8.1). Nimmt jedoch der Parameter $N_e sh$ niedrigere Werte an, so sind auch bei *background selection* Abweichungen vom strikt-neutralen Frequenzspektrum zu finden, wie z. B. ein Überschuss von niederfrequenten, abgeleiteten Varianten (Gordo et al. 2002). Das bedeutet, dass *selective sweeps* und *background selection* im Bereich niederfrequenter, abgeleiteter Varianten schwer zu unterscheiden sind. Im hochfrequenten Bereich ist eine Unterscheidung zwar theoretisch möglich, jedoch gibt es in diesem Bereich relativ wenige Polymorphismen (im Vergleich zum niederfrequenten Bereich), sodass die Trennschärfe *(power)* von statistischen Tests im Allgemeinen klein ist. Ferner spielt dabei eine Rolle, dass es im hochfrequenten Bereich bei der Datenanalyse auch Probleme bezüglich der Unterscheidung zwischen anzestralen und abgeleiteten Varianten geben kann (Hernandez et al. 2007).

In den 1990er-Jahren, nachdem die *background selection*-Hypothese publiziert worden war (Charlesworth et al. 1993), gab es zahlreiche Versuche, diese Hypothese vom Modell eines *selective sweep* zu unterscheiden (Stephan 2010). Das übergeordnete Ziel, das mit diesen Bemühungen verfolgt wurde, war, die relativen Beiträge von negativer (purifizierender) und positiver Selektion zum Evolutionsprozess zu quantifizieren. Diese Versuche haben sich auf genomische Regionen mit niedrigen bis sehr niedrigen Rekombinationsraten konzentriert und wurden hauptsächlich an *Drosophila* durchgeführt. Dies war darin begründet, dass der *hitchhiking*-Effekt in diesen Genombereichen besonders stark und die Verteilung der Rekombinationsrate in *Drosophila* bestens bekannt ist. In *D. melanogaster* ist die Rate von **Crossing-over** im **Heterochromatin,** das die Centromere umgibt, nahezu null (Smith et al. 2007). Im daran anschließenden **Euchromatin** ist Crossing-over auch stark unterdrückt, und das Gleiche gilt für die **Telomerregion** des X-Chromosoms (Lindsley und Sandler 1977).

In Genomregionen mit niedriger Rekombinationsrate ist es sinnvoll, nicht einzelne *selective sweeps* zu betrachten, wie wir es in Kap. 8 getan haben, sondern **rekurrente *selective sweeps*,** d. h. *selective sweeps,* die durch aufeinanderfolgende Fixierungen von mehreren vorteilhaften Allelen verursacht werden. Dies liegt daran, dass die genomischen Bereiche, in denen die neutrale Variabilität durch *sweeps* erniedrigt wird, wegen der niedrigen Rekombinationsrate überlappen können, wenn die Fixierungsrate von vorteilhaften Allelen pro Genomregion relativ hoch ist. Die neutrale Nukleotiddiversität π_0 einer panmiktischen Population im Gleichgewicht wird durch rekurrente *selective sweeps* näherungsweise auf folgenden Wert reduziert (Wiehe und Stephan 1993):

$$\pi = \pi_0 \frac{\chi}{\chi + \kappa \alpha \nu}, \tag{10.3}$$

wobei $\alpha = 2N_e s$ der skalierte Selektionskoeffizient der vorteilhaften Allele ist, ν deren Substitutionsrate pro Nukleotidstelle pro Generation und χ die Rekombinationsrate pro Nukleotidstelle in der betrachteten Genomregion darstellt; κ ist eine Konstante (ungefähr 0,075).

Die beiden Gleichungen (Gl. 10.2 und 10.3) liefern bei der Abgleichung mit *Drosophila*-Daten ähnlich gute Ergebnisse. Das bedeutet, dass die Reduktion der neutralen Nukleotiddiversität in Regionen mit niedrigen Rekombinationsraten in der Tat sehr ähnlich ist. Auch bei der Untersuchung des Frequenzspektrums SFS sind Unterschiede zwischen *background selection* und rekurrenten *selective sweeps* kaum zu beobachten, nicht einmal im Bereich hochfrequenter, abgeleiteter Varianten, in dem einzelne *selective sweeps* theoretisch zu einer Abweichung vom strikt-neutralen Frequenzspektrum führen (Abschn. 8.1). Dies ist auch zu erwarten, da durch Simulationen gezeigt werden konnte, dass im SFS von rekurrenten *selective sweeps,* im Gegensatz zu einzelnen *selective sweeps,* kein Überschuss von hochfrequenten, abgeleiteten Varianten zu beobachten ist (Kim 2006).

10.3   Gemeinsame Wirkung von *background selection* und *selective sweeps* auf die neutrale Variabilität

Nachdem erkannt worden war, dass *background selection* und *selective sweeps* schwer zu unterscheiden sind, aber zum Teil verschiedene Signaturen in der Nukleotiddiversität hinterlassen, wurde vorgeschlagen, die gemeinsame Wirkung von *background selection* und *selective sweeps* auf die neutrale Variation zu untersuchen und dabei beide Prozesse gemeinsam zu beschreiben (Kim und Stephan 2000). Dieser Vorschlag wurde aber erst in jüngster Zeit weiterverfolgt. Da sich diese neueren Ansätze auf das gesamte Genom einschließlich Regionen mit normaler und hoher Rekombinationsrate erstrecken, wird dabei das Modell einzelner *selective sweeps* betrachtet und mit *background selection* kombiniert. Es wird davon ausgegangen, dass einzelne *selective sweeps* lokal im Genom zu beobachten sind und sich von *background selection* unterscheiden, die aufgrund der immensen Häufigkeit von nachteiligen Mutationen das Basisniveau der Nukleotiddiversität im gesamten Genom bestimmt (Comeron 2014). Diese Annahme ist ähnlich wie diejenige, die in der Populationsgenomik über die lokalen Effekte der Selektion im Gegensatz zur genomweiten Wirkung der neutralen Evolutionskräfte gemacht wurde (Abschn. 3.3).

Neueste Schätzungen haben gezeigt, dass die genomweite Rate U von schädlichen Nukleotidmutationen für *D. melanogaster* mindestens 0,6 pro Generation beträgt (Comeron 2014). Das ist mehr als zwei Größenordnungen höher als der Schätzwert für vorteilhafte Mutationen. Comeron (2014) hat aufgrund der hohen Rate für nachteilige Mutationen und unter Berücksichtigung der lokalen Rekombinationsraten die Nukleotiddiversität im gesamten Genom von *D. melanogaster* berechnet. Dabei hat er festgestellt, dass ein Großteil der beobachteten genetischen Variabilität durch *background selection* alleine vorhergesagt werden kann. Ferner konnte er Genomregionen identifizieren, die von dem durch *background selection* bestimmten Basislevel abweichen und in denen Evidenz von positiv gerichteter Selektion (d. h. zu niedrige Diversität) oder balancierender Selektion (zu hohe Diversität) gefunden werden konnte.

Eine ähnliche Studie ist einen Schritt weiter gegangen und hat Polymorphismus- und Divergenzdaten zuerst mithilfe des *background selection*-Modells abgeglichen und dann in einem zweiten Schritt die verbliebenen Abweichungen der Daten durch das *selective sweep*-Modell erklärt (Campos et al. 2017). Es handelt sich in diesem Fall um den Versuch, eine beobachtete negative Korrelation zwischen der Nukleotiddiversität π_s an synonymen Stellen in *D. melanogaster*-Genen und der Divergenz K_a an nicht-synonymen Stellen (zu einer verwandten *Drosophila*-Art) zu erklären. In einem ersten Schritt wurde der Effekt von *background selection* auf π_s berechnet und gezeigt, dass dieses Modell die beobachtete negative Korrelation zwischen π_s und K_a nur teilweise erklären kann. Unter Hinzunahme des *selective sweep*-Modells konnte aber in einem zweiten Schritt die Proportion der vorteilhaften Mutationen in codierenden Regionen und UTRs *(untranslated regions)* quantifiziert und somit die beobachtete Korrelation adäquat beschrieben werden. Insgesamt hat diese Studie gezeigt, dass die synonyme Variabilität π_s

innerhalb eines typischen Gens durch *background selection* und *selective sweeps* auf ungefähr 75 % ihres Wertes ohne Selektion reduziert wird, wobei die Reduktion größer für Gene mit hohen K_a-Werten ist.

Im Unterschied zur Studie von Campos et al. (2017) beschreiben Elyashiv et al. (2016) die gemeinsamen Effekte von *background selection* und *selective sweeps* auf die neutrale Nukleotidheterozygotie π im Genom in einem einzigen Schritt. Mithilfe der Koaleszenzmethode können diese Effekte für eine beliebige Position x auf den Autosomen durch folgende Gleichung quantifiziert werden:

$$\pi(x) = \frac{2u(x)}{2u(x) + 1/(2N_e B(x)) + S(x)}. \tag{10.4}$$

Dabei ist $u(x)$ die lokale, neutrale Mutationsrate an der Stelle x, N_e die effektive Populationsgröße (ohne Selektion), $B(x)$ die lokale Reduktion der Variabilität bzw. der effektiven Populationsgröße durch *background selection* (d. h. das Produkt der geschweiften Klammern in Gl. 10.2; Abschn. 10.2) und $S(x)$ die Koaleszenzrate, die durch einen lokalen *selective sweep* induziert wird. Die Gl. 10.4 kann abgeleitet werden, indem man für einen Koaleszenten mit zwei Allelen die Wahrscheinlichkeit berechnet, dass eine neutrale Mutation entsteht, bevor die beiden Allele einen gemeinsamen Vorfahren finden (Übung 10.3).

Mithilfe von Gl. 10.4, die die beiden gleichzeitig ablaufenden Prozesse *background selection* und *selective sweeps* erfasst, wurden die folgenden Resultate erzielt. Die mittels Gl. 10.4 berechnete neutrale Nukleotiddiversität entlang des gesamten Genoms wurde mit beobachteten SNP-Daten verglichen, die von einer Stichprobe von 125 amerikanischen *D. melanogaster*-Linien erhalten wurden (Elyashiv et al. 2016). Dabei zeigte sich, dass die berechnete Karte auf einer Skala von einer Megabase 71 % der Varianz der beobachteten Diversitätswerte erfasst. Diese Genauigkeit übertrifft die der Vorhersagen, die auf der Basis von *background selection* alleine gemacht wurden (Comeron 2014).

Die theoretischen Ergebnisse geben auch Aufschluss über die neutrale Nukleotiddiversität in der unmittelbaren Nähe von nicht-synonymen und synonymen Nukleotidsubstitutionen zwischen *D. melanogaster* und *D. simulans* (oder *D. yakuba*). Die neutrale Diversität ist in der Umgebung von nicht-synonymen Substitutionen deutlich reduziert, während um synonyme Substitutionen eine viel schwächere Vertiefung zu beobachten ist. Die Reduktion der Nukleotiddiversität um nicht-synonyme Substitutionen kann durch *selective sweeps* alleine adäquat erklärt werden, während *background selection* nur weniger ausgeprägte Täler der Diversität, wie die an synonymen Stellen, beschreiben kann. Dies zeigt, ähnlich wie in der Studie von Campos et al. (2017), dass lokal die Effekte von *background selection* und *selective sweeps* unterschieden werden können.

Schließlich konnten auch die Parameter des *selective sweep*-Modells geschätzt werden. Ungefähr 4,0 % der Nukleotidsubstitutionen sind unter starker, positiv gerichteter Selektion ($s \approx 0,0003$); da $N_e \approx 10^5 - 10^6$, gilt nämlich $N_e s \gg 1$. Für *background selection* wurden ähnlich große Selektionskoeffizienten erhalten ($s \approx 0,0003$), wenn die Rate nachteiliger Mutationen bei der Schätzung nur in einem biologisch realistischen Bereich variieren durfte.

Der Ansatz von Elyashiv et al. (2016), der *background selection* und *selective sweeps* kombiniert, hat damit zu Schätzwerten der *selective sweep*-Parameter geführt, die sich von denen von Li und Stephan (2006) für die codierenden Regionen des X-Chromosoms einer afrikanischen und einer europäischen *D. melanogaster*-Population unterscheiden (Übung 10.4). Für die afrikanische Population fanden Li und Stephan (2006), dass ungefähr 9,4 % der Nukleotidsubstitutionen unter starker, positiv gerichteter Selektion ($s \approx 0{,}0005$) sind, und für die europäische Population 13,6 % ($s \approx 0{,}005$). Die höheren Substitutionsraten, die mithilfe der Methode von Li und Stephan (2006) berechnet wurden, können zumindest teilweise durch die Effekte von *background selection* erklärt werden. Ein Teil der beobachteten Signaturen der Nukleotiddiversität entlang des Genoms könnte nämlich mit höherer Wahrscheinlichkeit *background selection,* die beim Verfahren von Li und Stephan nicht berücksichtigt wurde, anstatt *selective sweeps* zugeordnet werden. Der Unterschied zwischen den Werten der adaptiven Substitutionsrate für die europäischen und afrikanischen Populationen ist zu erwarten, da bei der Kolonisierung von Habitaten in Europa wahrscheinlich mehr Adaptationen stattgefunden haben als im anzestralen Bereich in Afrika.

Übungen

10.1 Schätzen Sie die Nukleotiddiversität θ in Abb. 10.1 vor und nach dem Wirken von *background selection* ab.

10.2 Untersuchen Sie anhand von Gl. 10.1 die Erniedrigung der neutralen Nukleotiddiversität, die von einem selektierten Locus verursacht wird. Variieren Sie dazu die Parameter *u, hs* und *c*.

10.3 Leiten Sie die Gl. 10.4 mithilfe des Koaleszenzprozesses ab.

10.4 Li und Stephan (2006) haben die adaptive Substitutionsrate für die codierenden Regionen des X-Chromosoms einer afrikanischen *D. melanogaster*-Population als $0{,}061 \times 10^{-9}$ pro Nukleotidstelle pro Generation geschätzt (unter Berücksichtigung der Demographie, aber ohne *background selection*). Für den durchschnittlichen Selektionskoeffizienten für stark selektierte Substitutionen erhielten sie $s \approx 0{,}0005$. Für eine europäische Population ist die Abschätzung $0{,}088 \times 10^{-9}$ pro Nukleotidstelle pro Generation für die stark selektierten Substitutionen ($s \approx 0{,}005$). Wie groß ist die adaptive Substitutionsrate pro Jahr relativ zur synonymen ($15{,}60 \times 10^{-9}$ Substitutionen pro Stelle und Jahr) und zur nicht-synonymen ($1{,}91 \times 10^{-9}$ Substitutionen pro Stelle und Jahr) Substitutionsrate pro Jahr (siehe Abschn. 4.1)? Wie groß ist die adaptive Substitutionsrate pro Nukleotidstelle pro Jahr relativ zur mittleren Substitutionsrate pro Nukleotidstelle pro Jahr?

Literatur

Campos JL, Zhao L, Charlesworth B (2017) Estimating the parameters of background selection and selective sweeps in *Drosophila* in the presence of gene conversion. Proc Natl Acad Sci USA 114:E4762–E4771

Charlesworth B, Charlesworth D (2012) Elements of evolutionary genetics, 2. Aufl. Roberts and Company, Greenwood Village

Charlesworth B, Morgan MT, Charlesworth D (1993) The effect of deleterious mutations on neutral molecular variation. Genetics 134:1289–1303

Comeron JM (2014) Background selection as baseline for nucleotide variation across the *Drosophila* genome. PLoS Genet 10:e1004434

Elyashiv E, Sattah S, Hu TT, Strutsovsky A, McVicker G et al (2016) A genomic map of the effects of linked selection in *Drosophila*. PLoS Genet 12:e1006130

Gordo I, Navarro A, Charlesworth B (2002) Muller's ratchet and the pattern of variation at a neutral locus. Genetics 161:835–848

Hernandez RD, Williamson SH, Bustamante CD (2007) Context dependence, ancestral misidentification, and spurious signatures of natural selection. Mol Biol Evol 24:1792–1800

Kim Y (2006) Allele frequency distribution under recurrent selective sweeps. Genetics 172:1967–1978

Kim Y, Stephan W (2000) Joint effects of genetic hitchhiking and background selection on neutral variation. Genetics 155:1415–1427

Li H, Stephan W (2006) Inferring the demographic history and rate of adaptive substitution in *Drosophila*. PLoS Genet 2:e166

Lindsley DL, Sandler L (1977) The genetic analysis of meiosis in female *Drosophila melanogaster*. Philos Trans R Soc Lond B Biol Sci 277:295–312

Smith CD, Shu S, Mungall CJ, Karpen GH (2007) The Release 5.1 annotation of *Drosophila melanogaster* heterochromatin. Science 316:1586–1591

Stephan W (2010) Genetic hitchhiking versus background selection: the controversy and its implications. Philos Trans R Soc Lond B Biol Sci 365:1245–1253

Wiehe THE, Stephan W (1993) Analysis of a genetic hitchhiking model, and its application to DNA polymorphism data from *Drosophila melanogaster*. Mol Biol Evol 10:842–854

Quantitative Merkmale – genetische Basis und Effekt der Selektion

Quantitative Merkmale, wie z. B. die Milchproduktion bei Kühen, der Säuregehalt von Rotwein oder die Qualität von Olivenöl, sind von höchster Wichtigkeit in der Tier- und Pflanzenzüchtung sowie in der Landwirtschaft generell. Wie in Abschn. 1.1 dargestellt, zeigen diese Merkmale typischerweise ein Kontinuum von Phänotypen. Man nennt sie daher auch **kontinuierlich** oder **metrisch.** Andere quantitative Merkmale bestehen aus abzählbar vielen Phänotypen. Ein klassisches Beispiel ist die Borstenanzahl bei *Drosophila melanogaster,* die bei Männchen im fünften abdominalen Segment zwischen 13 und 25 variiert (Abb. 11.1). Solche Merkmale werden **kategorial** genannt. Falls allerdings die Anzahl der Phänotypen groß ist (wie im Fall der *Drosophila*-Borsten), verschwindet der Unterschied zwischen metrischen und kategorialen Merkmalen. Eine weitere Kategorie von quantitativen Merkmalen sind sogenannte **Schwellenmerkmale.** Sie bestehen aus zwei diskreten alternativen Phänotypen, wobei die Expression der beiden Alternativen dadurch bestimmt ist, ob ein Schwellenwert eines zugrunde liegenden kontinuierlichen Merkmals überschritten wird. Dazu zählen menschliche Krankheiten, wie z. B. Diabetes Typ 2.

Die metrischen Merkmale sind näherungsweise normalverteilt. Das Gleiche gilt für die kategorialen Merkmale, wenn diese viele Phänotypen aufweisen. In Abb. 11.1 ist zu sehen, dass die Anzahl der abdominalen Borsten bei *D. melanogaster* sehr gut durch eine Normalverteilung approximierbar ist. Der Grund für diese gute Übereinstimmung wird durch den Zentralen Grenzwertsatz der Wahrscheinlichkeitstheorie geliefert (Abschn. 11.1). Angewendet auf unseren Fall besagt dieser, dass ein quantitatives Merkmal, das von einer Vielzahl von genetischen (und umweltbedingten) Faktoren beeinflusst ist, näherungsweise normalverteilt ist (Hartl und Clark 2007, Kap. 1). Die Abb. 11.1 bestätigt damit unsere in Abschn. 1.1.2 aufgestellte Hypothese, dass metrische Merkmale (neben Umweltfaktoren) von vielen Genen bestimmt werden. Im folgenden Abschn. 11.1 behandeln wir die genetischen Grundlagen von quantitativen Merkmalen. Die genetische Basis eines quantitativen Merkmals ist aufgrund der polygenen Struktur

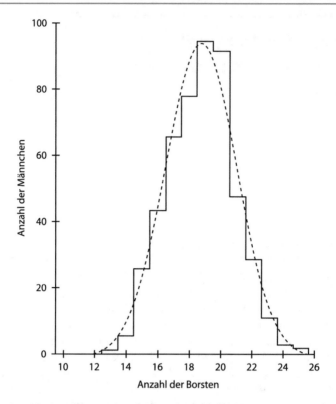

Abb. 11.1 Anzahl der Borsten im fünften Abdominalsegment in *Drosophila melanogaster*-Männchen. Die *gestrichelte Kurve* veranschaulicht eine Normalverteilung mit dem Mittelwert 18,7 und der Standardabweichung 2,1. (Modifiziert nach Hartl und Clark 2007, Abb. 8.1, mit freundlicher Genehmigung von Oxford Publishing Limited über PLSclear, Copyright 2007 Sinauer Associates, Inc.)

meist sehr viel komplexer als die genetische Grundlage eines diskreten Phänotyps, da die zugrundeliegenden Loci unterschiedlich stark an der Ausprägung des Merkmals beteiligt sein und sich auch untereinander auf verschiedene Weisen beeinflussen können. Im Abschn. 11.2 wollen wir mit der QTL-Analyse eine Methode vorstellen, die es trotz dieser Komplexität ermöglicht, Loci, die quantitative Merkmale beeinflussen, in Genomen zu lokalisieren und deren Einfluss auf das Merkmal zu quantifizieren. Daran anschließend werden wir im Abschn. 11.3 besprechen, wie sich natürliche Selektion auf quantitative Merkmale auswirkt.

11.1 Genetische Basis quantitativer Merkmale

Zu Darwins Zeiten glaubte man generell an die mischende Vererbung (Abschn. 1.3). Mendel (1866) jedoch zeigte für diskrete Merkmale, die durch einzelne Gene kontrolliert werden, dass die Vererbung partikulär ist, die genetischen Beiträge beider

Eltern bei der Befruchtung also nicht miteinander verschmelzen. Seine Ergebnisse wurden aber ignoriert. Nach der Wiederentdeckung von Mendels Experimenten im Jahr 1900 glaubten viele Forscher, die mit dem englischen Biometriker Karl Pearson assoziiert waren, nicht, dass die quantitative Variabilität durch die Mendel'schen Regeln (Mendel 1866) erklärt werden kann (Provine 1971). Andererseits waren die Biometriker aber vom Wirken der natürlichen Selektion auf quantitative Merkmale überzeugt, was einen gewissen Widerspruch darstellt (siehe dazu Übung 11.1). Die Biometriker führten einen langjährigen Streit mit den Anhängern der Mendel'schen Theorie. Letztere behaupteten, dass die Interaktion von mehreren Genen sowohl die Variabilität von diskreten als auch von kontinuierlichen Merkmalen erklären könne. Dieser Disput zwischen Biometrikern und Mendelianern dauerte aber bis zum Jahr 1918, als Fisher in seiner Doktorarbeit mithilfe eines mathematischen Modells zeigte, dass die Variabilität von quantitativen Merkmalen, die durch viele Gene kontrolliert werden, tatsächlich den Mendel'schen Gesetzen folgt.

Die Originalveröffentlichung von Fisher (1918) ist schwer zu lesen. In Abb. 11.2 und 11.3 ist sie vereinfacht dargestellt. Wir betrachten diploide Individuen mit drei ungekoppelten Genen. Diese haben die Allele A/a, B/b und C/c. Zunächst kreuzen wir zwei homozygote Individuen mit den Genotypen $\frac{abc}{abc}$ und $\frac{ABC}{ABC}$. In der ersten Filialgeneration (F1-Generation) ergibt dies den heterozygoten Genotyp $\frac{abc}{ABC}$. In den weiteren Generationen erhalten wir durch Rekombination 64 verschiedene Genotypen (Abb. 11.2). Soweit die klassische Genetik.

Nun stellen wir eine Genotyp-Phänotyp-Beziehung her, indem wir den Allelen A, B und C jeweils den Effekt 1 auf das Merkmal zuordnen, während die Allele a, b und c den Effekt 0 haben. Das bedeutet, dass die Allele A, B und C den Phänotyp eines Individuums jeweils um eine Einheit erhöhen, während die anderen Allele ihn nicht beeinflussen. Damit erhalten wir sieben verschiedene Phänotypen: 0, 1, 2, 3, 4, 5, 6, wobei ein Individuum mit dem Genotyp $\frac{abc}{abc}$ den Phänotyp 0 und eines mit $\frac{ABC}{ABC}$ den Phänotyp 6 hat. Diese beiden extremen Phänotypen haben jeweils die Frequenz 1/64. Alle anderen Phänotypen haben höhere Frequenzen (Abb. 11.3).

Die Verteilung der Phänotypen kann durch die Normalverteilung approximiert werden (siehe auch Abb. 11.1). Diese Approximation wird genauer, je mehr Gene den Phänotyp kontrollieren, wie es der Zentrale Grenzwertsatz der Wahrscheinlichkeitstheorie postuliert (Abschn. 13.2.2.2). Dieser Satz besagt, dass die Verteilung einer Summe von unabhängigen Zufallsvariablen gegen eine Normalverteilung konvergiert, wenn die Anzahl der Summenelemente groß ist. In der Theorie sieht eine Verteilung, die von zehn Loci mit je zwei Allelen bestimmt wird, schon nahezu normal aus. Im Experiment ist aber zu berücksichtigen, dass ein beobachtetes Merkmal nur dann normalverteilt ist, wenn auch die beteiligte Umweltvariable näherungsweise normalverteilt ist (Abschn. 11.3).

In den 1920er-Jahren wurden die ersten Gene lokalisiert, die quantitative Merkmale beeinflussen (wie die Anzahl der Borsten bei *D. melanogaster*). Die Kartierung dieser Gene war allerdings limitiert, da nur wenige genetische Marker für diese Analyse vorhanden waren. Seitdem jedoch molekulare Marker zur

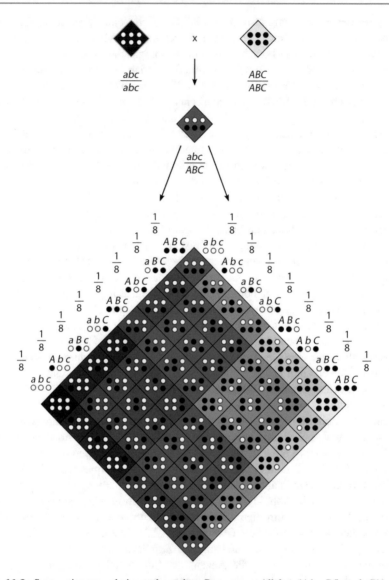

Abb. 11.2 Segregation von drei ungekoppelten Paaren von Allelen (*A/a, B/b* und *C/c*), die ein quantitatives Merkmal beeinflussen. Nach Kreuzung von zwei, an allen drei Loci homozygoten Individuen erhalten wir in der F1-Generation Individuen, die an diesen Loci heterozygot sind. Die Kreuzung von Individuen der F1-Generation resultiert dann in 64 möglichen Allelkombinationen in der F2-Generation. Die Allele in *Großbuchstaben* erhöhen das Merkmal jeweils um eine Einheit (im Beispiel durch eine *hellere Farbschattierung* dargestellt), während die Allele in *Kleinbuchstaben* keinen Effekt haben. (Modifiziert nach Hartl und Clark 2007, Abb. 1.4, mit freundlicher Genehmigung von Oxford Publishing Limited über PLSclear, Copyright 2007 Sinauer Associates, Inc.)

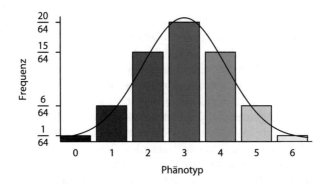

Abb. 11.3 Verteilung der Phänotypen aus der Kreuzung von Abb. 11.2. Die approximierende Normalverteilung hat den Mittelwert 3,0 und die Varianz 1,5. (Modifiziert nach Hartl und Clark 2007, Abb. 1.5, mit freundlicher Genehmigung von Oxford Publishing Limited über PLSclear, Copyright 2007 Sinauer Associates, Inc.)

Verfügung stehen, die über das gesamte Genom verteilt sind, hat die Analyse von Loci quantitativer Merkmale (*quantitative trait loci* oder kurz **QTL**) rasante Fortschritte gemacht. Wir werden dies im nächsten Abschnitt beschreiben.

11.2 QTL-Analyse

Mithilfe der QTL-Analyse werden die Loci im Genom lokalisiert, die ein quantitatives Merkmal beeinflussen. Ferner kann man mit dieser Methode folgende Fragen beantworten: Was ist die Effektgröße der Allele an diesen Loci? Wie groß sind die Effekte unter homozygoten bzw. heterozygoten Bedingungen? Sind die Effekte von einzelnen Loci auf ein Merkmal unabhängig voneinander (was als „additiv" bezeichnet wird), oder ist der Effekt von multiplen Loci auf ein Merkmal nicht-additiv (epistatisch)? Welchen Einfluss hat das Geschlecht eines Individuums auf die Größe der Effekte von QTL? Die Beantwortung dieser Fragen mithilfe der QTL-Analyse verlangt, dass diese in einem genetisch gut bekannten Organismus durchgeführt wird. Wir besprechen daher hauptsächlich die Methoden der QTL-Analyse, die für *D. melanogaster* entwickelt worden sind (Abschn. 11.2.1), und diskutieren anschließend die dabei erzielten Ergebnisse (Abschn. 11.2.2). Wir folgen hier dem Übersichtsartikel von Trudy Mackay (Mackay 2001).

11.2.1 Methoden der QTL-Analyse bei *D. melanogaster*

Ausgangspunkt der QTL-Analyse sind Individuen, die sich phänotypisch deutlich in dem Merkmal unterscheiden, dessen genetische Architektur studiert werden soll. Diese Individuen können aus natürlichen Populationen stammen, die stark differenziert sind (z. B. bei *D. melanogaster* aus einer anzestralen afrikanischen und einer europäischen Population). Alternativ können Fliegenlinien durch **künstliche Selektion** und Inzucht über mehrere Generationen erzeugt werden (Abb. 11.4). Dieses Verfahren wird ausführlich im Abschn. 11.3.3 beschrieben.

Durch künstliche Selektion entstehen Individuen, die sich in ihren phänotypischen Werten sehr stark unterscheiden, sogenannte Hoch- und Niedriglinien. Der nächste Schritt besteht in der Kreuzung von Individuen der Hochlinien mit Individuen der Niedriglinien. Aufgrund der Zufälligkeit der Rekombinationsereignisse entlang der Chromosomen tragen die Nachkommen verschiedene Teile des Genoms der Elternlinien. In den nachfolgenden Generationen werden die Nachkommenlinien weiterer Rekombination und auch Inzucht unterworfen, sodass sich schließlich Populationen von Linien mit mosaikartigen Genomen bilden (*recombinant-inbred lines* oder RILs; Abb. 11.5).

Die Mosaikstruktur der Chromosomen ist umso feiner, je mehr Rekombinationsereignisse während der Erzeugung der Linien stattgefunden haben. Um einen QTL genau zu lokalisieren, muss die Mosaikstruktur möglichst fein sein. Ferner ist es wichtig, dass die für die Kartierung benutzten molekularen Marker (z. B. SNPs) gleichmäßig und engmaschig über das Genom verteilt sind. Wegen der großen Anzahl von populationsgenetischen Studien sind aber genügend geeignete SNPs bekannt, die für eine QTL-Analyse bei *D. melanogaster* zur Verfügung stehen. Schließlich müssen noch die phänotypischen Werte der RILs bestimmt werden, bevor die statistische Auswertung beginnen kann.

Im Laufe der Geschichte der QTL-Analyse (seit den 1920er-Jahren; Box 11.1) wurden die statistischen Methoden weiterentwickelt und stark verbessert. Wir gehen hier nicht auf die Details dieser Methoden ein, sondern skizzieren nur

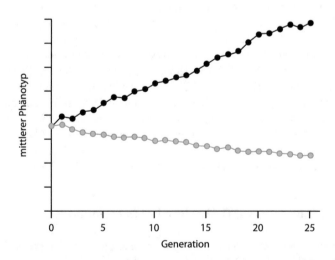

Abb. 11.4 Herstellung von divergenten Elternlinien. Zwei Elternlinien werden durch divergente künstliche Selektion über mehrere Generationen so gezüchtet, dass sie sich im zu untersuchenden Merkmal unterscheiden. (Modifiziert nach Mackay 2001, Abb. 3a, mit freundlicher Genehmigung von Springer Nature, Copyright 2001 Macmillan Magazines Ltd.)

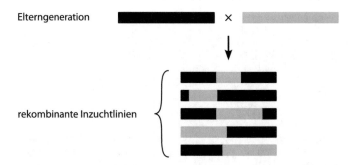

Abb. 11.5 Kreuzung der Elternlinien und Inzucht. Die Elternlinien werden gekreuzt, um Individuen zu produzieren, die unterschiedliche Teile der elterlichen Genome tragen. Dann werden diese rekombinanten Linien der Inzucht unterworfen. Ferner wird der Phänotyp jeder Linie gemessen und der Genotyp für die Marker bestimmt. (Modifiziert nach Mackay 2001, Abb. 3b, mit freundlicher Genehmigung von Springer Nature, Copyright 2001 Macmillan Magazines Ltd.)

die Hauptideen. Im Prinzip geht es um die Frage, ob es zwischen einem polymorphen Marker, dessen Position im Genom bekannt ist, und einem Phänotyp eine signifikante Assoziation gibt. Um dies festzustellen, könnte man durch das Genom gehen – Marker für Marker – und für jeden Marker die RILs in Marker-Genotypklassen einteilen und dann bestimmen, ob es eine signifikante Differenz im Phänotyp zwischen den Marker-Genotypklassen gibt. Falls es eine solche Differenz gibt, ist der QTL mit dem Marker gekoppelt. Das Ergebnis dieses Verfahrens ist für einen einzelnen Marker leicht abzuleiten und in der Box 11.1 dargestellt. Dabei zeigt sich, dass diese einfache Methode den Effekt eines QTL um einen Betrag unterschätzt, der proportional zur Rekombinationsrate zwischen dem Marker-Locus und dem QTL ist (Gl. 11.1).

Box 11.1 QTL-Analyse mit einem einzigen Marker und Anwendung auf die Daten von Sax (1923)

Für einen einzigen Marker-Locus M, der an einen QTL gekoppelt ist, gilt folgende Gleichung für die Differenz der phänotypischen Messwerte Φ zwischen den Marker-Genotypklassen M_1/M_1 und M_2/M_2:

$$\Phi\left(M_1/M_1\right) - \Phi\left(M_2/M_2\right) = 2a(1 - 2c), \qquad (11.1)$$

wobei die Allele M_1 in der einen Elternlinie und M_2 in der anderen Elternlinie homozygot sind, a und $-a$ die Effekte der homozygoten Genotypen des QTL sind und c die Rekombinationsrate zwischen beiden Loci ist (Falconer und Mackay 1996, Gl. 21.1a).

Die Gl. 11.1 wenden wir nun auf die Daten von Sax (1923) an, der als Erster eine Assoziation zwischen einem Marker-Locus (Pigment-Locus) und einem quantitativen Merkmal (Samengröße) der Gartenbohne *(Phaseolus vulgaris)* entdeckt hat. Er fand in der F2-Generation für die Genotypen *PP,* *Pp* und *pp* am Pigment-Locus *P* folgende Mittelwerte:

Marker-Genotyp	*PP*	*Pp*	*pp*
Samengewicht (mg)	307	283	264

An den Daten sehen wir zunächst, dass der Effekt des QTL nahezu perfekt additiv ist, da der Marker-Heterozygote *(Pp)* fast genau in der Mitte zwischen den beiden homozygoten Genotypen liegt. Ferner können wir die Differenz des Phänotyps zwischen den Marker-Genotypklassen M_1/M_1 und M_2/M_2 berechnen: 307 mg − 264 mg = 43 mg. Obwohl mit den angegebenen Daten eine statistische Analyse nicht möglich ist, ist diese Differenz zwischen den Markerklassen als relativ groß anzusehen, sodass der Schluss naheliegt, dass der Marker-Locus mit dem QTL für die Samengröße gekoppelt ist. In der Tat macht die gemessene Differenz im Samengewicht zwischen den *PP-* und *pp*-Genotypen in der F2-Generation (43 mg) fast 16 % der totalen gemessenen Differenz des Samengewichts zwischen den Elternlinien (270 mg) aus.

Gegenwärtig verwendet man deshalb die sogenannte Intervallkartierung, bei der man einen QTL mithilfe von zwei flankierenden Markern lokalisiert. Mit dieser Methode wird die Wahrscheinlichkeit abgeschätzt, dass ein Marker oder das Intervall zwischen zwei Markern mit einem QTL assoziiert ist. Die Ergebnisse einer solchen Analyse werden als Plot des *Likelihood Ratio* (Abschn. 13.3.3) gegen die Chromosomenposition aufgetragen (Abb. 11.6). Werte oberhalb des 5 %-Signifikanzniveaus kommen als QTL infrage. Jedoch sind die besten Schätzungen für einen QTL die Positionen mit den höchsten *Likelihood-Ratio*-Werten.

11.2.2 Ergebnisse der QTL-Analyse bei *D. melanogaster*

Ganz allgemein ist festzuhalten, dass durch die oben beschriebenen Methoden keine Gene im Genom lokalisiert werden können, dass also keine Genkarte im klassischen Sinne der Genetik erstellt werden kann. Stattdessen liefert die QTL-Analyse eine statistische Beschreibung, welcher Betrag der genetischen Variation in den Elternlinien eines quantitativen Merkmals von einer genomischen Region bestimmt wird. Abhängig von mehreren Faktoren, wie der Mosaikstruktur der RILs, kann ein QTL mehrere Centimorgan (cM) groß sein (in der Regel 3–10 cM) und damit eine große Anzahl von Genen enthalten, von denen ein oder mehrere Loci ein Merkmal beeinflussen können.

Eine weitere allgemeine Bemerkung betrifft die Anzahl der QTL, die in einem Experiment gefunden werden. Diese Anzahl hängt auch von mehreren Faktoren ab: von der Anzahl der RILs, von den allelischen Differenzen der beiden Elternlinien

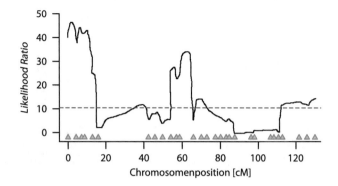

Abb. 11.6 *Likelihood Ratio* versus Chromosomenposition. Zu sehen sind die Ergebnisse der Intervallkartierung entlang eines Chromosoms mit dem 5 %-Signifikanzniveau *(gestrichelte Linie)*. Die *Dreiecke* entlang der Grundlinie zeigen die Position der Marker an. (Modifiziert nach Mackay 2001, Abb. 3c, mit freundlicher Genehmigung von Springer Nature, Copyright 2001 Macmillan Magazines Ltd.)

und von der Dichte und Verteilung der molekularen Marker. Generell stellen deshalb die gefundenen QTL ein Minimum dar.

Trotz dieser Vorbehalte konnte mithilfe der QTL-Analyse eine Reihe von Einblicken in die genetische Architektur quantitativer Merkmale gewonnen werden. Die wichtigsten Ergebnisse werden im Folgenden zusammengefasst:

1. Die Basis quantitativer Merkmale ist polygen. In Tab. 11.1 ist die Anzahl der QTL für mehrere quantitative Merkmale von *D. melanogaster* angegeben. Die Variation aller dieser Merkmale wurde durch jeweils mehr als zehn QTL beeinflusst.
2. Die Verteilung der Effektgrößen von QTL ist näherungsweise exponentiell (Abschn. 13.2.2.2). Das bedeutet, dass wenige Loci große Effekte haben und relativ viele Loci kleine Effekte aufweisen (Abb. 11.7). Ein Beispiel eines Locus mit großem Effekt ist der QTL für die Samengröße bei der Gartenbohne, der 16 % der totalen Differenz des Samengewichts zwischen den Elternlinien ausmacht (Box 11.1).

Tab. 11.1 Anzahl der QTL für quantitative Merkmale bei *D. melanogaster*

Merkmal	Anzahl der entdeckten QTL[a]
Abdominalborsten	26
Sternopleuralborsten	22
Lebensdauer	19
Flügelform	11
Morphologie des männlichen Genitalbogens	19

[a]Wie im Haupttext erwähnt, stellt diese Schätzung eine minimale Anzahl dar

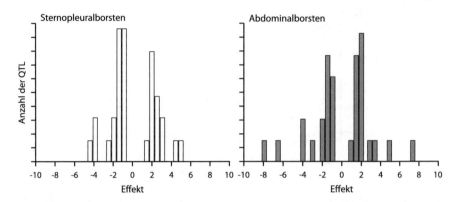

Abb. 11.7 Schematische Darstellung der Verteilung der Effekte von QTL bei Sternopleural- und Abdominalborsten in *D. melanogaster*. (Modifiziert nach Mackay 2001, Abb. 4a, mit freundlicher Genehmigung von Springer Nature, Copyright 2001 Macmillan Magazines Ltd.)

3. Die Effekte eines QTL sind im Allgemeinen geschlechtsspezifisch. Und manchmal zeigen sie auch Evidenz für antagonistische Pleiotropie, d. h. alternative homozygote Genotypen haben gegensätzliche Effekte unter verschiedenen Bedingungen (wie z. B. der QTL 48D für Lebensdauer in Männchen und Weibchen; Mackay 2001).
4. Meistens sind die Effekte additiv, aber epistatische Effekte können so groß sein wie die mittleren Effekte eines QTL. Ein Beispiel eines Locus mit additivem Effekt ist der QTL für die Samengröße bei der Gartenbohne (Box 11.1).

Die oben aufgelisteten Beobachtungen, die bei *D. melanogaster* gemacht wurden, stimmen mit den Ergebnissen der QTL-Analyse in Abschn. 5.3.2 überein, in der wir eine Kreuzung zwischen zwei sympatrischen Arten von Gauklerblumen beschrieben haben. Auch dort haben wir festgestellt, dass wenige Loci große Effekte haben, die einen beträchtlichen Teil der gefundenen phänotypischen Variabilität erklären, und dass die Verteilung der Effekte sehr breit ist. Letzteres bedeutet, dass es zusätzlich zu den Loci mit großen Effekten auch viele Loci mit kleinen Effekten gibt.

Zum Schluss noch eine Bemerkung über die Grenzen der QTL-Analyse: Wie bereits erwähnt, sind QTL keine genetischen Loci, sondern Regionen im Genom, die ein oder mehrere Gene enthalten, die ein quantitatives Merkmal beeinflussen. Wie können aber die relevanten Gene unter den 10 bis 100 Loci identifiziert werden, die ein QTL im Allgemeinen enthält? Viele Versuche wurden in *Drosophila* unternommen, um die Feinstruktur eines QTL zu untersuchen und damit diese Frage zu beantworten. Beispielsweise wurden quantitative Komplementationstests und die Mutagenese mit Transposons (*P*-Elementen) verwendet, um die genomische Region von QTL zu verkleinern, aber keines dieser Verfahren hat sich allgemein durchgesetzt (Mackay 2001). Falls ein QTL dann doch auf ein kleines chromosomales Fragment beschränkt werden konnte, in dem alle Gene bekannt waren, tauchte das Problem auf, welcher dieser Loci mit dem QTL assoziiert ist und schließlich welcher molekulare Polymorphismus (SNP oder Indel) das funktionelle QTL-Allel ist. Um diese Fragen zu beantworten, ist es möglich, populationsgenetische Methoden einzusetzen. Mithilfe des Kopplungsungleichgewichts (LD) können beide Fragen angegangen werden, wenn Faktoren wie die Demographie und Populationsstruktur, die das LD beeinflussen können (Abschn. 7.2), bekannt sind. Wenn quantitative Merkmale starker gerichteter Selektion unterworfen sind (z. B. einer divergenten künstlichen Selektion; Abb. 11.4), können auch *selective sweeps* verwendet werden, um die Feinstruktur von QTL zu erforschen (Abschn. 8.2). In den vergangenen zehn Jahren wurde diese Methode erfolgreich bei der Untersuchung von quantitativen Merkmalen in der Züchtung von Hunden, Schweinen, Hühnern und Rindern angewendet (z. B. Qanbari et al. 2014).

11.3 Quantitative Merkmale unter gerichteter Selektion

In diesem Abschnitt beschreiben wir, wie sich der Mittelwert eines quantitativen Merkmals in einer Population unter dem Einfluss gerichteter Selektion in einer Generation verschiebt. Wir folgen dabei der Darstellung von John Gillespies Buch (2004, Kap. 6) und machen dies in drei Schritten. Zunächst führen wir das Konzept der Heritabilität h^2 eines quantitativen Merkmals ein und zeigen dann, wie diese durch die Korrelation zwischen Verwandten geschätzt werden kann. Schließlich untersuchen wir, wie der Mittelwert eines quantitativen Merkmals auf Selektionsdruck reagiert.

11.3.1 Heritabilität

Um den Begriff der **Heritabilität** (Vererbbarkeit) zu definieren, genügt es, das folgende einfache Modell zu analysieren. Jeder Elternteil trägt additiv zu einem Nachkommen mit dem Phänotypen P bei, wobei P hier die Abweichung vom Mittelwert der Population beschreibt. Der Beitrag der Mutter wird durch X_m und der des Vaters durch X_p bezeichnet. Ferner liefert die Umwelt einen additiven Beitrag ε. Alle diese Beiträge sind durch voneinander unabhängige Zufallsvariablen beschrieben, die normalverteilt sind. Schließlich nehmen wir an, dass Zufallspaarung vorliegt. Ein zugrunde liegendes genetisches Modell mit multiplen Loci wird hier nicht angenommen, sondern die Analyse ist rein statistischer Natur. Wir erhalten wegen der Additivität der einzelnen Beiträge folgende Gleichung:

$$P = X_m + X_p + \varepsilon. \tag{11.2}$$

Aufgrund unserer Annahmen gilt für die Erwartungswerte

$$E\{P\} = E\{X_m\} = E\{X_p\} = E\{\varepsilon\} = 0, \tag{11.3}$$

und für die Varianzen definieren wir

$$\frac{1}{2} V_A = Var\{X_m\} = Var\{X_p\} \tag{11.4}$$

und

$$V_P = Var\{P\}, V_E = Var\{\varepsilon\}. \tag{11.5}$$

Mit diesen Ergebnissen bzw. Definitionen für die Erwartungswerte und Varianzen erhalten wir die phänotypische Varianz V_P als eine Summe der **additiven genetischen Varianz** V_A und der umweltbedingten Varianz V_E (Übung 11.2):

$$V_P = V_A + V_E. \tag{11.6}$$

Bei dieser Ableitung wird die Annahme berücksichtigt, dass die Beiträge der Eltern und der Umwelt unabhängig voneinander sind, sodass alle Kovarianzen zwischen ihnen verschwinden (Abschn. 13.2.2.3). Für die Kovarianz zwischen den mütterlichen und väterlichen Beiträgen gilt dies auch, wenn wir annehmen können, dass die Eltern nicht verwandt sind. Ferner nehmen wir an, dass keine Beziehung zwischen den Umwelteinflüssen und den genetischen Komponenten besteht (sonst müsste man Genotyp-Umwelt-Wechselwirkungen betrachten, was das Modell komplexer machen würde). Schließlich muss noch die Gl. 11.4 erklärt werden. Das Gleichheitszeichen zwischen $Var\{X_m\}$ und $Var\{X_p\}$ gilt, weil die elterlichen Gameten zufällig aus dem Genpool gezogen werden (Zufallspaarung). Der Term „additiv" in der „additiven genetischen Varianz" V_A bezieht sich auf die Tatsache, dass der genetische Beitrag eine einfache Summe der Beiträge der mütterlichen und väterlichen Allele, $Var\{X_m\} + Var\{X_p\}$, ist. In einem komplexeren Modell könnten die beiden Allele interagieren und einen zusätzlichen genetischen Beitrag generieren, dessen Varianz man dann als Dominanzvarianz bezeichnen würde.

Den Bruchteil der phänotypischen Varianz, der durch die additiven genetischen Beiträge gegeben ist, bezeichnet man als Heritabilität h^2 des quantitativen Merkmals:

$$h^2 = \frac{V_A}{V_P} = \frac{V_A}{V_A + V_E}. \tag{11.7}$$

Die Heritabilität kann durch die Korrelation des Merkmals zwischen Verwandten abgeschätzt werden. Dies wird im Abschn. 11.3.2 behandelt.

11.3.2 Ähnlichkeit eines quantitativen Merkmals zwischen Verwandten

Wir beginnen mit einem einfachen Beispiel, in dem bei der Vererbung eines Merkmals nur ein Elternteil involviert ist (z. B. die Mutter bei Merkmalen, die von den Mitochondrien kontrolliert werden, da diese nur maternal vererbt werden).

Die Phänotypen des Elternteils P und seines Nachkommen O können dann folgendermaßen geschrieben werden (siehe Gl. 11.2):

$$P_P = X_m + \varepsilon_P \tag{11.8}$$

$$P_O = X_m + \varepsilon_O. \tag{11.9}$$

Die Ähnlichkeit zwischen Mutter und Kind kann durch die Kovarianz $Cov\{P_P, P_O\}$ ausgedrückt werden, welche unter der Annahme, dass die Zufallsvariablen X_m, ε_P und ε_O unabhängig voneinander sind, folgendermaßen gegeben ist (Übung 11.3):

$$Cov\{P_P, P_O\} = \frac{V_A}{2}. \tag{11.10}$$

Dieses Resultat können wir auf ein beliebiges Paar von Verwandten X und Y mit den Phänotypen

$$P_X = X_m + X_p + \varepsilon_X \tag{11.11}$$

und

$$P_Y = Y_m + Y_p + \varepsilon_Y \tag{11.12}$$

verallgemeinern. Unter Vernachlässigung der Genotyp-Umwelt-Wechselwirkungen und der Umwelteffekte erhalten wir (Box 11.2)

$$Cov\{P_X, P_Y\} = rV_A, \tag{11.13}$$

wobei r den Verwandtschaftsgrad zwischen X und Y angibt. Daraus ergibt sich die Korrelation zwischen einem Paar von Verwandten, indem man beide Seiten von Gl. 11.13 durch die phänotypische Varianz dividiert (siehe Gl. 13.35):

$$Corr\{P_X, P_Y\} = rh^2. \tag{11.14}$$

Diese Gleichung besagt, dass die Heritabilität eines quantitativen Merkmals durch die Korrelation zwischen Paaren von Verwandten geschätzt werden kann. Dazu kann man die Regression zwischen P_X und P_Y benutzen. Die Steigung β der Regressionsgeraden ist dann durch die Korrelation (Gl. 11.14) gegeben. In anderen Worten, der Erwartungswert des Phänotyps von Y (unter der Annahme, dass $P_X = x$) ist βx:

$$E\{P_Y | P_X = x\} = \beta x = rh^2 x. \tag{11.15}$$

Bei der Regression wird oft aus statistischen Gründen statt der beiden Eltern deren Mittelwert M (*midparent*) betrachtet. Die Kovarianz zwischen *midparent* M und Nachkommen O ist deshalb wie bei einem Elternteil (Gl. 11.10).

$$Cov\{P_M, P_O\} = \frac{V_A}{2} \tag{11.16}$$

und die Varianz

$$Var\{P_M\} = \frac{V_P}{2},\qquad(11.17)$$

sodass in diesem Fall der Regressionskoeffizient $\beta = h^2$ ist. Die Gl. 11.17 gilt, da der Phänotyp des *midparent* der Durchschnitt der Phänotypen der Eltern ist.

Die Heritabilität ist mit der Regressionsmethode leicht zu messen. Sie wurde von vielen Merkmalen in vielen Spezies bestimmt und liegt im Allgemeinen zwischen 0,2 und 0,8. Jedoch gibt es auch Ausnahmen. *Life-history*-Merkmale, wie Viabilität, Lebensdauer und Fekundität (Fruchtbarkeit), haben im Durchschnitt niedrige Werte (um 0,1). Bei Verhaltenseigenschaften ist die Vererbbarkeit nicht viel höher. Morphologische Eigenschaften haben Werte um 0,3. Gewicht und Schnabellänge bei Darwins Finken hingegen haben Heritabilitätswerte von ungefähr 0,8.

Box 11.2 Kovarianz zwischen zwei beliebigen Verwandten
Für ein Paar von Verwandten X und Y, deren Phänotypen durch die Gl. 11.11 und 11.12 gegeben sind, erhalten wir unter Vernachlässigung der Genotyp-Umwelt-Wechselwirkungen und der Umwelteffekte

$$Cov\{P_X, P_Y\} = Cov\{X_m, Y_m\} + Cov\{X_m, Y_p\} + Cov\{X_p, Y_m\} + Cov\{X_p, Y_p\}.$$

Dies folgt sofort aus Gl. 13.34 unter der Berücksichtigung, dass die Erwartungswerte der Zufallsvariablen X_m, X_p, Y_m und Y_p null sind. Die Werte der Kovarianzen der rechten Seite obiger Gleichung hängen von der Anzahl der Allele ab, die aufgrund der Abstammung zwischen den Verwandten identisch sind (Gillespie 2004, S. 146). Mit der Wahrscheinlichkeit r_1 haben die beiden Verwandten ein Allel, das zwischen ihnen aufgrund der Abstammung identisch ist. In diesem Fall ist die Kovarianz bezüglich dieses Allels von null verschieden und hat den Wert $\frac{V_A}{2}$ (wie im Fall der Kovarianz zwischen einem Elternteil und dem Nachkommen, in dem $r_1 = 1$). Im zweiten Fall haben die Verwandten zwei Allele mit der Wahrscheinlichkeit r_2, die aufgrund der Abstammung identisch sind. In diesem Fall trägt jedes Paar der identischen Allele eine Kovarianz der Größe $\frac{V_A}{2}$ bei, sodass die volle Kovarianz V_A ist. Damit ergibt sich die Kovarianz zwischen den Verwandten X und Y als

$$Cov\{P_X, P_Y\} = r_1 \times \frac{V_A}{2} + r_2 \times V_A.\qquad(11.18)$$

Berücksichtigt man, dass der Verwandtschaftsgrad r als

$$r = \frac{r_1}{2} + r_2\qquad(11.19)$$

definiert ist (Gillespie 2004, Gl. 5.1), folgt aus Gl. 11.18 und 11.19 die Gl. 11.13.

11.3.3 Effekt gerichteter Selektion

Landwirte haben im Laufe der Geschichte der Landwirtschaft den Ertrag ihrer Tiere und Pflanzen durch gerichtete, künstliche Selektion verbessert. Das Prinzip dieses Verfahrens ist einfach: Wähle die besten Individuen als Eltern für die nächste Generation aus und kreuze sie. Dies funktioniert, solange additive genetische Variation für das Merkmal vorhanden ist, das verbessert werden soll. Abb. 11.4 zeigt ein typisches Ergebnis dieser Methode für *D. melanogaster,* aber es gibt sehr viele ähnliche Beispiele von anderen Arten und Merkmalen, die gezüchtet worden sind. Die Fragen, die uns hier interessieren, lauten: Wie effizient ist diese Methode der selektiven Züchtung? Erreicht man signifikante Unterschiede zwischen den Linien schon nach wenigen Generationen (Abb. 11.4), oder sind Hunderte oder sogar Tausende Generationen nötig? Sind die Ergebnisse, die durch künstliche Selektion erzielt werden, auch auf die natürliche Selektion übertragbar und damit für die Evolutionsbiologie relevant?

Unsere erste Aufgabe ist es, eine quantitative Beschreibung für das in Abb. 11.8 beschriebene Selektionsexperiment zu erstellen. Hier ist eine Population von potenziellen Eltern zu sehen, deren Phänotypen nach der in diesem Kapitel gemachten Annahme normalverteilt sind (Abb. 11.8, oben). Von dieser Population wird eine Gruppe von Individuen gewählt, die als Eltern für die nächste Generation dienen. Dazu wird beispielsweise der Phänotyp von 100 Individuen von jedem Geschlecht gemessen und davon jeweils 20 % an Individuen mit den höchsten und niedrigsten Phänotypwerten als Eltern ausgewählt. Die Individuen mit den höchsten Werten werden in Paare von Männchen und Weibchen aufgeteilt und die

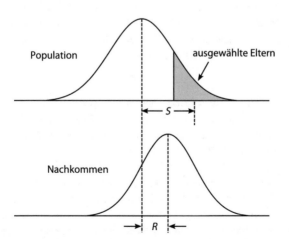

Abb. 11.8 Selektionsexperiment. Die *obere* Kurve zeigt die Verteilung des quantitativen Merkmals in der Elternpopulation. Der *grau gefüllte* Bereich umfasst die für das Experiment ausgewählten Eltern mit den höchsten Phänotypwerten. Die Verteilung der Phänotypen der Nachkommen (der Eltern mit den höchsten Phänotypwerten) ist *unten* gezeigt. (Modifiziert nach Gillespie 2004, Abb. 6.5, mit freundlicher Genehmigung von John Hopkins University Press, Copyright 1998, 2004 John Hopkins University Press)

midparent-Werte notiert; das Gleiche geschieht mit den Individuen mit den niedrigsten Werten. Der Mittelwert der *midparent*-Werte jeder der beiden Gruppen, ausgedrückt als Abweichung vom Mittelwert der Ausgangspopulation der potenziellen Eltern, wird als Selektionsdifferenz S *(selection differential)* bezeichnet. Für die Individuen mit den höchsten Phänotypwerten ist dieser Vorgang in Abb. 11.8 dargestellt. Man sieht, dass die Phänotypen der Nachkommen der besten Individuen wiederum normalverteilt sind, aber der Mittelwert dieser Verteilung nach rechts gerückt ist (Abb. 11.8, unten). Die Abweichung dieses Mittelwertes von dem der potenziellen Eltern wird Selektionserfolg R *(response)* genannt. Wird dieses Verfahren dann Generation für Generation wiederholt, führt es typischerweise zu einem Ergebnis wie in Abb. 11.4 dargestellt.

Unsere nächste Aufgabe besteht darin, einen mathematischen Zusammenhang zwischen der Selektionsdifferenz S und dem Selektionserfolg R herzustellen. Aus Gl. 11.15, 11.16 und 11.17 folgt, dass

$$E\{P_O|P_M = x\} = \beta x = h^2 x. \qquad (11.20)$$

Nehmen wir nun an, dass wir im Selektionsexperiment n Paare haben und jedes einen *midparent*-Wert x_i hat, dann gilt für den Erwartungswert des Phänotyps der Nachkommen

$$\frac{1}{n}\sum_i E\{P_O|P_M = x_i\} = h^2 \frac{1}{n}\sum_i x_i. \qquad (11.21)$$

Die linke Seite von Gl. 11.21 ist der durchschnittliche Erwartungswert der Nachkommen (gemittelt über alle n Elternpaare und ausgedrückt als Abweichung vom Mittelwert der Eltern), was wir oben als Selektionserfolg R definiert haben. Der Ausdruck auf der rechten Seite von Gl. 11.21 ist das Produkt von h^2 mit dem Mittelwert der Phänotypen der selektierten Eltern, den wir als Selektionsdifferenz S bezeichnet haben. In anderen Worten, der Effekt der gerichteten Selektion auf ein quantitatives Merkmal in einer Generation ist

$$R = h^2 S. \qquad (11.22)$$

Diese sogenannte **Züchtergleichung** *(breeder's equation)* ist eine der bekanntesten Resultate der Quantitativen Genetik und spielt insbesondere in der Züchtungsforschung eine wichtige Rolle. Sie beantwortet die Fragen über die Effizienz der künstlichen Selektion, die wir zu Beginn dieses Abschnitts gestellt haben. Sie besagt nämlich, dass man für Merkmale mit mittlerer oder hoher Heritabilität im Allgemeinen nur wenige Generationen selektieren muss, um signifikante Unterschiede zwischen den gezüchteten Hoch- und Niedriglinien zu erhalten. Die Gl. 11.22 kann aber auch in der Evolutionsbiologie verwendet werden, um die Effizienz der natürlichen Selektion zu schätzen, wie im folgenden Beispiel gezeigt werden soll.

Gibbs und Grant (1987) haben bei Darwins Finken die Heritabilität h^2 und den Selektionserfolg R für verschiedene Merkmale, die mit der Körpergröße in Relation stehen, gemessen und daraus mittels Gl. 11.22 die Selektionsdifferenz S bestimmt. Sie beobachteten, dass die Körpergröße bei Mittel-Grundfinken *(Geospiza fortis)* von 1976 auf 1977 durchschnittlich 4 % zugenommen hat. Da deren Heritabilität ca. 80 % ist (Abschn. 11.3.2), bedeutet dies, dass $S = \frac{0,04}{0,8} = +5$ % beträgt. Während der Dürreperiode von 1976–1977 haben größere *Geospiza fortis*-Individuen mit größeren Schnäbeln besser überlebt und die Finkenpopulation wuchs. In den normalen Jahren 1981–1982 aber brachte ein größerer Schnabel kaum einen Selektionsvorteil, und die Selektionsdifferenz S war relativ klein. Nach dem El Niño (eine nicht-zyklische Strömungsveränderung des ozeanographisch-meteorologischen Systems des äquatorialen Pazifiks, die einen starken Einfluss auf das Klima hat) von 1983 haben kleinere Finken mit kleineren Schnäbeln besser überlebt, sodass die Selektionsdifferenz S negative Werte annahm. Diese Beobachtungen, die in einem engen Zeitraum gemacht wurden, zeigen, dass die natürliche Selektion sehr effizient auf Umweltänderungen reagieren kann. Sie gelten heute als ein Paradebeispiel für schnelle Adaptation. Wir kommen in Abschn. 12.2.3 auf dieses zurzeit hochaktuelle Thema zurück.

Übungen

11.1 Viele Biometriker einschließlich Karl Pearson glaubten nicht, dass die Variabilität von quantitativen Merkmalen den Mendel'schen Regeln folgt, waren aber von der Wirkung der natürlichen Selektion auf quantitative Merkmale überzeugt. Erklären Sie diesen Widerspruch.

11.2 Zeigen Sie, dass die phänotypische Varianz eines Merkmals unter den bei der Ableitung gemachten Annahmen durch Gl. 11.6 ausgedrückt werden kann.

11.3 Zeigen Sie, dass die Kovarianz zwischen einem Elternteil und dem Kind durch die Gl. 11.10 gegeben ist. Warum ist die Annahme $Cov\{\varepsilon_P, \varepsilon_O\} = 0$ problematisch?

Literatur

Falconer DS, Mackay TFC (1996) An introduction to quantitative genetics, 4. Aufl. Longman, London

Fisher RA (1918) The correlation between relatives on the supposition of Mendelian inheritance. Trans R Soc Edinburgh 52:399–433

Gibbs HL, Grant PR (1987) Oscillating selection on Darwin's finches. Nature 327:511–513

Gillespie JH (2004) Population genetics – a concise guide, 2. Aufl. The Johns Hopkins University Press, Baltimore

Hartl DL, Clark AG (2007) Principles of population genetics, 4. Aufl. Sinauer Associates, Sunderland

Mackay TFC (2001) Quantitative trait loci in *Drosophila*. Nat Rev Genet 2:11–20

Mendel G (1866) Versuche über Pflanzenhybriden. Verhandl Naturforschenden Ver Brünn 4:3–47

Provine WB (1971) The origins of theoretical population genetics. University of Chicago Press, Chicago

Qanbari S, Pausch H, Jansen S, Somel T, Strom TM et al (2014) Classic selective sweeps revealed by massive sequencing in cattle. PLoS Genet 10:e1004148

Sax K (1923) The association of size differences with seed-coat pattern and pigmentation in *Phaseolus vulgaris*. Genetics 8:552–560

Polygene Adaptation

12

Wir beginnen dieses Kapitel mit der Beschreibung von genomweiten Assoziations-studien, die seit einigen Jahren eingesetzt werden, um einen Zusammenhang zwischen Genotypen und Phänotypen herzustellen (Abschn. 12.1). Diese Methode ist verwandt mit der QTL-Analyse und wird gegenwärtig zusätzlich zu dieser eingesetzt oder auch alleine angewendet. Die Selektion spielt bei diesem Verfahren keine Rolle. Anschließend untersuchen wir aber, ob die gefundenen Assoziationen in natürlichen Populationen durch Selektion verursacht worden sind und die Adaptation von Organismen an ihre Umwelt beeinflussen (Abschn. 12.2 und 12.3). Der Fokus dieses Kapitels liegt dabei auf der Adaptation von quantitativen Merkmalen mit polygener Basis.

12.1 Genomweite Assoziationsstudien

Eine **genomweite Assoziationsstudie** (**GWAS**, *genome-wide association study*) ist eine Untersuchung der molekularen Variabilität einer Population, um ein quantitatives Merkmal mit bestimmten Allelen oder Haplotypen zu assoziieren. In anderen Worten, das Ziel von GWAS ist es, die Allele oder Haplotypen zu identifizieren, die gemeinsam mit einem Phänotypen auftreten. Dabei werden, wie bei der QTL-Analyse (Abschn. 11.2), molekulare Marker (meistens SNPs) verwendet, mit deren Hilfe die assoziierten Allele definiert werden. Die Verwandtschaft zwischen einer GWAS und der QTL-Analyse geht aber noch weiter, weil in einer GWAS das Konzept des Kopplungsungleichgewichts (LD) eine zentrale Rolle spielt, mit dessen Hilfe Assoziationen zwischen Phänotyp und Marker gesucht werden (im Abschn. 11.2.2 haben wir beschrieben, dass das LD zu einer fein strukturierten Kartierung von QTL verwendet werden kann).

GWA-Studien werden seit 2007 durchgeführt (Visscher et al. 2017). Dabei wird für jeden individuellen Marker getestet, ob es einen signifikanten Unterschied im

© Springer-Verlag GmbH Deutschland, ein Teil von Springer Nature 2019
W. Stephan und A. C. Hörger, *Molekulare Populationsgenetik*,
https://doi.org/10.1007/978-3-662-59428-5_12

Mittelwert des Merkmals zwischen den alternativen Varianten am Marker-Locus gibt. Ein signifikanter Unterschied bedeutet, dass ein LD zwischen Merkmal und Marker vorliegt und ein Gen, das das Merkmal beeinflusst, eng mit dem Marker gekoppelt ist. Da Tausende solcher Tests in einer Studie durchgeführt werden müssen, ist es wichtig, dabei stringente Signifikanzkriterien anzuwenden, um eine falsche Assoziation von Merkmal und Allel möglichst auszuschließen. Bei Untersuchungen von menschlichen Krankheiten liegt das Signifikanzniveau beispielsweise bei ungefähr 5×10^{-8} (Sved und Hill 2018).

Ein weiteres Problem dieser Tests in GWA-Studien ist, dass ihre Trennschärfe relativ niedrig ist, wenn die Frequenzen der Varianten am Marker- und Merkmal-Locus nicht ungefähr gleich groß sind. Dies ist insbesondere der Fall, wenn die Merkmalvariante selten vorkommt (weil z. B. das Allel nachteilig ist) und das Marker-Allel hohe Heterozygotie aufweist. Es ist dann schwierig, solche Gene in einer GWAS zu entdecken, was Fragen nach der unentdeckten Heritabilität *(missing heritability)* aufwirft. Trotz dieser Probleme werden GWA-Studien aber sehr häufig angewandt, insbesondere in der Medizin. So stieg die Anzahl der GWA-Studien am Menschen von unter 80 im Jahr 2008 auf über 10.000 im Jahr 2016 an (Visscher et al. 2017).

Seit einigen Jahren werden GWA-Studien auch in anderen Modellsystemen (z. B. *Arabidopsis thaliana* und *Drosophila melanogaster*) oder in domestizierten Tier- und Pflanzenarten durchgeführt. Hierbei ist es meist das Ziel, die genetischen Komponenten, die an der Ausprägung eines bestimmten adaptiven Merkmals beteiligt sind, aufzudecken. Ergebnisse aus diesen Studien wurden in diversen Übersichtsartikeln zusammengefasst (z. B. in Weigel und Nordborg 2015; Josephs et al. 2017; Mackay und Huang 2018).

Die wichtigsten Befunde der bisher durchgeführten GWA-Studien sind:

1. Quantitative Merkmale sind hochgradig polygen. GWAS-Resultate sind für Hunderte von quantitativen Merkmalen publiziert worden, wovon die meisten Volkskrankheiten wie Diabetes und Bluthochdruck betreffen (Visscher et al. 2017). Daneben sind aber auch molekulare Phänotypen wie Genexpression und DNA-Methylierung durch GWAS analysiert worden. Das am gründlichsten untersuchte Merkmal ist die Körpergröße des Menschen (Turchin et al. 2012). Diese wird von genetischen Varianten an mehr als 700 Loci beeinflusst. Allerdings ist diese Schätzung mit Vorsicht zu betrachten, da dabei die Populationsstruktur nicht adäquat berücksichtigt worden ist (Sohail et al. 2019) und eine GWAS, die auf LD beruht, empfindlich davon abhängen kann (Abschn. 7.2). Die Ergebnisse von GWA-Studien in anderen Organismen sind größtenteils ähnlich. In *D. melanogaster* wurde beispielsweise gefunden, dass die Variabilität in der Kältetoleranz durch mehr als 100 Loci bestimmt wird (Huang et al. 2014). Manche quantitativen Merkmale werden jedoch auch durch wenige Loci mit größeren Effekten beeinflusst, wie es z. B. bei diversen Merkmalen in *A. thaliana* der Fall ist (Atwell et al. 2010). Der Begriff „polygen" bedeutet, dass sehr viele Loci die Variation in einer Population beeinflussen. Aber was impliziert das für ein bestimmtes

Individuum? Es bedeutet, dass jedes Individuum eine große Anzahl von Allelen hat, die den Wert eines Merkmals vergrößern (+), und eine große Anzahl von Allelen, die den Wert verkleinern (−). Wegen der großen Anzahl von Allelen gibt es so viele Kombinationen dieser (+/−)-Varianten, dass jedes Individuum wahrscheinlich seine eigene Kombination von Allelen hat. Die Effektgröße jedes Allels wird dann gegen einen durchschnittlichen genetischen Hintergrund gemessen, und die Effektgröße jedes Locus ist sehr klein.

Aufgrund der kleinen Effektgrößen ist der Einfluss der Selektion auf einzelne polygene Varianten im Allgemeinen sehr schwach (Abschn. 12.2). Es ist daher kaum möglich, an ihnen manipulative Experimente durchzuführen, um Hypothesen zu testen. Die Selektion in hochpolygenen Fällen bildet daher einen Gegensatz zu starker Selektion, die z. B. durch *selective sweeps* entdeckt wird und die die Durchführung von funktionellen Untersuchungen ermöglicht (Abschn. 8.3.2).

2. **Pleiotropie** ist weitverbreitet. Die Tatsache, dass jedes bisher analysierte Merkmal mit Varianten an Hunderten von Loci assoziiert ist, legt nahe, dass umgekehrt viele der zugrunde liegenden genetischen Varianten mehrere Merkmale beeinflussen, d. h. pleiotrop sind. Mutations- und Stammbaumanalysen haben dies für verschiedene Krankheitssyndrome bestätigt (Visscher et al. 2017).

3. **Epistasie** (d. h. nicht-additive genetische Interaktionen zwischen polymorphen Loci) ist ein wichtiger Faktor, der die Variation von quantitativen Merkmalen bestimmt. Für *life-history*-Merkmale wie Kältetoleranz von *D. melanogaster* wurde z. B. entdeckt, dass die Mehrheit der gefundenen Marker nicht einzeln, sondern in epistatischen Netzwerken wirkt (Huang et al. 2014).

12.2 Theorie der polygenen Adaptation

QTL-Analysen und GWA-Studien legen nahe, dass viele adaptive Merkmale durch eine große Zahl von Genen kontrolliert werden. Das bedeutet, dass Adaptation nicht nur durch gerichtete positive Selektion an einzelnen Genen verursacht wird, sondern durch Selektion an vielen Genen, die auch als **polygene Selektion** bezeichnet wird, erfolgen kann. Die adaptiven Signaturen, die im Genom zu beobachten sind, reichen deshalb von *selective sweeps* im Falle von starker positiver Selektion an einzelnen Genen bis zu kleinen Allelfrequenzänderungen bei polygener Selektion an vielen Loci. Im Folgenden betrachten wir zunächst ein quantitativ-genetisches Modell der natürlichen Selektion, das den gesamten Bereich dieser Signaturen (von *selective sweeps* an einzelnen Loci bis zu kleinen Änderungen von Allelfrequenzen im polygenen Fall) abdeckt. Im Abschn. 12.3 beschreiben wir dann, wie die polygenen Signaturen kleiner Frequenzänderungen im Genom entdeckt werden können (die Identifikation von *selective sweeps* im Genom wurde ja bereits im Abschn. 8.2 besprochen). Schließlich geben wir einen Überblick über die wichtigsten Ergebnisse dieser Untersuchungen.

12.2.1 Multi-Locus-Modell der gerichteten und stabilisierenden Selektion

Wir betrachten ein quantitatives Merkmal, das additiv (keine Dominanz oder Epistasie) durch n Loci bestimmt wird. Jeder Locus hat zwei Allele, wobei ein Allel als „+-Allel" bezeichnet wird, wenn es den phänotypischen Wert des Merkmals erhöht, unabhängig vom Zustand des Merkmals, der von den restlichen Loci bestimmt wird. Das andere Allel am gleichen Locus ist das „−−-Allel", das den Phänotyp erniedrigt. Der phänotypische Effekt des +-Allels am Locus i ist $\gamma_i/2$, der des anderen Allels $-\gamma_i/2$. Die Frequenz des +-Allels am Locus i bezeichnen wir als x_i. Die Population wird als sehr (theoretisch unendlich) groß angenommen, und es herrscht Zufallspaarung. Die Werte z, die das Merkmal annimmt, sind kontinuierlich verteilt. Für deren Mittelwert $\bar{z}$ und Varianz v (gemittelt über die Individuen der Population) gilt dann

$$\bar{z} = \sum\nolimits_{i=1}^{n} \gamma_i(2x_i - 1) \tag{12.1}$$

und

$$v = 2\sum\nolimits_{i=1}^{n} \gamma_i^2 x_i(1 - x_i) \tag{12.2}$$

(Bürger 2000, Abschn. 3.1). Ferner nehmen wir an, dass die Fitness eines Individuums mit dem Merkmalswert z normalverteilt ist, wenn z vom optimalen Fitnesswert z_0 abweicht:

$$W(z) = \exp\left[-\frac{1}{2}s(z - z_0)^2\right], \tag{12.3}$$

wobei s die Stärke der Selektion auf das Merkmal (nicht auf ein Allel) misst. Dann gilt für die Änderung der Allelfrequenz am Locus i (Bürger 2000, Abschn. 3.1)

$$\frac{d}{dt}x_i = -s\gamma_i x_i(1 - x_i)\Delta z - \frac{s}{2}\gamma_i^2 x_i(1 - x_i)(1 - 2x_i) + \mu(1 - 2x_i), \tag{12.4}$$

wobei t die kontinuierliche Zeitvariable ist; $i = 1, \ldots, n$, μ ist die Mutationsrate und $\Delta z = \bar{z} - z_0$ ist die Abweichung des Mittelwertes vom Fitnessoptimum z_0.

Die Selektionsterme dieser gewöhnlichen Differenzialgleichung (Abschn. 13.1.3) wurden von Wright (1935) eingeführt und von Bulmer (1972) um den Mutationsterm ergänzt. Der erste Selektionsterm beschreibt die Wirkung der gerichteten Selektion, die den Mittelwert der Population näher an das Fitnessoptimum z_0 rückt, falls $\Delta z < 0$ ist. Dies wird ersichtlich, wenn man diesen Term mit der rechten Seite von Gl. 5.17 vergleicht. Beide Terme sind im Fall, dass keine Dominanz herrscht, identisch, bis auf den Faktor $-\gamma_i\Delta z$. Ferner wird durch diesen Vergleich deutlich, dass die Stärke der Selektion auf ein Allel (der Selektionskoeffizient) am Locus i durch das Produkt $-s\gamma_i\Delta z$ gegeben ist (nicht durch s). Der Selektionskoeffizient ist damit zeitabhängig. Er kann im polygenen Fall sehr klein sein, wenn die Effekte sehr klein sind (Abschn. 12.1). Der zweite Selektionsterm beschreibt die Wirkung der sogenannten **stabilisierenden Selektion**. Diese Form der Selektion bestimmt die Breite der Verteilung von z um das Optimum z_0. Der dritte Term auf der rechten Seite von Gl. 12.4 beschreibt Frequenzänderungen der +- und −-Allele, die durch Mutation zustande kommen. Die Mutationsrate vom +-Allel zum −-Allel und umgekehrt vom −-Allel zum +-Allel wird hier der Einfachheit halber durch einen einzigen Parameter beschrieben. Dies könnte aber leicht verallgemeinert werden.

12.2.2 Allelfrequenzen und Varianz im Fitnessoptimum

Wir untersuchen zunächst die Eigenschaften dieses Modells im Gleichgewicht des Fitnessoptimums z_0, d. h. die linke Seite der Gl. 12.4 für $i = 1, ..., n$ ist null (Abschn. 13.1.3). Zusätzlich gilt, dass der erste Term der rechten Seite dieser Gleichung wegen $\Delta z = 0$ ebenfalls null ist. Wir erhalten daher die stabilen Allelfrequenzen im Fitnessoptimum als (Übung 12.1)

$$\tilde{x}_i = \begin{cases} \frac{1}{2}, & \text{falls } \gamma_i < \hat{\gamma} & (12.5a) \\ \frac{1}{2} \pm \frac{1}{2}\sqrt{1 - \frac{\hat{\gamma}^2}{\gamma_i^2}}, & \text{falls } \gamma_i \geq \hat{\gamma} & (12.5b) \end{cases}$$

Dabei ist $\hat{\gamma} = 2\sqrt{\frac{2\mu}{s}}$. Hier ist zu beachten, dass die Gl. 12.5a und 12.5b nur im Fitnessoptimum gelten, nicht allgemein im Gleichgewicht (de Vladar und Barton 2014). Eine weitere interessante Eigenschaft der Gl. 12.5 ist, dass die Gleichgewichtslösung (Gl. 12.5a) nur stabil ist, wenn der Effekt γ_i kleiner als $\hat{\gamma}$ ist und für größere Effekte die stabilen Gleichgewichtsfrequenzen durch Gl. 12.5b gegeben sind. Dies bedeutet, dass $\hat{\gamma}$ einen Schwellenwert darstellt, der kleine *(minor)* von großen *(major)* Alleleffekten unterscheidet. Diese Abgrenzung wurde von de Vladar und Barton (2014) für dieses Modell eingeführt und wird hier übernommen.

Im nächsten Schritt berechnen wir die Varianz der Population im Fitnessoptimum z_0. Dazu spalten wir die Summe von Gl. 12.2 in die Anteile auf, die von den Loci mit großen Effekten und von denen mit kleinen Effekten beigetragen werden:

$$v = 2\sum\nolimits_{\gamma_i \geq \hat{\gamma}} \gamma_i^2 x_i(1 - x_i) + 2\sum\nolimits_{\gamma_i < \hat{\gamma}} \gamma_i^2 x_i(1 - x_i). \quad (12.6)$$

Den Anteil, der von den Loci mit kleinen Effekten im Fitnessoptimum beigetragen wird, können wir mithilfe von Gl. 12.5a sofort berechnen. Wir erhalten $\frac{1}{2}\sum_{\gamma_i < \hat{\gamma}} \gamma_i^2$. Für den Term, der die Loci mit großen Effekten betrifft, können wir im Fall, dass $\gamma_i \gg \hat{\gamma}$ ebenfalls eine kompakte Formel (Übung 12.2) ableiten. Insgesamt ergibt sich dann für die Varianz im Fitnessoptimum:

$$\tilde{v} \approx \frac{4\mu}{s} n_l + \frac{1}{2} \sum\nolimits_{\gamma_i < \hat{\gamma}} \gamma_i^2, \tag{12.7}$$

wobei n_l die Anzahl der Loci mit großen Effekten ist. Falls die Effekte exponentiell verteilt sind (Abschn. 13.2.2.2), was QTL-Analysen nahelegen (Abschn. 11.2.2), und außerdem die weitaus meisten Loci kleine Effekte aufweisen (d. h. im polygenen Fall; Abschn. 12.1), gilt zusätzlich (Jain und Stephan 2015):

$$\tilde{v} = \frac{1}{2} \sum\nolimits_{\gamma_i < \hat{\gamma}} \gamma_i^2 \approx n\overline{\gamma}^2, \tag{12.8}$$

wobei $\overline{\gamma}$ den Mittelwert der Effekte darstellt.

Die obige Formel für die Varianz (Gl. 12.8) spielt eine zentrale Rolle für die Evolution eines quantitativen Merkmals im polygenen Fall, den wir im Abschn. 12.2.3 behandeln. Zunächst benutzen wir die Formel, um einen Vergleich mit einem anderen Modell zu ziehen, das oft verwendet wird, um polygene Evolution zu beschreiben, das sogenannte infinitesimale Modell *(infinitesimal model)* (Barton et al. 2017; Bulmer 1980). Im infinitesimalen Modell wird ein Merkmal durch eine große Anzahl von Loci bestimmt, wobei die Effektgröße eines Locus mit der Anzahl der Loci abnimmt, sodass die Varianz im Gleichgewicht unabhängig von der Anzahl der Loci ist. Mit der Anzahl der Loci wird in diesem Modell der Effekt eines einzelnen Locus daher infinitesimal klein. Im Gegensatz dazu besagt die Gl. 12.8, dass die Varianz des Modells in Gl. 12.4 im Fitnessoptimum im polygenen Fall linear mit der Zahl der beteiligten Loci anwächst (wenn die Effekte exponentiell verteilt sind).

12.2.3 Evolution eines quantitativen Merkmals nach einer Umweltänderung

Wir fragen uns in diesem Abschnitt: Wie reagiert eine Population, wenn sich die Umwelt plötzlich ändert? Wird sie sich den neuen Bedingungen schnell anpassen, oder dauert die Adaptation Zehntausende oder Hunderttausende von Generationen? Welche Rolle spielt dabei die natürliche Selektion? Wir haben im Kap. 11 diese Fragen bereits angeschnitten und dabei festgestellt, dass, obwohl Evolution nach Darwins (1859) Postulaten im Allgemeinen ein langsamer Prozess ist, es auch Beispiele sehr schneller Adaptation gibt (z. B. Darwins Finken, Abschn. 11.3; Gibbs und Grant 1987). Berichte über solche Fälle kommen in den letzten Jahren vermehrt in der Literatur vor, z. B. über die Farbvariationen bei Guppys von Trinidad in Abhängigkeit von der Anwesenheit von Fressfeinden (Reznick 2009), die Anpassung der Beinlängen bei *Anolis*-Eidechsen an die unterschiedliche Vegetation der Bahamas-Inseln (Losos et al. 2004) oder die **adaptive Radiation** der Buntbarsche im Viktoriasee nach dessen Austrocknung vor ca. 15.000 Jahren (Elmer et al. 2009). Die genetische Basis dieser schnell adaptierenden Merkmale reicht von wenigen Genen mit großen Effekten (wie beim Industriemelanismus des Birkenspanners [*Biston betularia*, Abschn. 5.2.1], der möglicherweise durch einen einzigen Locus bestimmt wird; van't Hof et al. 2011) zu polygenen Systemen (wie der Beinlängenentwicklung bei *Anolis*-Eidechsen; Losos et al. 2004). Im Folgenden wollen wir unser Multi-Locus-Modell (ausgedrückt durch die Gl. 12.4) anwenden, um die schnelle Anpassung dieser Organismen besser zu verstehen.

Beginnen wir mit den uns bereits vertrauten Fällen von starker, positiv gerichteter Selektion, die zu *selective sweeps* führen (Kap. 8). Es ist sicherlich keine große Überraschung, dass schnelle Adaptationen durch starke, positiv gerichtete Selektion erklärt werden können. Überraschend ist eher, dass diese Form der Selektion auch von unserem Modell (Gl. 12.4) beschrieben wird, wenn die Loci überwiegend große Effekte haben. In Abb. 12.1 ist dies an einem Beispiel mit 20 Loci demonstriert (Jain und Stephan 2017). Dabei wird angenommen, dass sich die Umwelt plötzlich ändert und dadurch das Fitnessoptimum von $z_0 = 0$ auf $z_f = 3$ erhöht wird. Innerhalb von kurzer Zeit (ca. 200 Generationen) sinkt in die-

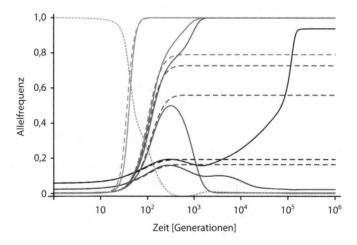

Abb. 12.1 Trajektorien von Allelfrequenzen mit verschieden großen Effekten als Funktion der Zeit nach einer Umweltänderung: $\gamma_1 = 0,776$ *(grau)*, $\gamma_2 = 0,340$ *(braun)*, $\gamma_3 = 0,319$ *(rot)*, $\gamma_4 = 0,272$ *(pink)*, $\gamma_5 = 0,092$ *(blau)* und $\gamma_6 = 0,060$ *(schwarz)*. Die mit diesen Farben korrespondierenden *gestrichelten* Kurven wurden durch Approximation der Gl. 12.4 erhalten. Die weiteren Parameterwerte sind: $s = 0,1, \mu = 10^{-5}, \bar{\gamma} = 0,2$ und $n = 20$. Man beachte, dass die Trajektorie des Allels mit dem größten Effekt γ_1 der Trajektorie eines vorteilhaften Allels unter gerichteter Selektion ähnelt, während die Allele mit den Effekten γ_2 und γ_3 zwar zur Fixierung gehen, aber deutlich verlangsamt sind und deshalb nicht zu *selective sweeps* führen. Des Weiteren ist die Dynamik der relativen Abweichung des Populationsmittelwertes vom Fitnessoptimum durch die *kurzgestrichelte, orange* Kurve gekennzeichnet. (Modifiziert nach Jain und Stephan 2017, Abb. 3 mit freundlicher Genehmigung der Genetics Society of America über Copyright Clearance Center, Inc.)

sem Beispiel die relative Abweichung des Populationsmittelwertes vom Fitness-optimum, $|\Delta z(t)|/z_f$, auf einen Wert nahe null ab (d. h. der Populationsmittelwert hat nach ca. 200 Generationen fast das neue Fitnessoptimum z_f erreicht). Die Abbildung zeigt ferner verschiedene Trajektorien von Allelfrequenzen. Der Fixierungsprozess des Allels mit dem größten Effekt ähnelt dabei sehr stark der Trajektorie eines vorteilhaften Allels unter gerichteter Selektion der klassischen Selektionstheorie (Abschn. 5.1). Dieses Allel erreicht die Frequenz von nahezu 1,0 in weniger als 100 Generationen, ist also schneller als die relative Abweichung des Populationsmittelwertes vom Fitnessoptimum z_f, die ca. 200 Generationen braucht, um auf einen Wert nahe null abzufallen. Die Trajektorien der Allele mit den niedrigeren Effektgrößen aber zeigen Charakteristiken, die nicht mit der klassischen Theorie der positiv gerichteten Selektion übereinstimmen.

Schnelle Adaptation kann durch die Gl. 12.4 aber auch dann beschrieben werden, wenn die genetische Basis eines Merkmals polygen ist und die Effekte der einzelnen Loci klein sind. Um dies zu verstehen, betrachten wir eine Population, die vor der Umweltänderung im Fitnessoptimum z_0 verharrt. Dies bedeutet, dass die Allelfrequenzen ½ betragen (Gl. 12.5a) und die letzten beiden Terme in der Gl. 12.4 verschwinden. Nach der Umweltänderung, durch die das Fitnessoptimum plötzlich von z_0 auf den neuen Wert z_f verschoben wird, kann die Gl. 12.4 deshalb folgendermaßen approximiert werden:

$$\frac{d}{dt}x_i \approx -s\gamma_i x_i(1 - x_i)\Delta z, \qquad (12.9)$$

wobei in diesem Fall $\Delta z = \bar{z} - z_f$ die Abweichung des Populationsmittelwertes vom neuen Optimum ist.

Aus Gl. 12.9 folgt ein für die Suche nach polygenen Signaturen wichtiges Resultat, nämlich dass die Allelfrequenzen an allen Loci im Zeitintervall, in dem diese Gleichung gilt, entweder zunehmen (falls $\Delta z < 0$) oder abnehmen (falls $\Delta z > 0$). Das Zeitintervall, in dem dieses koordinierte Verhalten gilt, beginnt mit dem Zeitpunkt der Umweltänderung und endet, sobald Δz einen Wert nahe null erreicht (siehe Gl. 12.10).

Die Gl. 12.9 ist näherungsweise lösbar. Man findet für die Abweichung des Populationsmittelwertes $\bar{z}$ vom neuen Fitnessoptimum z_f (Jain und Stephan 2017).

$$\Delta z(t) \approx \Delta z(0) exp(-s\tilde{v}t), \qquad (12.10)$$

wobei $\tilde{v} \approx n\bar{\gamma}^2$ (siehe Gl. 12.8). Mithilfe dieser Gleichung lassen sich auch die Allelfrequenzen näherungsweise berechnen (Jain und Stephan 2015).

Die Gl. 12.10 besagt, dass die Anpassungsrate proportional zur Varianz im Fitnessoptimum vor der Umweltänderung ist. Falls die Anzahl der Loci groß ist und die Effekte nicht zu klein sind, kann somit die Adaptation auch im polygenen Fall sehr schnell erfolgen. Dies könnte z. B. die schnelle Anpassung der *Anolis*-Eidechsen an die unterschiedliche Vegetation der Bahamas-Inseln erklären, da die genetische Basis der Beinlängen dieser Tiere vermutlich polygen ist. Aber auch andere Beispiele schneller Adaptation könnten mithilfe dieses Resultates verstanden werden.

12.3 Die Suche nach Signaturen polygener Adaptation im Genom

Falls quantitative Merkmale durch wenige Gene mit großen Effekten kontrolliert werden (wie im Beispiel des Birkenspanners; van't Hof et al. 2011), kann Selektion, die an diesen Loci auftritt, mit den Methoden detektiert werden, die wir im Abschn. 8.2 über *selective sweeps* kennengelernt haben. Wir werden auf diesen Fall deshalb hier nicht weiter eingehen, sondern uns der Situation zuwenden, in der ein quantitatives Merkmal durch viele Loci mit kleinen Effekten beeinflusst wird.

Nach unseren Ausführungen in den letzten beiden Abschnitten können die Effekte der an polygener Adaptation beteiligten Loci sehr klein sein. Gemäß unserem Modell (Gl. 12.4) sind dann die Selektionskoeffizienten der Allele an den Loci $i, i = 1, \ldots, n$, die durch $-s\gamma_i \Delta z$ gegeben sind, ebenfalls sehr klein. Es ist deshalb zu erwarten, dass die Frequenzänderungen der Allele nach einer Umweltänderung relativ klein sind (anders als bei starker Selektion, bei der eine dramatische Änderung der Frequenz des vorteilhaften Allels zu *selective sweeps* führt). Die Entdeckung von Signaturen polygener Adaptation ist deshalb schwierig. Bisher wurden drei Methoden entwickelt, um die kleinen Allelfrequenzänderungen bei polygener Adaptation zu detektieren. Bei allen drei Methoden nutzt man die Tatsache, dass die Allelfrequenzänderungen nach einer Umweltänderung koordiniert sind (d. h. die Frequenzen der +-Allele nehmen entweder mehrheitlich zu oder ab) und dadurch der Populationsmittelwert $\bar{z}$ in Richtung des neuen Fitnessoptimums z_f bewegt wird. Wie in Abschn. 12.2.3 beschrieben, folgt dieses Ergebnis direkt aus Gl. 12.9.

Im Verfahren von Turchin et al. (2012) werden zwei Populationen verglichen, die sich vor nicht allzu langer Zeit voneinander getrennt haben (in diesem Beispiel süd- und nordeuropäische Populationen von Menschen). In einer der Populationen, der südlichen Parentalpopulation, sind die Allelfrequenzen nach der Trennung der genetischen Drift unterworfen. In der anderen, der nördlichen, ist neben der Drift auch polygene Selektion am Wirken. Die Wirkung der Selektion wird durch gerichtete Selektion beschrieben. In Turchin et al. (2012) ist diese Beschreibung aber nicht mit der Gl. 12.9 identisch, da die Abweichung des Populationsmittelwertes vom Fitnessoptimum nicht berücksichtigt wird. Jedoch sind beide Modelle für kurze Zeit nach der Umweltänderung formal gleich (Übung 12.6).

Turchin et al. (2012) wenden ihre Methode auf die Körpergröße beim Menschen an. Es wird zunächst gezeigt, dass die SNP-Varianten, die zu einer Zunahme der Körpergröße führen (die +-Allele), häufiger in den nördlichen Populationen (einschließlich Großbritannien und Schweden) als in den südlichen Populationen (Italien, Spanien und Portugal) anzutreffen sind ($P < 4{,}3 \times 10^{-4}$). Um zu erfahren, ob dies mit einer Frequenzzunahme von +-Allelen in Nordeuropa und/oder einer Frequenzabnahme in Südeuropa korreliert ist, wird ein Modell der genetischen Drift mit einem Modell, das genetische Drift und gerichtete Selektion enthält (Abschn. 12.2.3), verglichen. In allen paarweisen Vergleichen durch *Likelihood-Ratio*-Tests (Abschn. 13.3.3), z. B. zwischen Schweden und Italien oder Großbritannien und Spanien, können die beobachteten Frequenzunterschiede besser mit dem Modell, das neben genetischer Drift auch Selektion einschließt, als mit genetischer Drift alleine erklärt werden ($P < 10^{-15}$).

Ferner konnte mit diesem Verfahren die Stärke der Selektion auf Allele abgeschätzt werden. Für Effektgrößen von 10^{-3}–10^{-2} Standardabweichungen (wobei 1 Standardabweichung ungefähr 6,5 cm entspricht), die für dieses Merkmal typisch sind, findet man Selektionskoeffizienten (die in diesem Modell durch $s\gamma_i$ gegeben sind) im Bereich von 10^{-5}–10^{-4} pro Allel. Dabei nimmt man an, dass die nördlichen und südlichen Populationen sich vor mehr als 100 Generationen getrennt haben (siehe ergänzende Tab. 5–7 aus Turchin et al. 2012). Das heißt, dass der Selektionsdruck auf einzelne Allele wie erwartet sehr schwach ist. Dies wird bestätigt, wenn man die skalierten Selektionskoeffizienten betrachtet. Multipliziert man nämlich die geschätzten Selektionskoeffizienten mit $N_e = 10.000$, einem für Menschen typischen Wert, ergibt sich, dass $N_e s\gamma_i$ im Bereich der fast-neutralen Theorie liegt (Abschn. 4.2).

Die zweite Methode zur Entdeckung von Signaturen polygener Adaptation wurde von Berg und Coop (2014) entwickelt. Sie ist verwandt mit dem Verfahren von Turchin et al. (2012), da wiederum Populationen miteinander verglichen werden, die nach einer Umweltänderung unterschiedliche Selektionsdrücke erfahren haben und darauf in koordinierter Weise reagieren. Bei dieser Methode werden allerdings in der Regel viel mehr als zwei Populationen betrachtet. Ferner werden neben genetischer Drift die unterschiedlichen Demographien und die Verwandtschaftsverhältnisse der Populationen berücksichtigt. Auf der Grundlage dieses Nullmodells, das die neutrale Evolution der untersuchten Populationen wiedergibt, werden dann statistische Tests durchgeführt, um SNPs zu entdecken, die signifikant vom Nullmodell abweichen. Dabei werden auch Korrelationen von genetischen Daten mit Umweltvariablen untersucht. Populationen, die entlang von Umweltgradienten (z. B. entlang des Breitengrads) ausgewählt werden, eignen sich hierfür besonders gut. Angewandt wurde dieses Verfahren auf GWAS-Daten des *Human Genome Diversity Project* (HGDP) (Cann et al. 2002). Am deutlichsten waren die Signaturen von Körpergröße und Hautpigmentierung (d. h. eine hellere Hautfarbe in nördlichen Populationen) zu erkennen, weniger deutlich diejenigen der Risiken für chronisch-entzündliche Darmerkrankungen, und am wenigstens ersichtlich waren die Signaturen vom Diabetes-Typ-2-Risiko oder des Körpermasseindex *(Body-Mass-Index)*.

Eine dritte Methode zur Entdeckung von Signaturen der polygenen Adaptation wurde von Field et al. (2016) vorgeschlagen. Anders als die beiden zuvor genannten Verfahren beruht diese Methode auf Daten, die von einer einzigen Population gesammelt werden. Dies hat den Vorteil, dass man nicht auf Paare von Populationen (oder auf mehr als zwei Populationen) angewiesen ist, die nach einer Umweltänderung divergentem Selektionsdruck ausgesetzt waren. Die diesem Verfahren zugrunde liegende Idee ist, dass der terminale Ast einer Genealogie für das vorteilhafte Allel an einem selektierten Locus dazu tendiert, kürzer zu sein als der Ast für das nachteilige Allel. Das liegt daran, dass ein vorteilhaftes Allel in der Vergangenheit in der Frequenz zugenommen hat und deshalb (rückwärts in der Zeit) schneller ein gemeinsamer Vorfahre gefunden wird. Haplotypen, die das vorteilhafte Allel tragen, sollten daher weniger *singletons* in der Nähe des selektierten Locus aufweisen als Haplotypen mit dem nachteiligen Allel.

Field et al. (2016) wendeten diese Idee auf die +- und −-Allele von menschlichen GWAS-Daten bezüglich der Körpergröße der britischen Population an. Sie fanden, dass die Frequenz der +-Allele, die zu einer Zunahme der Körpergröße führen, in den letzten 2000 Jahren (ca. 80 Generationen) systematisch angestiegen ist ($P = 4 \times 10^{-11}$). Ferner entdeckten sie mit dieser Methode Evidenz für polygene Adaptation für viele andere quantitative Merkmale, einschließlich des Körpermasseindex. Da diese Methode nicht auf den Vergleich von mehreren Populationen angewiesen ist (wie die von Berg und Coop 2014), ist sie dazu geeignet, schnelle Adaptation, die in jüngster Zeit stattgefunden hat, nachzuweisen.

Übungen

12.1 Zeigen Sie, dass die Allelfrequenzen von Gl. 12.4 im Gleichgewicht unter der Annahme $\Delta z = 0$ durch die Gl. 12.5a und 12.5a gegeben sind. Überzeugen Sie sich, dass diese Gleichgewichtslösungen stabil sind.

12.2 Zeigen Sie, unter welchen Vorrausetzungen der Anteil der Varianz, der durch die Loci mit großen Effekten bestimmt wird, im Fitnessoptimum folgendermaßen gegeben ist:

$$\tilde{v}_l = 2 \sum_{\gamma_i \geq \hat{\gamma}} \gamma_i^2 \tilde{x}_i (1 - \tilde{x}_i) \approx \frac{4\mu}{s} n_l,$$

wobei n_l die Anzahl der Loci mit großen Effekten ist.

12.3 Geben Sie einen alternativen Lösungsweg an, um die Gl. 12.10 unter der Annahme, dass die Varianz sich zeitlich nicht ändert, zu erhalten; d. h. $v(t) \approx \tilde{v} \approx n\overline{\gamma}^2$.

12.4 Zeigen Sie, dass die sechs Effektgrößen von Abb. 12.1 als große Effekte zu klassifizieren sind.

12.5 Warum nimmt der Selektionsdruck auf ein Allel in Gl. 12.9 im Laufe der Zeit ab?

12.6 Zeigen Sie, dass das Selektionsmodell von Turchin et al. (2012) formal mit der Gl. 12.9 für die Zeit kurz nach der Umweltänderung übereinstimmt.

Literatur

Atwell S, Huang YS, Vilhjalmsson BJ, Willems G, Horton M et al (2010) Genome-wide association study of 107 phenotypes in *Arabidopsis thaliana* inbred lines. Nature 465:627–631

Barton NH, Etheridge AM, Veber A (2017) The infinitesimal model: definition, derivation, and implications. Theor Popul Biol 118:50–73

Berg JJ, Coop G (2014) A population genetic signal of polygenic adaptation. PLoS Genet 10:e1004412

Bulmer MG (1972) The genetic variability of polygenic characters under optimizing selection, mutation and drift. Genet Res 19:17–25

Bulmer MG (1980) The mathematical theory of quantitative genetics. Oxford University Press, Oxford

Bürger R (2000) The mathematical theory of selection, recombination, and mutation. Wiley, Chichester

Cann HM, de Toma C, Cazes L, Legrand MF, Morel V et al (2002) A human genome diversity cell line panel. Science 296:261–262

Darwin C (1859) On the origin of species, 1. Aufl. John Murray, London

de Vladar HP, Barton N (2014) Stability and response of polygenic traits to stabilizing selection and mutation. Genetics 197:749–767

Elmer KR, Reggio C, Wirth T, Verheyen E, Salzburger W et al (2009) Pleistocene desiccation in East Africa bottlenecked but did not extirpate the adaptive radiation of Lake Victoria haplochromine cichlid fishes. Proc Natl Acad Sci USA 106:13404–13409

Field Y, Boyle EA, Telis N, Gao Z, Gaulton KJ et al (2016) Detection of human adaptation during the past 2000 years. Science 354:760–764

Gibbs HL, Grant PR (1987) Oscillating selection on Darwin's finches. Nature 327:511–513

Huang W, Massouras A, Inoue Y, Peiffer J, Ramia M et al (2014) Natural variation in genome architecture among 205 *Drosophila melanogaster* genetic reference panel lines. Genome Res 24:1193–1208

Jain K, Stephan W (2015) Response of polygenic traits under stabilizing selection and mutation when loci have unequal effects. G3(5):1065–1074

Jain K, Stephan W (2017) Rapid adaptation of a polygenic trait after a sudden environmental shift. Genetics 206:389–406

Josephs EB, Stinchcombe JR, Wright SI (2017) What can genome-wide association studies tell us about the evolutionary forces maintaining genetic variation for quantitative traits? New Phytol 214:21–33

Losos JB, Schoener TW, Spiller DA (2004) Predator-induced behaviour shifts and natural selection in field-experimental lizard populations. Nature 432:505–508

Mackay TFC, Huang W (2018) Charting the genotype-phenotype map: lessons from the *Drosophila melanogaster* Genetic Reference Panel. Wiley Interdiscip Rev Dev Biol 7:e289

Reznick DN (2009) The origin then and now: an interpretative guide to the origin of species. Princeton University Press, Princeton

Sohail M, Maier RM, Ganna A, Bloemendal A, Martin AR et al (2019) Polygenic adaptation on height is overestimated due to uncorrected stratification in genome-wide association studies. eLife 8:e39702

Sved JA, Hill WG (2018) One hundred years of linkage disequilibrium. Genetics 209:629–636

Turchin MC, Chiang CWK, Palmer CD, Sankararaman S, Reich D et al (2012) Evidence of widespread selection on standing variation in Europe at height-associated SNPs. Nat Genet 44:1015–1019

van't Hof AE, Edmonds N, Dalikova M, Marec F, Saccheri IJ (2011) Industrial melanism in British peppered moths has a singular and recent mutational origin. Science 332:958–960

Visscher PM, Wray NR, Zhang Q, Sklar P, McCarthy MI et al (2017) 10 years of GWAS discovery: biology, function, and translation. Am J Hum Genet 101:5–22

Weigel D, Nordborg M (2015) Population genomics for understanding adaptation in wild plant species. Annu Rev Genet 49:315–338

Wright S (1935) Evolution in populations in approximate equilibrium. J Genet 30:257–266

Elementare Mathematik, Wahrscheinlichkeitstheorie und Statistik

13

In der Populationsgenetik spielen quantitative Aussagen eine große Rolle. Um z. B. zu verstehen, wie schnell eine neue Mutation fixiert wird, müssen wir das Zusammenwirken der natürlichen Selektion mit der genetischen Drift analysieren. Ein Verständnis der klassischen Selektionstheorie, die das Evolutionsgeschehen mit Rekurrenzgleichungen oder gewöhnlichen Differenzialgleichungen beschreibt, ist dabei genauso wichtig wie das Studium der Koaleszenztheorie, um stochastische Prozesse wie die genetische Drift zu quantifizieren. Um beides zu ermöglichen, wollen wir hier Hilfsmittel sowohl aus der elementaren Mathematik (Abschn. 13.1) als auch der Wahrscheinlichkeitstheorie (Abschn. 13.2) bereitstellen. Ferner wollen wir eine Einführung in die Datenanalyse ermöglichen, indem wir Grundlagen der Statistik repetieren (Abschn. 13.3). Methoden, die über das Grundwissen hinausgehen, können allerdings nicht im Detail behandelt werden.

13.1 Elementare Mathematik

Die Mathematik, die in diesem Buch benutzt wird, wird größtenteils bereits im Gymnasium gelehrt. Ausnahmen stellen mathematische Approximationen dar, die auf der Taylorreihe beruhen und hier behandelt werden. Ferner befassen wir uns mit einfachen Rekurrenzgleichungen und gewöhnlichen Differenzialgleichungen von evolutionären Prozessen, die z. B. in der klassischen Selektionstheorie eine Rolle spielen.

© Springer-Verlag GmbH Deutschland, ein Teil von Springer Nature 2019
W. Stephan und A. C. Hörger, *Molekulare Populationsgenetik*,
https://doi.org/10.1007/978-3-662-59428-5_13

13.1.1 Mathematische Approximationen in der Populationsgenetik

Eine mathematische Funktion $f(x)$, die unbegrenzt differenzierbar ist, kann in eine Taylorreihe um einen Wert x_0 entwickelt werden:

$$f(x) = \sum_{i=0}^{\infty} \frac{f^{(i)}(x_0)}{i!}(x - x_0)^i,$$

wobei $f^{(i)}(x_0)$ die i-te Ableitung von f an der Stelle x_0 ist. Mithilfe der Taylor-reihe kann man den Wert der Funktion um x_0 approximieren. Hinreichend genaue Approximationen der Funktion erhält man dabei in der Regel, wenn man nur die ersten zwei oder drei Elemente der Taylorreihe betrachtet:

$$f(x) \approx f(x_0) + f'(x_0)(x - x_0) + \frac{1}{2}f''(x_0)(x - x_0)^2. \tag{13.1}$$

Hier stehen $f'(x_0)$ für die erste Ableitung der Funktion f und $f''(x_0)$ für die zweite Ableitung an der Stelle x_0.

Im Folgenden geben wir die Approximationen für drei häufig vorkommende Funktionen an. Für die Exponentialfunktion erhalten wir für kleine x-Werte in der Nähe von $x_0 = 0$:

$$exp(x) \approx 1 + x + \frac{x^2}{2}. \tag{13.2}$$

Für den natürlichen Logarithmus findet man ebenfalls für kleine x-Werte in der Nähe von $x_0 = 0$:

$$ln(1 + x) \approx x - \frac{x^2}{2}. \tag{13.3}$$

Falls $|x| \ll 1$, kann in Gl. 13.2 und 13.3 der quadratische Term jeweils ver-nachlässigt werden. Die binomische Reihe kann für kleine x-Werte in der Nähe von $x_0 = 0$ approximiert werden als

$$(1 - x)^m \approx 1 - mx, \tag{13.4}$$

wobei m eine von null verschiedene reelle Zahl ist. Hier hängt der Vorfaktor des quadratischen Terms davon ab, ob m positiv oder negativ ist; die hier angegebene Approximation geht deshalb nur bis zum linearen Term.

13.1.2 Rekurrenzgleichungen

Rekurrenzgleichungen, die verschiedene Aspekte des Evolutionsprozesses beschrei-ben, kommen relativ häufig in diesem Buch vor, z. B. die Gl. 2.2 und 2.3, mit denen wir den Verlust der genetischen Variation unter dem Einfluss von genetischer Drift modellieren, die Gl. 2.6 und 2.7, die zur Heterozygotie im Gleichgewicht von Drift und Mutation führen, und die Gleichungen der klassischen Selektionstheorie im Abschn. 5.1. Alle diese Gleichungen haben die gleiche Form:

$$x' = f(x), \tag{13.5}$$

wobei x' der Wert der Variablen x in der nächsten Generation ist und $f(x)$ eine Funktion von x in der Gegenwart darstellt. Die Gl. 13.5 kann manchmal analytisch gelöst werden, wie wir das für die Gl. 2.2 gemacht haben. Aber meistens erhalten wir nur eine Lösung der Rekurrenzgleichung, indem wir einen Anfangswert x_0 wählen und dann die Gleichung numerisch Schritt für Schritt iterieren; d. h. wir beginnen mit der Generation 0 und berechnen x', welches der Wert x_1 von x in der Generation 1 ist. Dann setzen wir den erhaltenen Wert x_1 wieder in die Funktion ein und erhalten den Wert x_2 der Variablen in der Generation 2 usw.

Oft ist es aber nicht nötig, eine zeitabhängige Lösung einer Rekurrenzgleichung zu berechnen und damit eine Lösung für alle Generationen zu erhalten, sondern es reicht, die Lösung im Gleichgewicht zu finden (wie z. B. im Falle der Gleichgewichtsheterozygotie $\tilde{H}$; siehe Gl. 2.8). Eine Gleichgewichtslösung $\tilde{x}$ findet man, indem man in Gl. 13.5 $x' = x$ setzt und die daraus resultierende Gleichung löst.

Dabei ist es möglich, dass man eine oder mehrere Gleichgewichtslösungen erhält. Biologisch interessant sind jedoch nur diejenigen, die stabil sind, d. h. gegen die das dynamische System im Laufe der Zeit konvergiert. Stabile Gleichgewichtslösungen findet man am schnellsten, wenn man die Gl. 13.5 in folgender Form schreibt:

$$\Delta x = f(x) - x, \tag{13.6}$$

wobei $\Delta x = x' - x$, und man $f(x) - x$ als Funktion von x zeichnet.

Wir betrachten dazu ein Beispiel. Für balancierende Selektion (Heterozygotenvorteil) erhalten wir die Gl. 5.5 in der Form (Abschn. 5.1.2.2)

$$\Delta q = \frac{pq(ps - qt)}{\bar{w}}. \tag{13.7}$$

Wenn wir ausschließlich an Gleichgewichtslösungen interessiert sind, können wir den Nenner der rechten Seite von Gl. 13.7, der für alle Werte von q positiv ist, als konstant annehmen und vernachlässigen. Den Rest der rechten Seite, nämlich $g(q) = pq(ps - qt)$, betrachten wir als Funktion von q, wobei wir berücksichtigen, dass $p = 1 - q$. Diese Funktion hat drei Nullstellen: 0, $\frac{s}{s+t}$ und 1. Der Plot von $g(q)$ zeigt (Abb. 13.1), dass die Funktion im Intervall $\left(0, \frac{s}{s+t}\right)$ größer als 0 ist, d. h. $\Delta q > 0$, und im Intervall $\left(\frac{s}{s+t}, 1\right)$ kleiner als 0 ist, d. h. $\Delta q < 0$. Das bedeutet, dass die Allelfrequenz q im Laufe der Zeit sowohl von unten wie von oben gegen $\frac{s}{s+t}$ konvergiert. Gleichzeitig entfernt sie sich von 0 und von 1, d. h. diese beiden Gleichgewichtslösungen sind nicht stabil und $\tilde{q} = \frac{s}{s+t}$ ist die einzige stabile Gleichgewichtslösung dieses Modells.

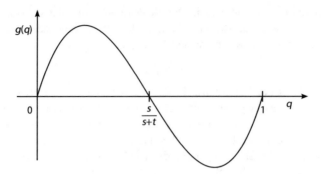

Abb. 13.1 Darstellung der Funktion $g(q) = pq(ps - qt)$ gegen q. Diese Funktion hat die Nullstellen 0, $\frac{s}{s+t}$ und 1. Für die Parameter gilt hier: $s = t$

13.1.3 Gewöhnliche Differenzialgleichungen

Gewöhnliche Differenzialgleichungen werden zur Beschreibung von Evolutionsprozessen verwendet, wenn eine Population sehr groß ist und die Zeitvariable als kontinuierlich betrachtet werden kann. Unter gewissen Gegebenheiten können Rekurrenzgleichungen durch gewöhnliche Differenzialgleichungen approximiert werden, wenn der Parameter, der die Geschwindigkeit des Prozesses bestimmt, klein ist. Wir haben dieses Prinzip beim Übergang von Gl. 5.16 auf Gl. 5.17 angewandt und dabei angenommen, dass der Selektionskoeffizient $s \ll 1$ ist. Gewöhnliche Differenzialgleichungen haben den Vorteil, dass sie oftmals durch Integration lösbar sind, während Lösungen der entsprechenden Rekurrenzgleichungen nicht ohne größeren Aufwand zu erhalten sind.

Für die Gleichgewichtslösung(en) und deren Stabilität gelten bei einer gewöhnlichen Differenzialgleichung

$$\frac{d}{dt}x = f(x) \tag{13.8}$$

ähnliche Bedingungen wie für Rekurrenzgleichungen der Form von Gl. 13.6. Das heißt, man setzt die Zeitableitung gleich null und untersucht die rechte Seite der Gleichung nach stabilen Nullstellen (wie in Abb. 13.1).

Als Beispiel einer gewöhnlichen Differenzialgleichung, die mit elementaren Mitteln für alle Zeiten t gelöst werden kann, wollen wir eine lineare Differenzialgleichung erster Ordnung der Form

$$\frac{d}{dt}x = kx \tag{13.9}$$

betrachten, wobei k eine Konstante ist. Eine Gleichung dieser Form wird im Lösungsvorschlag zu Übung 12.3 betrachtet, die zu Gl. 12.10 führt. Eine solche Differenzialgleichung kann durch Trennung der Variablen x und t gelöst werden, d. h. man stellt Ausdrücke, die die x-Variable enthalten, auf eine Seite der Gleichung und solche, die die t-Variable enthalten, auf die andere. Dies ergibt

$$\frac{dx}{x} = kdt. \tag{13.10}$$

Durch Integration der linken Seite nach x und der rechten nach t erhält man die allgemeine Lösung der Differenzialgleichung als

$$ln(x) = kt + C, \tag{13.11}$$

wobei C eine Integrationskonstante ist, die mithilfe der Anfangsbedingung $x(0) = x_0$ bestimmt werden kann. Durch Exponenzieren der beiden Seiten von Gl. 13.11 (mit der Basis e) erhalten wir die Lösung

$$x(t) = x_0 exp(kt). \tag{13.12}$$

Auf ähnliche Weise kann man auch die Differenzialgleichung in Abschn. 5.2.1 (Gl. 5.17) lösen, wenn $h = 0{,}5$ ist (siehe Gl. 5.18).

13.2 Grundlagen der Wahrscheinlichkeitstheorie

13.2.1 Grundbegriffe der Wahrscheinlichkeitstheorie

Bevor Wahrscheinlichkeiten von Ereignissen oder Ergebnissen angegeben werden können, muss geklärt werden, welche von ihnen zur Ereignis- oder Ergebnismenge Ω gehören. Bei einem Würfel beispielsweise ist die Ergebnismenge $\Omega = \{1, 2, 3, 4, 5, 6\}$; d. h. $\{7\}$ ist kein Element der Ergebnismenge. Wahrscheinlichkeiten werden nur Ereignissen zugeordnet, die zur Ergebnismenge gehören und damit eine Teilmenge der Ergebnismenge sind. Dazu verwendet man für die Wahrscheinlichkeit den Buchstaben P *(probability)*. P nimmt Werte zwischen 0 und 1 an.

Jeder Teilmenge der Ergebnismenge kann eine Wahrscheinlichkeit zugeordnet werden. Man beginnt dabei am besten mit den einzelnen Elementen (oder Einzelereignissen) der Ergebnismenge. Beim Würfel sind dies die Teilmengen $\{1\}$, $\{2\}$, $\{3\}$, $\{4\}$, $\{5\}$ und $\{6\}$. Wenn der Würfel symmetrisch ist, ist die Wahrscheinlichkeit, eine 1 zu würfeln, definitionsgemäß $\frac{1}{6}$. Man schreibt dann $P(\{1\}) = \frac{1}{6}$ oder einfach $P(1) = \frac{1}{6}$. Die Wahrscheinlichkeit eines komplexeren Ereignisses lässt sich mithilfe der Wahrscheinlichkeiten der Einzelereignisse ausrechnen. Möchten wir z. B. die Wahrscheinlichkeit ausrechnen, 2 oder 3 zu würfeln, addieren wir die Wahrscheinlichkeiten der Einzelereignisse; d. h. wir schreiben:

$$P(\{2, 3\}) = P(\{2\}) + P(\{3\}) = P(2) + P(3) = \frac{1}{6} + \frac{1}{6} = \frac{1}{3}. \tag{13.13}$$

Man nennt dies auch die Additionsregel der Wahrscheinlichkeitstheorie. Allgemein gilt für zwei Teilmengen A und B einer Ereignismenge Ω

$$P(A \cup B) = P(A) + P(B) - P(A \cap B), \tag{13.14}$$

wobei $\cup$ die Vereinigung und $\cap$ den Durchschnitt der Mengen A und B bezeichnet. In Gl. 13.13 ist der Durchschnitt leer, sodass der letzte Term in Gl. 13.14 null ergibt.

Eine weitere wichtige Regel der Wahrscheinlichkeitstheorie ist die Multiplikationsregel. Nehmen wir an, wir machen ein Experiment mit einem Zufallsgenerator zweimal, sodass die Durchführungen des Experiments unabhängig voneinander sind. In diesem Fall wird die Wahrscheinlichkeit eines bestimmten Ergebnisses der ersten Durchführung mit der Wahrscheinlichkeit des Ergebnisses der zweiten multipliziert. Als Beispiel betrachten wir wieder einen symmetrischen Würfel und fragen, was ist die Wahrscheinlichkeit, dass wir beim ersten Wurf eine 2 und beim zweiten eine 3 erhalten? Wir schreiben das Ergebnis als ein 2-Tupel $\{(2,3)\}$ und erhalten aufgrund der Unabhängigkeit der beiden Würfe:

$$P(\{(2,3)\}) = P(\{2\}) \times P(\{3\}) = P(2) \times P(3) = \frac{1}{6} \times \frac{1}{6} = \frac{1}{36}. \quad (13.15)$$

Diese Multiplikationsregel haben wir im Buch mehrfach angewendet, z. B. wenn in einer Population Zufallspaarung vorliegt.

Eine bedingte Wahrscheinlichkeit liegt vor, wenn die Berechnung der Wahrscheinlichkeit an eine Bedingung geknüpft ist. Im Falle eines symmetrischen Würfels können wir z. B. fragen: Was ist die Wahrscheinlichkeit, eine 2 zu würfeln, unter der Bedingung, dass die Zahl gerade ist? In der Sprache der Wahrscheinlichkeitstheorie, schreiben wir dies folgendermaßen: Das Ergebnis ist $A = \{2\}$, und die Bedingung ist gegeben durch die Teilmenge $B = \{2, 4, 6\}$; dann heißt

$$P(A|B) = \frac{P(A \cap B)}{P(B)} = \frac{P(2)}{P(2,4,6)} = \frac{\frac{1}{6}}{\frac{1}{2}} = \frac{1}{3} \quad (13.16)$$

die bedingte Wahrscheinlichkeit von A unter der Bedingung B.

13.2.2 Zufallsvariablen und ihre Verteilungen

Eine Zufallsvariable X ist eine Funktion, die einen bestimmten Wert x_i (reelle Zahl) mit einer bestimmten Wahrscheinlichkeit p_i annimmt. Wir schreiben dafür

$$P\{X = x_i\} = p_i, \quad (13.17)$$

wobei $i = 1, \ldots, n$ und n die Anzahl der verschiedenen Werte von X ist. Die Wahrscheinlichkeiten p_i werden als Wahrscheinlichkeitsverteilung der Zufallsvariablen X bezeichnet, wenn diese nur diskrete Werte annimmt. Falls die Werte kontinuierlich sind, spricht man von einer Wahrscheinlichkeitsdichte. In unserem Beispiel eines Würfels nimmt die Zufallsvariable die Werte 1, 2, 3, 4, 5 oder 6 mit der Wahrscheinlichkeit von jeweils 1/6 an. In diesem Fall ist die Wahrscheinlichkeitsverteilung also konstant. Interessantere Beispiele von Wahrscheinlichkeitsverteilungen werden in Abschn. 13.2.2.2 beschrieben.

13.2.2.1 Momente der Zufallsvariablen

Wir haben in diesem Buch wiederholt den Erwartungswert und die Varianz von Zufallsvariablen verwendet. Der Erwartungswert einer diskreten Zufallsvariable ist folgendermaßen definiert:

$$E\{X\} = \sum_{i=1}^{n} p_i x_i, \tag{13.18}$$

wobei E „Erwartung von" *(expectation of)* bedeutet. Im kontinuierlichen Fall muss das Summenzeichen durch ein Integral ersetzt werden (siehe Abschn. 13.2.2.2). Der Erwartungswert einer Zufallsvariablen mit den Werten x (ob diskret oder kontinuierlich) wird oft durch μ oder $\bar{x}$ abgekürzt.

Die Varianz der Zufallsvariablen X ist definiert als der Erwartungswert der quadrierten Abweichung vom Mittelwert $\bar{x}$:

$$Var\{X\} = E\left\{(X - \bar{x})^2\right\} = \sum_{i=1}^{n} p_i (x_i - \bar{x})^2 = \sum_{i=1}^{n} p_i x_i^2 - \bar{x}^2.$$

Dies ergibt die Varianz in kompakter Form als

$$Var\{X\} = E\left\{X^2\right\} - E\{X\}^2. \tag{13.19}$$

Die Varianz wird oft auch durch die Symbole σ^2 oder v gekennzeichnet. Die Wurzel $\sqrt{Var\{X\}}$ aus der Varianz von X heißt die Standardabweichung von X.

13.2.2.2 Relevante Zufallsvariablen der Populationsgenetik

Wir behandeln zunächst Zufallsvariablen, die diskrete Werte annehmen (z. B. ganze Zahlen). Unter ihnen werden binomialverteilte Zufallsvariablen besonders häufig in der Populationsgenetik verwendet. Sie geben die Anzahl der Erfolge in n unabhängigen Versuchen an, wenn die Erfolgswahrscheinlichkeit für einen Versuch p ist. Die Zufallsvariable X kann die Werte 0, 1, 2, ..., n annehmen mit der Wahrscheinlichkeit

$$P\{X = i\} = \binom{n}{i} p^i (1 - p)^{n-i}, \tag{13.20}$$

wobei $\binom{n}{i} = \frac{n!}{i!(n-i)!}$ der Binomialkoeffizient ist und $n! = 1 \times 2 \times 3 \times \ldots \times n$ „n-Fakultät" genannt wird.

Der Erwartungswert der binomialverteilten Zufallsvariablen ist

$$E\{X\} = \sum_{i=1}^{n} i \binom{n}{i} p^i (1 - p)^{n-i} = np \tag{13.21}$$

und die Varianz

$$Var\{X\} = \sum_{i=1}^{n} (i - np)^2 \binom{n}{i} p^i (1 - p)^{n-i} = np(1 - p). \tag{13.22}$$

Eine elegante Ableitung dieser Ergebnisse ist im Buch von Gillespie (2004) zu finden.

Die geometrisch verteilte Zufallsvariable T beschreibt die Zeit bis zum ersten Erfolg in einer Reihe von unabhängigen Versuchen, wobei die Wahrscheinlichkeit, dass ein Versuch erfolgreich ist, durch p gegeben ist:

$$P\{T = i\} = p(1 - p)^{i-1}, \quad i = 1, 2, 3, \ldots \tag{13.23}$$

Der Erwartungswert von T ist $\frac{1}{p}$ und die Varianz $\frac{1-p}{p^2}$.

Eine Zufallsvariable X mit

$$P\{X = i\} = \frac{e^{-\mu} \mu^i}{i!}, \quad i = 0, 1, 2, \ldots \tag{13.24}$$

heißt Poisson-verteilt mit Parameter μ. Sie eignet sich z. B. zur Beschreibung von Mutationsprozessen. Falls μ die Nukleotidmutationsrate pro Generation ist, gibt $P\{X = i\}$ die Wahrscheinlichkeit an, pro Generation i Mutationen an einer Nukleotidstelle zu erhalten. Da μ sehr klein ist, ist die Wahrscheinlichkeit, dass keine Mutation auftritt, nahezu 1. Der Erwartungswert und die Varianz einer Poisson-verteilten Zufallsvariablen sind jeweils μ; d. h. die Poisson-Verteilung hat eine relativ kleine Streuung.

Unter den Zufallsvariablen, die kontinuierliche Werte annehmen können, spielt die normalverteilte Zufallsvariable eine wichtige Rolle (insbesondere in der Quantitativen Genetik; Kap. 11 und 12). Eine Zufallsvariable X heißt normalverteilt mit den Parametern μ und σ^2 (kurz: $N(\mu, \sigma^2)$-verteilt), falls X stetig verteilt ist mit der Wahrscheinlichkeitsdichte

$$p(x) = \frac{1}{\sqrt{2\pi\sigma^2}} exp\left(-\frac{(x-\mu)^2}{2\pi\sigma^2}\right). \tag{13.25}$$

Für kontinuierliche Zufallsvariablen X, die Werte im Intervall (α, β) annehmen und die Dichte $p(x)$ haben, sind die ersten beiden Momente folgendermaßen definiert:

$$E\{X\} = \int_{\alpha}^{\beta} xp(x)dx \tag{13.26}$$

und

$$Var\{X\} = \int_{\alpha}^{\beta} (x - \bar{x})^2 p(x)dx. \tag{13.27}$$

Durch Anwendung von Gl. 13.26 und 13.27 kann man zeigen, dass die Parameter μ und σ^2 im Falle der normalverteilten Zufallsvariablen auch den Erwartungswert bzw. die Varianz darstellen, wenn die Integrale in Gl. 13.26 und 13.27 zwischen $-\infty$ und $+\infty$ berechnet werden.

Eine wichtige Eigenschaft der normalverteilten Zufallsvariable liefert der Zentrale Grenzwertsatz der Wahrscheinlichkeitstheorie. Dieser besagt, dass die Verteilung einer Summe von unabhängigen Zufallsvariablen gegen eine Normalverteilung konvergiert, wenn die Anzahl der Zufallsvariablen groß ist (siehe Abschn. 11.1).

Eine weitere kontinuierliche Zufallsvariable haben wir im Abschn. 2.3.1 eingeführt. Die Zeit T_i zwischen aufeinanderfolgenden Koaleszenzereignissen, wenn i Linien vorhanden sind, ist näherungsweise exponentiell verteilt mit der Dichte

$$p(t) \approx \frac{i(i-1)}{4N} exp\left(-\frac{i(i-1)t}{4N} \right), i = 2, \ldots, n, \tag{13.28}$$

wobei n die Größe der zugrunde liegenden Stichprobe ist. Da die Zufallsvariable T_i Werte zwischen 0 und ∞ annehmen kann, ergibt sich aus Gl. 13.28 der Erwartungswert

$$E\{T_i\} = \frac{4N}{i(i-1)}. \tag{13.29}$$

Diese Erwartungswerte werden im Abschn. 2.3.1 und 2.3.2 verwendet.

13.2.2.3 Rechnen mit Zufallsvariablen

Es gelten folgende nützliche Formeln für eine Zufallsvariable X (ohne Beweis):

$$E\{aX + b\} = aE\{X\} + b, \tag{13.30}$$

wobei a und b reelle Zahlen sind. Für die Varianz gilt:

$$Var\{aX + b\} = a^2 Var\{X\}. \tag{13.31}$$

Der Erwartungswert einer Summe von zwei Zufallsvariablen X und Y ist

$$E\{X + Y\} = E\{X\} + E\{Y\}. \tag{13.32}$$

Deren Varianz ist

$$Var\{X + Y\} = Var\{X\} + 2Cov\{X, Y\} + Var\{Y\}. \tag{13.33}$$

Dabei ist die Kovarianz von X und Y definiert als

$$Cov\{X, Y\} = E\{(X - \bar{x})(Y - \bar{y})\}. \tag{13.34}$$

Die Kovarianz ist ein Maß für die Korrelation zweier Zufallsvariablen. Falls beide Zufallsvariablen entweder zusammen groß oder klein sind, ist ihre Kovarianz positiv. Falls eine groß, die andere klein ist, ist sie negativ. Sind die beiden Zufallsvariablen unabhängig, ist ihre Kovarianz null.

Der Korrelationskoeffizient r der Zufallsvariablen X und Y ist folgendermaßen definiert:

$$r = Corr\{X, Y\} = \frac{Cov\{X, Y\}}{\sqrt{Var\{X\}Var\{Y\}}}. \tag{13.35}$$

13.3　Statistische Grundlagen

13.3.1　χ^2-Anpassungstest

Mit dem χ^2-Test wird geprüft, ob vorliegende Daten einer Stichprobe auf eine bestimmte Weise verteilt sind. In dieser Form wird dieser Test auch Verteilungs- oder Anpassungstest (*goodness-of-fit*-Test) genannt. Die Daten resultieren aus n unabhängigen Beobachtungen $x_1, x_2, \ldots, x_n$ eines Merkmals mit mehreren Ausprägungen $X = (X_1, X_2, \ldots, X_n)$. Man möchte wissen, ob die Daten mit den Erwartungswerten $E\{X_i\}$, die aus einer bestimmten Hypothese (z. B. der neutralen Theorie) abgeleitet sind, übereinstimmen. Um dies zu prüfen, betrachtet man die Teststatistik

$$\chi^2 = \sum\nolimits_{i=1}^{n} \frac{(x_i - E\{X_i\})^2}{E\{X_i\}}. \tag{13.36}$$

Diese Statistik misst die Größe der Abweichung. Sie ist annähernd χ^2-verteilt mit $n - 1$ Freiheitsgraden. Wenn die Hypothese wahr ist, sollte der Unterschied zwischen den beobachteten und erwarteten Werten klein sein. Im Gegensatz dazu wird bei einem hohen Wert von χ^2 die Hypothese abgelehnt. Genauer ausgedrückt heißt das: Bei einem Signifikanzniveau α wird die Hypothese abgelehnt, wenn χ^2 größer als das $(1 - \alpha)$-Quantil der χ^2-Verteilung mit $n - 1$ Freiheitsgraden ist. Es existieren Tabellen der χ^2-Quantile in Abhängigkeit von der Anzahl der Freiheitsgrade und vom gewünschten Signifikanzniveau. Wenn die zu testende Hypothese von Parametern abhängt, die unbekannt sind und aus der Stichprobe geschätzt werden sollen (wie beim HKA-Test; Abschn. 4.3.1), reduziert sich die Anzahl der Freiheitsgrade um die Anzahl der Parameter.

13.3.2　χ^2-Unabhängigkeitstest, *G*-Test und exakter Test von Fisher

Neben dem χ^2-Anpassungstest gibt es auch den χ^2-Unabhängigkeitstest. Dabei wird getestet, ob zwei Merkmale (Zufallsvariablen) stochastisch unabhängig sind. Dieser Testtyp ist mit dem exakten Test von Fisher und dem *G*-Test eng verwandt, in denen auch die Unabhängigkeit von Zufallsvariablen geprüft wird. Die Daten sind bei diesen Tests in der Form von Kontingenztafeln gegeben, in denen der Zusammenhang der beiden Variablen dargestellt wird. Es wird geprüft, ob die Häufigkeiten in einer Kontingenztafel durch Zufall zustande gekommen sind oder nicht. Die Formeln zur Berechnung der Teststatistik sind ähnlich konstruiert wie die Gl. 13.36. Beobachtete Häufigkeiten werden entweder von erwarteten Häufigkeiten abgezogen und die Differenz wird quadriert (χ^2-Test), oder der Quotient von beobachteten und erwarteten Häufigkeiten wird in einem *Likelihood-Ratio*-Ansatz verwendet (*G*-Test; Abschn. 13.3.3). Im Fall von n Kategorien ist die Prüfstatistik in beiden Tests nahezu χ^2-verteilt mit $n-1$ Freiheitsgraden. Der G-Test ist bei kleinen Stichproben robuster als der χ^2-Test und wird deshalb bevorzugt.

Im Fall einer 2×2-Kontingenztafel wird mitunter zur Überprüfung der exakte Test von Fisher angewandt. Dies geschieht insbesondere bei kleinen Stichproben, weil sich die Verteilung der Teststatistik bei diesem Test relativ einfach berechnen lässt und daher die Wahrscheinlichkeit dafür, dass die Testgröße Werte im Ablehnungsbereich liefert, nicht wie bei χ^2-Tests nur näherungsweise, sondern genau angegeben werden kann.

Zur Durchführung der oben genannten Testverfahren an populationsgenetischen Daten gibt es eine Reihe von Programmen, die auf öffentlichen Webseiten zur Verfügung stehen, z. B. DnaSP (http://www.ub.es/dnasp/) oder R (https://www.r-project.org).

13.3.3 Maximum-*Likelihood*-Schätzer und der *Likelihood-Ratio*-Test

Die Schätzung von Parametern von Modellen spielt in der Populationsgenetik eine große Rolle. Eine typische Aufgabe besteht darin, Parameter wie die Nukleotiddiversität θ einer neutral evolvierenden Population mithilfe einer Stichprobe zu schätzen. Da Stichproben aber nur einen Teil einer Population erfassen, ist eine Schätzung immer mit Fehlern behaftet. Schätzer sollen daher keine Verzerrung *(bias)* haben und eine möglichst kleine Varianz aufweisen. Aus diesem Grund werden häufig Maximum-*Likelihood*-Schätzer verwendet. Die Maximum-*Likelihood*-Methode verlangt, dass man Parameter, wie z. B. θ, so bestimmt, dass die Wahrscheinlichkeit der Daten einer Stichprobe als Funktion von θ (in anderen Worten, die bedingte Wahrscheinlichkeit $P(\text{Daten}|\theta)$) maximiert wird.

Dazu betrachten wir ein Beispiel: In einem strikt-neutralen Koaleszenzmodell mit $n=2$ DNA-Sequenzen ist die Anzahl S der Mutationen eine geometrisch verteilte Zufallsvariable mit der Verteilung (Übung 2.10)

$$P(S = i|\theta) = \left(\frac{\theta}{1+\theta}\right)^i \frac{1}{1+\theta}, \qquad (13.37)$$

wobei θ die skalierte Mutationsrate pro Sequenzlänge darstellt. Diese bedingte Wahrscheinlichkeit kann als *Likelihood* $L(\theta)$ aufgefasst und benutzt werden, um aus gegebenen Daten (z. B. der Anzahl der SNPs) den Parameter θ zu schätzen; das heißt,

$$L(\theta) = \left(\frac{\theta}{1+\theta}\right)^i \frac{1}{1+\theta}. \qquad (13.38)$$

Um den Maximum-*Likelihood*-Schätzer θ_{ML} von θ zu finden, maximieren wir die *Likelihood*-Funktion (Gl. 13.38), indem wir sie nach θ ableiten und die Ableitung gleich null setzen. Dies ergibt

$$\theta_{ML} = i. \tag{13.39}$$

Dieses Ergebnis besagt, dass der Maximum-*Likelihood*-Schätzer mit dem Schätzer θ_W von Watterson (1975) für $n = 2$ übereinstimmt (Gl. 1.5). Dieses Resultat lässt sich auf beliebig große Stichproben verallgemeinern.

In der Praxis ist es jedoch oft schwierig, einen expliziten Ausdruck für einen Maximum-*Likelihood*-Schätzer eines Parameters zu finden. Es wurden daher zahlreiche Computeralgorithmen entwickelt, um Schätzwerte von Parametern numerisch zu finden (Balding et al. 2003).

Die Maximum-*Likelihood*-Methode spielt nicht nur eine wichtige Rolle bei der Schätzung von Parametern, sondern auch beim Testen von Hypothesen. In dieser Form wird sie z. B. im *Likelihood-Ratio*-Test im Abschn. 8.2 angewendet. In diesem Test werden zwei Modelle verglichen, das strikt-neutrale Modell als Nullhypothese und das Modell eines lokalen *selective sweep* als alternative Hypothese. Die unbekannten Parameter des alternativen (komplexeren) Modells (nämlich die Stelle des selektierten Locus im Genom und der Selektionskoeffizient des vorteilhaften Allels) werden mithilfe der Maximum-*Likelihood*-Methode geschätzt. Die Teststatistik ist als der natürliche Logarithmus des Quotienten der beiden *Likelihoods* gegeben (daher wird der Test auch manchmal *Likelihood*-Quotienten-Test genannt). Die *Likelihood Ratios* über einem festgelegten Schwellenwert (z. B. 5 %) werden als signifikant angesehen. Im Falle eines signifikanten Ergebnisses werden die Daten besser durch das alternative (komplexere) Modell erklärt als durch das einfachere Modell. Eine ähnliche Anwendung des *Likelihood-Ratio*-Tests erfolgt im Abschn. 11.2 bei der Kartierung von QTL (Abb. 11.6).

Literatur

Balding DJ, Bishop M, Cannings C (2003) Handbook of statistical genetics. Wiley, Chichester
Gillespie JH (2004) Population genetics – a concise guide, 2. Aufl. The Johns Hopkins University Press, Baltimore
Watterson GA (1975) Number of segregating sites in genetic models without recombination. Theor Pop Biol 7:256–276

Lösungsvorschläge zu den Übungen

Kapitel 1

1.1 Um ein homozygotes *AA*-Individuum zu bilden, muss sich eine Samenzelle, die ein *A*-Allel enthält, mit einer Eizelle, die ebenfalls ein *A*-Allel trägt, durch Zufallspaarung vereinigen. Die Wahrscheinlichkeit, dass eine Samenzelle *A* enthält, ist *p,* und dass eine Eizelle *A* enthält, ist wegen des 1:1-Geschlechterverhältnisses auch *p.* Daher ist die Wahrscheinlichkeit, dass die Samenzelle und die Eizelle *A* enthalten $p \times p = p^2$. Diese Produktwahrscheinlichkeit gilt, da beide Wahrscheinlichkeitsereignisse wegen Zufallspaarung unabhängig sind (siehe Gl. 13.15). In ähnlicher Weise erhalten wir die Frequenz für den anderen homozygoten Genotyp *aa.* Um den heterozygoten Genotyp *Aa* zu bilden, gibt es zwei Möglichkeiten: Entweder die Samenzelle trägt *A* und die Eizelle *a* oder die Samenzelle *a* und die Eizelle *A.* Im ersten Fall ist die Frequenz von *Aa* durch *pq* gegeben, im zweiten Fall durch *qp*, sodass die Frequenz der Heterozygoten die Summe aus beiden Produkten ist und 2*pq* beträgt (Gl. 13.13).

1.2 Gemäß Gl. 1.1 ist im HWG $p' = p^2 + \frac{1}{2}(2pq) = p$. Ferner gilt: $q' = q^2 + \frac{1}{2}(2pq) = q$.

1.3 Für $n = 2$ und $L = 1889$ erhalten wir aus der Gl. 1.4 $\pi = \frac{2}{2 \times 1889} \times 14 = 0{,}0074$. Aus Gl. 1.5 und 1.6 erhalten wir für θ_W den gleichen Wert.

1.4 $\Pi_{1,2} = 3$, $\Pi_{1,3} = 14$, $\Pi_{2,3} = 13$. $\Pi_{8,9} = \Pi_{8,10} = \Pi_{9,10} = 0$.

1.5 Das *S*-Allel ist älter. Das *F*-Allel ist vom *S*-Allel abgeleitet.

1.6 Die Wahrscheinlichkeit, dass ein Locus homozygot ist, bedeutet, dass an diesem Locus zwei *F*- oder zwei *S*-Allele sind. Die Wahrscheinlichkeit für den ersten Fall ist nach der Multiplikationsregel (Gl. 13.15) f_F^2 und die für den zweiten Fall

© Springer-Verlag GmbH Deutschland, ein Teil von Springer Nature 2019
W. Stephan und A. C. Hörger, *Molekulare Populationsgenetik,*
https://doi.org/10.1007/978-3-662-59428-5

f_S^2. Nach der Additionsregel (Gl. 13.13) folgt daraus, dass die Homozygotie G des Locus $f_F^2 + f_S^2$ beträgt und die Heterozygotie $H = 1 - G$.

Kapitel 2

2.1 Die Binomialverteilung spielt eine wichtige Rolle in der Populationsgenetik, ihre Ableitung sollte daher von Interesse sein. Dazu betrachten wir zunächst das einfachere Problem, die Wahrscheinlichkeit einer bestimmten Sequenz *AAaAaA* von Allelen zu finden, wobei $p = f(A)$ und $q = f(a)$ die Frequenzen von *A* bzw. *a* im Genpool sind. Die sechs Allele wurden nacheinander aus dem Genpool mit Zurücklegen gezogen. Da das Ziehen (mit Zurücklegen) dieser sechs Allele unabhängig voneinander erfolgt, ist die Wahrscheinlichkeit der Sequenz *AAaAaA* gegeben durch das Produkt der Einzelwahrscheinlichkeiten p und q, also $P(AAaAaA) = ppqpqp = p^4 q^2$. Damit haben wir bereits den hinteren Teil der Gl. 2.1 verstanden, wenn wir berücksichtigen, dass beim Bilden der nächsten Generation $2N$-mal gezogen werden muss. Der Term $p^j q^{2N-j}$ ist dann die Wahrscheinlichkeit, dass eine bestimmte Sequenz mit j *A*-Allelen und $(2N - j)$ *a*-Allelen gezogen wird. Dabei ist wichtig zu bemerken, dass die Wahrscheinlichkeiten für alle Sequenzen mit j *A*-Allelen und $(2N - j)$ *a*-Allelen gleich sind, unabhängig von der Reihenfolge, in der die Allele gezogen werden.

Um nun die Wahrscheinlichkeit einer beliebigen Sequenz mit j *A*-Allelen und $(2N - j)$ *a*-Allelen zu ermitteln, in der es nicht auf die Reihenfolge ankommt, in der die Allele gezogen werden, müssen wir die Anzahl der Sequenzen mit j *A*-Allelen und $(2N - j)$ *a*-Allelen finden und diese dann mit $p^j q^{2N-j}$ multiplizieren. Diese Anzahl ist durch den Binomialkoeffizienten $\binom{2N}{j}$ gegeben. Dieser gibt nämlich an, wie viele Teilmengen mit j Elementen in einer Menge mit $2N$ Elementen gebildet werden können (siehe dazu Gillespie 2004, S. 193). Daraus folgt die Gl. 2.1.

2.2 Der Lösungsweg ist im Abschn. 2.1 beschrieben. Wie dort angegeben, erhält man für $N = 10$ Individuen $p_{ij} = 12{,}01$ % und für $N = 100$ eine viel kleinere Wahrscheinlichkeit, nämlich $p_{ij} = 0{,}10$ %.

2.3 Die Fixierungswahrscheinlichkeit kann ebenfalls mithilfe der Gl. 2.1 berechnet werden. Für die kleinere Population erhält man 12,16 % und für die größere Population $7{,}06 \times 10^{-8}$ %.

2.4 Zwei Allele sind identisch durch Abstammung, wenn beim zweiten Ziehen das gleiche Allel aus dem Genpool gezogen wird wie beim ersten Mal. Dies ist möglich, da der Genpool durch das Zurücklegen von Allelen unverändert bleibt. Die Wahrscheinlichkeit, dass ein Allel zweimal gezogen wird, ist gegeben durch 1/Gesamtzahl der Allele, also $\frac{1}{2N}$.

2.5 Der Erwartungswert von T_{MRCA} ist gegeben durch (siehe Gl. 13.26)

$$E\{T_{MRCA}\} = \int_0^\infty tp(t)dt = \frac{1}{2N}\int_0^\infty te^{-t/2N}dt = 2N.$$

Dabei gilt das zweite Gleichheitszeichen wegen Gl. 2.12. Bei geometrischer Verteilung ändert sich das Ergebnis nicht; siehe dazu die Formel für den Erwartungswert unterhalb von Gl. 13.23.

2.6 Die Varianz von T_{MRCA} kann ähnlich berechnet werden (siehe Gl. 13.27):

$$Var\{T_{MRCA}\} = \int_0^\infty (t - E\{T_{MRCA}\})^2 p(t)dt = 4N^2.$$

Hier hat die geometrische Verteilung einen geringen Einfluss; siehe dazu die Formel für die Varianz unterhalb von Gl. 13.23.

2.7 Die Zeit zum jüngsten gemeinsamen Vorfahren ist gegeben durch

$$T_{MRCA} = T_n + T_{n-1} + \ldots + T_2.$$

Dadurch ergibt sich der Erwartungswert von T_{MRCA} als

$$E\{T_{MRCA}\} = E\{T_n\} + E\{T_{n-1}\} + \ldots + E\{T_2\}$$
$$= 4N\left(\frac{1}{n(n-1)} + \frac{1}{(n-1)(n-2)} + \ldots + \frac{1}{2}\right)$$
$$= 4N\left(1 - \frac{1}{n}\right).$$

Dabei wurde das zweite Gleichheitszeichen durch Einsetzen der Gl. 13.29 erhalten. Um das letzte Gleichheitszeichen zu verstehen, verwende man die Beziehung

$$\frac{1}{i(i-1)} = -\frac{1}{i} + \frac{1}{i-1} \text{für } i > 1.$$

2.8 Man berechne ΔG und zeichne es als eine Funktion von G. Dies zeigt, dass G von unten und oben gegen den Gleichgewichtspunkt konvergiert (Abschn. 13.1.2).

2.9 Man betrachte einen Koaleszenten mit zwei Allelen. H ist die Wahrscheinlichkeit, dass die beiden Allele verschieden sind. Nun folgen wir den Linien der beiden Allele rückwärts in der Zeit. Sie sind genau dann verschieden, wenn eine Mutation auf einem der beiden Äste geschieht, bevor ein Koaleszenzereignis eintritt. Die Wahrscheinlichkeit einer Mutation pro Generation ist $2u$ und die Gesamtwahrscheinlichkeit, dass eine Mutation oder ein Koaleszenzereignis eintritt, ist $2u + \frac{1}{2N}$. Die Wahrscheinlichkeit, dass eine Mutation geschieht unter der Annahme, dass eines der beiden Ereignisse eintritt, ist dann $\frac{2u}{2u+\frac{1}{2N}}$. Dies ist auch genau die Wahrscheinlichkeit, dass die beiden Allele verschieden sind. Die Multiplikation von Zähler und Nenner mit $2N$ ergibt die Gl. 2.8.

2.10 Die Lösung folgt einem ähnlichen Argument wie diejenige von Übung 2.9. Die Wahrscheinlichkeit eines Koaleszenzereignisses pro Generation ist $\frac{1}{2N}$ und die einer Mutation $2u$. Die Wahrscheinlichkeit, dass eine Mutation vor einem Koaleszenzereignis erfolgt, ist daher $\frac{2u}{\frac{1}{2N}+2u} = \frac{\theta}{1+\theta}$. Ferner ist die Wahrscheinlichkeit, dass ein Koaleszenzereignis vor einer Mutation auftritt, $\frac{1}{1+\theta}$. Daraus folgt die angegebene Formel mithilfe der Multiplikationsregel der Wahrscheinlichkeitstheorie (Abschn. 13.2.1).

Kapitel 3

3.1 In Gl. 2.6 ersetzen wir u durch m, um den Einfluss der Migration auf die Heterozygotie zu beschreiben. Ferner verallgemeinern wir die Gl. 2.6, indem wir N durch N_e ersetzen. Dann erhalten wir

$$G'_I = \left[\frac{1}{2N_e} + \left(1 - \frac{1}{2N_e} \right) G_I \right] (1 - m)^2.$$

Für den biologisch relevanten Fall, dass $m \ll 1$ und $N_e \gg 1$ erhalten wir daraus analog zu Abschn. 2.2

$$\tilde{H}_I \approx \frac{4N_e m}{1 + 4N_e m}.$$

3.2 Simulieren Sie die Populationen mit räumlicher oder zeitlicher Struktur mithilfe von ms (Hudson 2002). Simulieren Sie jedes Modell 1000-mal. Fassen Sie die Simulationsdaten im SFS zusammen. Berechnen Sie Tajimas D mithilfe von Gl. 3.6.

3.3 Zeichnen Sie die Verteilung von D für jedes Modell. Berechnen Sie die Betaverteilung mithilfe von Formel 47 von Tajima (1989). Zum Vergleich mit den Simulationsergebnissen zeichnen Sie die Betaverteilung in die jeweiligen Abbildungen der simulierten Verteilungen ein. Für welche Modelle ist die Übereinstimmung gut?

3.4 Im Fall von $n = 2$ Sequenzen ist $\pi = \frac{1}{L}\Pi_{12} = \frac{S}{L} = \theta_W$. Daraus folgt, dass $D = 0$. Für drei Sequenzen gilt ebenfalls $D = 0$. Dies zu zeigen, ist jedoch schwieriger. Man kann sich aber klarmachen, dass die Berechnung von π nicht von der Verteilung der SNPs abhängt; d. h. man kann annehmen, dass alle Mutationen, die zu SNPs führen, in einer der drei Sequenzen aufgetreten sind (z. B. Sequenz 1). Dann gilt: $\Pi_{12} = \Pi_{13}$ und $\pi = \frac{2}{3L}\Pi_{12} = \frac{1}{a_3 L}S = \theta_W$. Letzteres folgt aufgrund der Gl. 1.4, 1.5 und 1.6 aus Box 1.2.

Kapitel 4

4.1 Einsetzen der angegebenen Daten in Gl. 4.1 ergibt $v = 1{,}52 \times 10^{-8}$ pro Nukleotid pro Jahr. Die Gl. 4.2 hat nur einen geringen Einfluss, der in diesem Fall vernachlässigbar ist.

4.2 Die Abbildung zeigt, dass κ als Funktion von δ wächst und für $\delta = \frac{3}{4}$ gegen unendlich strebt; d. h. die Divergenz zwischen beiden Sequenzen ist maximal. Beide Sequenzen sind dann total zufällig. Für kleine Werte von δ hingegen sind κ und δ ungefähr gleich groß, wie es das *infinite sites*-Modell fordert. Letzteres folgt aus Gl. 13.3.

4.3 In einer Population mit $2N$ Allelen wird ein Allel durch genetische Drift fixiert, während alle anderen Allele verloren gehen. Jedes Allel (einschließlich einer neu entstandenen Mutation) hat die Wahrscheinlichkeit $\frac{1}{2N}$, fixiert zu werden. Dieses Argument kann man auf ein beliebiges neutrales Allel der Frequenz p_0 übertragen.

4.4 Die Rate k, mit der neutrale Mutationen fixiert werden, ist gegeben durch das Produkt der durchschnittlichen Anzahl von neuen neutralen Mutationen pro Generation und der Wahrscheinlichkeit, mit der diese fixiert werden, also $k = 2Nu \times \frac{1}{2N} = u$.

4.5 Diese Frage kann man ohne weitere Daten, die die durchschnittlichen Diversitätswerte genomweit oder in vielen Regionen wiedergeben, nicht eindeutig beantworten. Da die Divergenz in der 5'-Region und in der codierenden Region von *Adh* ungefähr gleich ist, sollte man auch eine etwa gleich große Nukleotiddiversität in beiden Regionen erwarten. Die Abweichung von der strikt-neutralen Theorie könnte also durch eine zu niedrige Diversität in der 5'-Region verursacht worden sein oder durch eine zu hohe Diversität in der codierenden Region oder durch beides. Wir werden auf diese Frage letztlich in Kap. 9 zurückkommen.

4.6 Beim Eintragen der Polymorphismus- und Divergenzdaten in eine 2×2-Kontingenztafel findet man die folgenden Häufigkeiten:

	Fixiert	Polymorph
Nicht-synonym	7	2
Synonym	17	42

und durch den exakten Test von Fisher oder den G-Test (Abschn. 13.3.2) erhält man $P < 0{,}006$. Damit sind die Daten nicht durch die strikt-neutrale Theorie erklärbar.

Kapitel 5

5.1 Bei mischender Vererbung würde die genetische Variabilität von Generation zu Generation abnehmen, sodass eine Population schließlich monomorph wird. Natürliche Selektion benötigt aber Unterschiede zwischen den Allelen oder Genotypen, um zu wirken (siehe Abschn. 1.3 und Einleitung zu Kap. 5), und diese Unterschiede müssen bei der Vererbung bestehen bleiben.

5.2 Einsetzen der Gl. 5.1 und 5.3 in $\Delta q = q' - q$ führt nach wenigen Rechenschritten zum gewünschten Ergebnis.

5.3 Das Allel A_2 kommt in den Genotypen A_1A_2 und A_2A_2 vor. Wir mitteln deshalb über die Fitnesswerte w_{12} von A_1A_2 und w_{22} von A_2A_2. Als Gewichte benutzen wir dabei die Frequenz p von Allel A_1 im Genotyp A_1A_2 und q von Allel A_2 im Genotyp A_2A_2. Dies ergibt die Gl. 5.7.

5.4 Zeigen Sie, dass $\Delta q = q' - q = \frac{q(w_2 - \overline{w})}{\overline{w}}$ und setzen Sie die Formeln für w_2 (Gl. 5.7) und $\overline{w}$ (Gl. 5.8) ein. Dies führt nach wenigen Schritten zu Gl. 5.5.

5.5 Werden die Fitnesswerte w_{11}, w_{12} und w_{22} mit einer Konstanten K multipliziert, werden auch die marginalen Fitnesswerte w_1 und w_2 und die mittlere Fitness $\overline{w}$ der Population mit K multipliziert. Das ist direkt aus Gl. 5.6, 5.7 und 5.8 ersichtlich. Somit kann K aus der rechten Seite der Gl. 5.5 eliminiert werden.

5.6 Zur Lösung der Aufgabe benutzen wir die Gl. 5.5. Aus Gl. 5.6 und 5.7 ergeben sich folgende marginalen Fitnesswerte: $w_1 = 1 - qhs$ und $w_2 = 1 - phs - qs$. Dies führt zu $w_2 - w_1 = -qs(1 - h) - phs < 0$. Das heißt, dass die Frequenz des vorteilhaften Allels A_1 stets ansteigt und die von Allel A_2 abnimmt.

5.7 Im angegebenen Gleichgewicht gilt: $ps - qt = 0$. Einsetzen von $q = 1 - p$ führt zur Gleichgewichtsfrequenz von A_1, und Einsetzen von $p = 1 - q$ ergibt die Gleichgewichtsfrequenz von A_2.

5.8 Da die Selektionskoeffizienten relativ klein sind, können wir Gl. 5.15 verwenden, um die Zeit t auszurechnen, die die Selektion braucht, um eine vorteilhafte Mutation von der angegebenen Anfangsfrequenz auf eine Frequenz nahe 1 (Fixierung) zu treiben. Wir finden $t = 20{,}7/s$ Generationen. Für $s = 0{,}001$ ergibt dies 20.700 Generationen, und für $s = 0{,}01$ erhalten wir 2070 Generationen.

Kapitel 6

6.1 Zeichnen Sie die rechte Seite von Gl. 6.2 als Funktion von p (für von Ihnen gewählte Werte von u, s und $h > 0$, sodass $u \ll sh$). An dieser Abbildung erkennt man, dass es nur einen stabilen Gleichgewichtswert gibt (Abschn. 13.1.2). Für $h = 0$ gibt es auch nur ein stabiles Gleichgewicht.

6.2 Die Gleichgewichtsfrequenz der heterozygoten Träger ist $\tilde{q} = 10/94.075/2 = 5{,}31 \times 10^{-5}$, da $\tilde{p} \approx 1$. Die relative Fitness der Träger ist gegeben als $1 - hs = \frac{0{,}25}{1{,}27} = 0{,}2$. Daraus folgt $hs = 0{,}8$. Durch Einsetzen der Gleichgewichtsfrequenz und hs in Gl. 6.3 erhält man $u = 4{,}25 \times 10^{-5}$. Dieser Wert der Mutationsrate wurde durch andere Messmethoden bestätigt.

6.3 Der Unterschied zwischen den Gl. 6.6 und 6.7 ist, dass im vollständig rezessiven Fall ein einziger genetischer Tod zwei nachteilige Mutationen von einer Population eliminiert, da Selektion nur auf den A_2A_2-Genotyp wirkt, während im anderen Fall die heterozygoten Träger betroffen sind. Selektion ist also im vollständig rezessiven Fall zweimal so effizient wir im anderen.

6.4 Mit den Fitnesswerten für den Fall des Heterozygotenvorteils (Abschn. 5.1.2.2) erhält man $\overline{w} = p^2(1 - s) + 2pq + q^2(1 - t) = 1 - p^2 s - q^2 t$. Einsetzen der Gleichgewichtsfrequenzen der Gl. 5.11 führt zu Gl. 6.8.

6.5 Ersetzen Sie zunächst p_1 in Gl. 6.11 durch $1 - q_1$. Dann erhalten Sie eine quadratische Gleichung in q_1, die leicht aufgelöst werden kann. Das Ergebnis ist in Gl. 6.12 wiedergegeben.

6.6 Entwickeln Sie die Exponentialfunktionen auf der rechten Seite von Gl. 6.15 bis zum linearen Term (siehe Gl. 13.2). Dann erhalten Sie $\frac{1}{2N}$ als Fixierungswahrscheinlichkeit.

Kapitel 7

7.1 Die Gl. 7.1 kann abgeleitet werden, indem man die vier genannten Formeln nach den Gametenfrequenzen auflöst und in die Gl. 7.1 einsetzt. Die Terme mit Produkten der Allelfrequenzen heben sich dabei auf.

7.2 Nehmen Sie an, dass $c = 0{,}5 \times 10^{-8}\, d$ eine lineare Funktion von d ist, wobei d die Distanz von Paaren von SNPs angibt. Zeichnen Sie die Funktion (Gl. 7.4) für $0 \leq d \leq 600$ für die europäische Population. Zeichnen Sie in die gleiche Abbildung die Funktion (Gl. 7.4) für $c = 5{,}0 \times 10^{-8}\, d$, und tragen Sie die Werte aus der in der Übung angegebenen Tabelle ein. Prüfen Sie, ob die beobachteten Werte von r^2 oberhalb der beiden Kurven liegen.

7.3 Dies lässt sich z. B. durch Einsetzen von Werten von N_{e0} und N_{e1} in Gl. 7.4 und Plotten dieser Funktion verifizieren. Der Wert der Rekombinationsrate pro Nukleotidstelle bleibt dabei konstant.

Kapitel 8

8.1 Sie müsste null sein, wenn die Stichprobe unmittelbar nach der Fixierung des selektierten Allels entnommen worden wäre. Zu einem späteren Zeitpunkt kann sich die Nukleotiddiversität wieder durch neue Mutationen und genetische Drift erholt haben. Möglicherweise spielt auch Migration von anderen Subpopulationen eine Rolle.

8.2 Zeichnen Sie beide Funktionen in eine Abbildung. Da *hitchhiking* im Allgemeinen die Frequenzen von Allelen erniedrigt (sie gehen verloren), liegt im Bereich $0 < p < 1 - C$ die Funktion $\phi_1(p)$ unter $\phi_0(p)$. Für höhere Frequenzen findet man jedoch das Gegenteil, da Allele, die am Beginn des *hitchhiking*-Prozesses an das vorteilhafte Allel gekoppelt sind, wegrekombinieren können.

8.3 Berechnen Sie P_{nk} mithilfe der Gl. 8.1 und 8.3 für alle zehn SNPs, und multiplizieren Sie die erhaltenen Wahrscheinlichkeiten. Die Integrale können dabei durch die Betafunktion ausgedrückt und numerisch berechnet werden.

8.4 *Selective sweeps* erniedrigen die Variabilität in ähnlicher Weise wie Flaschenhalsereignisse *(bottlenecks)* und sind deshalb schwer voneinander zu unterscheiden.

8.5 Die Eigenschaft (2) besagt, dass ein Überschuss von niederfrequenten, abgeleiteten Varianten *(singletons)* in der Stichprobe zu finden ist. Dies stellt eine Signatur eines *selective sweep* dar (Abschn. 8.1).

Kapitel 9

9.1 $\tilde{q} = 0{,}12 = \frac{s}{s+t} = \frac{s}{s+1}$. Daraus folgt $s = 0{,}14$. Das zweite Gleichheitszeichen folgt aus der zweiten Formel von Gl. 5.11.

9.2 Ein weiterer Effekt der balancierenden Selektion (Heterozygotenvorteil) und ihrer Wirkung auf nah benachbarte neutrale Varianten ist das Auftreten von scheinbaren Fitnessunterschieden zwischen Individuen. Mathematisch kann die Fitness von homozygoten und heterozygoten neutralen Loci, die an einen balancierten Polymorphismus gekoppelt sind, über die zuvor definierten Koaleszenzzeiten berechnet werden. Dementsprechend ergibt sich unter Annahme einer symmetrischen Überdominanz eine Fitness von $1 - \frac{1}{2}(1 - F_{AT})S$ für ein Individuum, das an einem neutralen gekoppelten Locus heterozygot ist, und eine Fitness von $\frac{-F_{AT}S}{2}$ für ein homozygotes Individuum. Heterozygote Individuen haben gegenüber homozygoten also einen Fitnessvorteil von $F_{AT}s$, der sich lediglich aus der Assoziation mit dem balancierten Polymorphismus ergibt und daher auch als assoziative Überdominanz bezeichnet wird (Sved 1968). Da er jedoch seine Wirkung nur an Loci zeigt, die sehr eng an einen selektierten Locus geknüpft sind, wo die skalierte Rekombinationsrate sehr viel kleiner als 1 ist, spielt er hauptsächlich eine Rolle in künstlichen Populationen (z. B. Laborpopulationen oder gezüchtete Populationen) mit hohem Kopplungsungleichgewicht.

9.3 Um die Gl. 9.2 zu erhalten, beginnen Sie die Iteration mit Generation $v = 0$. Dies ergibt

$$u_1 = \frac{w_{2,0}}{w_{1,0}} u_0.$$

Der zweite Iterationsschritt führt dann durch Einsetzen dieses Ergebnisses zu

$$u_2 = \frac{w_{2,1}}{w_{1,1}} u_1 = \frac{w_{2,1}}{w_{1,1}} \frac{w_{2,0}}{w_{1,0}} u_0.$$

Nach t Schritten erhalten Sie die Gl. 9.2.

Kapitel 10

10.1 Berechnen Sie θ_W für die neutralen Varianten mithilfe von Gl. 1.5 und 1.6. Wie erwartet, ist die Variabilität durch die drei selektierten Stellen nur schwach erniedrigt.

10.2 Untersuchen Sie die Gl. 10.1 graphisch, indem Sie $E\{T\}$ als Funktion der einzelnen Parameter zeichnen.

10.3 Wir können vorgehen wie in der Lösung zu Übung 2.9. Anstelle von genetischer Drift und Mutation haben wir es hier mit drei gleichzeitig verlaufenden Prozessen zu tun: Mutation, Drift kombiniert mit *background selection* und *selective sweeps*. Diese geschehen an einer Nukleotidstelle x pro Generation mit den Wahrscheinlichkeiten $2u(x)$, $1/(2N_e B(x))$ und $S(x)$. Der Drift/*background selection*-Parameter berücksichtigt, dass im Falle starker Selektion durch $N_e B(x)$ nur die Allele erfasst werden, die frei von nachteiligen Mutationen sind (Abschn. 10.1).

10.4 Da es bei *D. melanogaster* im Jahr ungefähr zehn Generationen gibt, beträgt die adaptive Substitutionsrate $0{,}61 \times 10^{-9}$ pro Nukleotidstelle pro Jahr für die afrikanische Population. Dies entspricht $3{,}9\,\%$ der durchschnittlichen synonymen Substitutionsrate, die $15{,}6 \times 10^{-9}$ pro Nukleotidstelle pro Jahr beträgt (Abschn. 4.1), und $31{,}9\,\%$ der nicht-synonymen Substitutionsrate (die als $1{,}91 \times 10^{-9}$ pro Nukleotidstelle pro Jahr angegeben ist). Für die europäische Population erhält man $5{,}6\,\%$ im Vergleich zur synonymen Substitutionsrate und $46{,}1\,\%$ im Vergleich zur nicht-synonymen Substitutionsrate. Die mittlere Substitutionsrate kann näherungsweise berechnet werden, indem man die nicht-synonyme Substitutionsrate mit 2/3 multipliziert und die synonyme mit 1/3 und beide Terme addiert. Warum? Dies ergibt $6{,}47 \times 10^{-9}$ Substitutionen pro Nukleotidstelle pro Jahr. Damit entspricht die adaptive Substitutionsrate der afrikanischen Population 9,4 % der mittleren Substitutionsrate und die der europäischen Population 13,6 %.

Kapitel 11

11.1 Das ist ein Widerspruch, insofern die Biometriker an mischende Vererbung glaubten, denn diese kann nach Jenkin (1867) (Übung 5.1) die Wirkung der Selektion nicht erklären, weil die Variabilität von Generation zu Generation abnimmt.

11.2 Wegen $E\{P\} = 0$ gilt $Var\{P\} = E\{P^2\}$. Berechnen Sie zuerst P^2. Den Erwartungswert von P^2 erhalten Sie dann mithilfe von Gl. 11.2, 11.3 und 11.4 sowie durch wiederholte Anwendung der Gl. 13.34.

11.3 Es gilt:

$$Cov\{P_P, P_O\} = Cov\{X_m + \varepsilon_P, X_m + \varepsilon_O\}$$
$$= Cov\{X_m, X_m\} + Cov\{X_m, \varepsilon_O\} + Cov\{X_m, \varepsilon_P\} + Cov\{\varepsilon_P, \varepsilon_O\}.$$

Dabei gilt das erste Gleichheitszeichen aufgrund der Gl. 11.8 und 11.9. Für den ersten Term der letzten Zeile erhalten wir (siehe Gl. 13.33)

$$Cov\{X_m, X_m\} = Var\{X_m\} = \frac{V_A}{2}.$$

Das letzte Gleichheitszeichen gilt aufgrund von Gl. 11.4. Unter der Annahme, dass die Zufallsvariablen unabhängig sind, erhalten wir damit die Gl. 11.10. Jedoch ist die Annahme $Cov\{\varepsilon_P, \varepsilon_O\} = 0$ problematisch, da die Umweltbedingungen für Eltern und Nachkommen oft nicht unabhängig voneinander sind (jedenfalls bei Menschen). Im Labor, wo die meisten Experimente der Quantitativen Genetik gemacht werden, können allerdings die Umweltbedingungen kontrolliert werden.

Kapitel 12

12.1 Unter der Annahme $\Delta z = 0$ verschwindet der erste Term auf der rechten Seite von Gl. 12.4, sodass wir im Gleichgewicht folgende Gleichung erhalten:

$$\left[-\frac{s}{2}\gamma_i^2 \tilde{x}_i(1 - \tilde{x}_i) + \mu \right](1 - 2\tilde{x}_i) = 0.$$

Somit ist sofort ersichtlich, dass ½ eine Lösung dieser Gleichung ist. Die anderen (von ½ verschiedenen) Lösungen finden wir, indem wir die eckige Klammer gleich null setzen. Dies ergibt eine quadratische Gleichung, deren Lösung durch die Gl. 12.5b gegeben ist. Zur Untersuchung der Stabilität dieser Lösungen unterscheiden wir zwei Fälle: a) $\gamma_i \geq \hat{\gamma}$ und b) $\gamma_i < \hat{\gamma}$. Dann zeichnen wir die

Funktionen der linken Seite der obigen Gleichung getrennt für diese beiden Fälle (wie in Abb. 13.1 beschrieben). Im Fall a) finden wir, dass die Nullstelle $\tilde{x}_i = 1/2$ nicht stabil ist, während die beiden anderen Nullstellen stabil sind. Im Fall b) gibt es nur eine Nullstelle $\tilde{x}_i = 1/2$, und diese ist stabil.

12.2 Falls $\gamma_i \gg \hat{\gamma}$, gilt $\sqrt{1 - \frac{\hat{\gamma}^2}{\gamma_i^2}} \approx 1 - \frac{1}{2}\frac{\hat{\gamma}^2}{\gamma_i^2}$ (Gl. 13.4). Einsetzen dieser Formel

in Gl. 12.5b ergibt eine Näherungsformel für die Allelfrequenzen. Dies führt dann unmittelbar zum gewünschten Ergebnis.

12.3 Es gilt:

$$\frac{d}{dt}\Delta z = \frac{d}{dt}\bar{z} = 2\sum_i \gamma_i \frac{d}{dt}x_i \approx -2s\Delta z \sum_i \gamma_i^2 x_i(1 - x_i) = -sv\Delta z.$$

Dabei gelten das erste und zweite Gleichheitszeichen wegen der Definitionen von Δz und $\bar{z}$ (Gl. 12.1). Das letzte Gleichheitszeichen folgt aus der Definition von v durch Gl. 12.2, und das Ungefähr-gleich-Zeichen gilt wegen Gl. 12.9. Somit erhalten wir die lineare Differenzialgleichung

$$\frac{d}{dt}\Delta z \approx -sv\Delta z.$$

Diese Gleichung ist lösbar, wenn die Varianz konstant ist (Abschn. 13.1.3). Wir erhalten damit die Gl. 12.10.

12.4 Berechnen Sie zuerst den Schwellenwert $\hat{\gamma}$. Für die Klassifizierung in große und kleine Effektgrößen müssen die Werte von $\gamma_i, i = 1, 2, 3, 4, 5, 6$, die in der Legende von Abb. 12.1 angegeben werden, mit $\hat{\gamma}$ verglichen werden.

12.5 Wenn die Abweichung des Populationsmittelwertes vom Fitnessoptimum am größten ist, ist nach Gl. 12.9 der Selektionsdruck auf ein Allel, der durch $-s\gamma_i\Delta z$ gegeben ist, maximal. Danach nimmt er ab, da die Abweichung vom Optimum geringer wird.

12.6 Das Selektionsmodell von Turchin et al. (2012) ist durch

$$\frac{d}{dt}x_i \approx s\gamma_i x_i(1 - x_i)$$

gegeben. Kurze Zeit nach der Umweltänderung ist $\Delta z \approx z_0 - z_f$ (siehe Gl. 12.9). Das heißt, die beiden Modelle unterscheiden sich nur um den konstanten Faktor $z_f - z_0$ und sind somit formal gleich.

Literatur

Gillespie JH (2004) Population Genetics – a Concise Guide. 2. Aufl. The Johns Hopkins University Press, Baltimore

Hudson RR (2002) Generating samples under a Wright-Fisher neutral model of genetic variation. Bioinformatics 18:337–338

Jenkin F (1867) The origin of species. North British Review 46:277–318

Sved JA (1968) The stability of linked systems of loci with a small population size. Genetics 59:543–563

Tajima F (1989) Statistical method for testing the neutral mutation hypothesis by DNA polymorphism. Genetics 123:585–595

Turchin MC, Chiang CWK, Palmer CD, Sankararaman S, Reich D et al. (2012) Evidence of widespread selection on standing variation in Europe at height-associated SNPs. Nat Genet 44:1015–1019

Glossar

Adaptation Merkmal eines Individuums einer Population, das ihm hilft, in seiner natürlichen Umgebung zu überleben und zu reproduzieren. Auch der evolutionäre Prozess, der zur Anpassung von Organismen an ihre Umwelt führt, wird als Adaptation bezeichnet

Adaptive Radiation die Aufspaltung einer wenig spezialisierten Art in mehrere stärker spezialisierte Arten durch Herausbildung spezifischer Anpassungen an gegebene Umweltverhältnisse

Additive genetische Varianz Komponente der genetischen Varianz in einem quantitativen Merkmal, die durch die additiven Effekte der Allele beigetragen wird

Alignment Abgleich zweier oder mehrerer Nukleotid- oder Aminosäuresequenzen

Allel eine von mehreren Varianten desselben Locus. Es besteht aus einer bestimmten Sequenz von Nukleotiden

Allelfrequenz (Genotypfrequenz) Häufigkeit eines Allels (Genotyps) in einer Population

Allozym eine von mehreren Formen eines Enzyms, die von einem der Allele codiert wird

Autosom Chromosom (außer Geschlechtschromosom). Diploide Individuen haben alle autosomalen Chromosomen in zweifacher Ausführung (je eine maternale und eine paternale Version)

Background selection *hitchhiking*-Effekt von stark nachteiligen Allelen auf gekoppelte neutrale Varianten, der zu einer Erniedrigung der Nukleotiddiversität führt

Balancierende Selektion Form der Selektion, die Allele in einer Population erhält, sodass diese im Laufe der Zeit weder fixiert werden noch verloren gehen

Centromer Einschnürungsstelle des Metaphase-Chromosoms und Bereich des Chromosoms, der in der Meiose als Ansatzstelle für die Spindelfasern dient

© Springer-Verlag GmbH Deutschland, ein Teil von Springer Nature 2019
W. Stephan und A. C. Hörger, *Molekulare Populationsgenetik*,
https://doi.org/10.1007/978-3-662-59428-5

Codon Triplet von Basen (oder Nukleotiden) in der DNA, das für eine Aminosäure codiert

Crossing-over der Prozess, in dem die Chromosomen während der Meiose genetisches Material austauschen

Deletion entsteht durch eine Mutation, bei der ein oder mehrere Nukleotide an einer bestimmten Stelle aus der DNA entfernt werden

Diffusionstheorie mathematische Theorie, mit der populationsgenetische Prozesse, wie genetische Drift, in endlich großen Populationen beschrieben werden können

Diploid eine Zelle (oder Individuum) mit zwei Chromosomensätzen, während eine **haploide** Zelle nur ein Chromosom hat

Diskretes Merkmal beruht auf wenigen, klar unterscheidbaren phänotypischen Eigenschaften und wird meist als **monogenes Merkmal** durch die Allele eines oder weniger Gene kontrolliert

Dominanz ein Allel A ist dominant, falls der Phänotyp des Heterozygoten Aa mit dem Phänotyp des Homozygoten AA identisch ist. Das Allel a wird dann als rezessiv bezeichnet

Einzelnukleotidpolymorphismus (SNP) Polymorphismus, der durch genetische Variation an einer einzelnen Nukleotidstelle zustandekommt

Epistasie Interaktion zwischen den Genen an zwei oder mehr Loci, die bewirkt, dass der Phänotyp sich von einem Phänotyp unterscheidet, der resultieren würde, wenn die Effekte der Loci additiv (unabhängig) wären. Dies kann sich auf die phänotypischen Effekte von Allelen auf ein quantitatives Merkmal beziehen oder auf die Fitnesseffekte der Selektion **(epistatische Selektion)**

Fitness die durchschnittliche Anzahl von Nachkommen von Individuen mit einem bestimmten Genotyp (relativ zur Anzahl von Nachkommen von Individuen mit anderen Genotypen); siehe auch **mittlere Fitness einer Population** und **relative Fitness**

Fitnesslandschaft graphische Darstellung der Fitness von Genotypen, wobei niedrige Fitnesswerte durch Täler und hohe Fitnesswerte durch Hügel dargestellt werden; wird vom Zusammenwirken mehrerer Loci bestimmt wie im Falle epistatischer Selektion

Fixierung eines Allels Zustand, in dem ein Allel in einer Population die Frequenz 100 % erreicht

Frequenzabhängige Selektion Selektion, bei der die Fitness eines Genotyps (oder Allels) von seiner Frequenz in der Population abhängt

Frequenzspektrum Darstellung der Frequenzen aller Polymorphismen einer Stichprobe

Genealogie einer Stichprobe die historischen Verwandtschaftsbeziehungen der Allele in einer Stichprobe

Genetische Bürde Effekt einer nachteiligen Mutation auf die gesamte Population

Genetische Differenzierung genetische Differenz zwischen zwei **Subpopulationen** (=Teilpopulationen) in einer räumlich strukturierten Population oder zwischen einer Subpopulation und der **Gesamtpopulation** (=Gesamtheit aller Teilpopulationen)

Genetische Drift (gleichbedeutend mit **Drift**) Fluktuationen der Frequenz eines Allels in einer Population hervorgerufen durch die Stochastizität des Reproduktionsprozesses (besonders wichtig in kleinen Populationen)

Genfluss Bewegung von Allelen zwischen Subpopulationen oder entlang einer Kline durch Migration und Paarung zwischen Individuen

Genomweite Assoziationsstudie (GWAS) eine Untersuchung der molekularen Variabilität einer Population, um ein quantitatives Merkmal mit bestimmten Allelen oder Haplotypen zu assoziieren

Genotyp Set der Allele an einem oder mehreren Loci in einem Individuum (z. B. *Aa* für ein diploides, heterozygotes Individuum mit den Allelen *A* und *a* an einem Locus)

Genpool Gesamtheit aller Allele einer Population

Gerichtete Selektion Selektion, die eine konsistente Veränderung eines Merkmals oder Allelfrequenz in einer Population im Laufe der Zeit verursacht

Geschützter Polymorphismus entsteht im Falle zeitlich variierender Selektion, wenn das Produkt der Fitnesswerte in aufeinander folgenden Generationen in den Heterozygoten das entsprechende Produkt des vorherrschenden Homozygoten übertrifft; kann auch bei räumlich fluktuierender Selektion auftreten

Haplotyp Set der Allele an mehreren Loci, die ein Individuum von seinen Eltern erbt (Gamet); in anderen Worten, das Multi-Locus Analogon eines Allels

Hardy-Weinberg-Gesetz Gesetz der Erhaltung der Allelfrequenzen von einer Generation zur nächsten, wenn Evolutionskräfte wie Selektion, Mutation oder Rekombination nicht oder nur schwach wirken; wurde unter Annahmen abgeleitet, die im Hardy-Weinberg-Modell zusammengefasst sind

Heritabilität Bruchteil der phänotypischen Varianz eines quantitativen Merkmals, der durch die additive genetische Varianz gegeben ist

Heterochromatin verdichtetes Chromatin im Zellkern; enthält weniger Gene als das transkriptionsaktive **Euchromatin**

Heterozygotenvorteil (gleichbedeutend mit **Überdominanz**) eine Form von balancierender Selektion, bei der die Fitness des heterozygoten Genotyps höher ist als die Fitness beider Homozygoten

Hitchhiking-Effekt Einfluss eines Allels, das unter Selektion steht, auf gekoppelte neutrale Allele; führt zu einer Veränderung der neutralen genetischen Variation in der Nähe eines *selektierten* Locus und möglicherweise zu einer Verzerrung des *site frequency spectrum* SFS (verglichen mit dem strikt-neutralen SFS)

Hudson-Kreitman-Aguadé-(HKA)-Test Test der strikt-neutralen Theorie der molekularen Evolution mithilfe von Daten über intraspezifische DNA-Variabilität und interspezifische Divergenz an zwei oder mehr Loci

Hybridzone entsteht unter anderem, wenn zwei Subpopulationen einer Spezies, die für eine lange Zeit geographisch isoliert waren, wieder zusammentreffen und sich genetisch vermischen

Identität durch Abstammung *(identity by descent)* zwei Allele sind aufgrund ihrer Abstammung identisch, wenn sie vom gleichen Gameten der Elterngeneration abstammen. Dieser Begriff wird auch als Inzuchtkoeffizient bezeichnet

Infinite alleles-**Modell** Annahme, dass Allele, die durch Mutation neu entstehen, nicht schon in der Population existieren

Infinite sites-**Modell** Annahme, dass ein Nukleotid während der Lebensdauer einer Population nicht öfter als einmal mutieren kann

Inselmodell Modell einer räumlich strukturierten Population, in dem die Migrationsraten zwischen den Subpopulationen im Allgemeinen nicht von deren geographischen Distanzen abhängen (anders als bei sogenannten *stepping-stone*-Modellen)

Interspezifische Divergenz genetische Differenz zwischen zwei Spezies

Insertion entsteht durch eine Mutation, bei der ein oder mehrere Nukleotide an einer bestimmten Stelle in die DNA eingesetzt werden

Isolation by distance Zunahme der genetischen Differenzierung zwischen Subpopulationen mit deren geographischen Distanz

Klassische Selektionstheorie umfasst die mathematischen Modelle der Theorie der natürlichen Selektion in unendlich großen Populationen und die dazugehörigen Grundbegriffe (wie relative Fitness eines Individuums, mittlere Fitness einer Population und Selektionskoeffizient)

Kline eine graduelle Veränderung der Allelfrequenz entlang einer geographischen Richtung (z. B. entlang des Breitengrads) einer im Raum kontinuierlich verteilten Population

Koaleszent Genealogie der Allele einer Stichprobe, die einer Population zufällig entnommen wurde

Koaleszenztheorie beschreibt (rückwärts in der Zeit) die Evolution einer Stichprobe von Allelen unter dem Wirken von Drift, Selektion, Mutation, Rekombination und Migration; ist für die statistische Analyse von DNA-Polymorphismusdaten sehr hilfreich

Kopplungsungleichgewicht (*linkage disequilibrium* **LD**) Zustand, in dem die Haplotypfrequenzen in einer Population von den Werten abweichen, die sie hätten, wenn die Allele an den beteiligten Loci unabhängig voneinander evolvieren würden

Lokale Adaptation nahezu fixierte Differenz zwischen den Allelen an einem Locus in Subpopulationen mit gegensätzlichem Selektionsdruck, d. h. wenn ein Allel in einer Subpopulation und ein anderes in einer anderen Subpopulation vorteilhaft ist

McDonald-Kreitman-Test Test der strikt-neutralen Theorie der molekularen Evolution mithilfe von Polymorphismus- und Divergenzdaten von synonymen und nicht-synonymen Stellen eines Gens

Mendel'sche Vererbung (gleichbedeutend mit **partikulärer Vererbung**) im Gegensatz zur mischenden Vererbung werden in der Mendel'schen Vererbungslehre einzelne Gene in derselben Form an die Nachkommen weitergegeben, wie sie von den Eltern erhalten wurden. Diese Form der Vererbung gilt auch für quantitative Merkmale

Mischende Vererbung historisch einflussreiche, aber falsifizierte Theorie, dass es in Organismen zur Mischung (Verschmelzung) der elterlichen Erbanlagen kommt und diese Mischung wiederum mischend an die Nachkommen weitergegeben wird

Mittlere Fitness einer Population Proportion der den Selektionsprozess in einer Generation überlebenden Individuen

Mutation spontan auftretende Veränderung des Erbguts; umfasst Prozesse, die zu Insertionen, Deletionen und Nukleotidaustauschen führen. In diesem Buch liegt der Fokus auf Letzteren

Mutations-Selektions-Gleichgewicht Zustand einer Population, in dem die Anzahl der durch Mutation erzeugten Allele und der durch purifizierende Selektion eliminierten Allele gleich ist. Ein ähnliches Gleichgewicht kann zwischen Mutation und Drift und zwischen Migration und Drift sowie zwischen Migration und Selektion entstehen

Negativ frequenzabhängige Selektion eine Form von balancierender Selektion, bei der die relative Fitness eines Allels ausschließlich von ihrer eigenen Frequenz in der Population abhängt und sich erhöht, wenn die Frequenz in der Population abnimmt

Neutralitätstheorien der molekularen Evolution in ihrer einfachsten Form besagt die Neutralitätstheorie der molekularen Evolution, dass Evolution auf der molekularen Ebene (d. h. für Proteine und DNA-Sequenzen) vorwiegend durch Mutation und genetische Drift bestimmt wird **(strikt-neutrale Theorie)**. Ohta hat diese Theorie, die hauptsächlich von Kimura entworfen wurde, auf die Evolution von schwach nachteiligen Mutationen erweitert **(fast-neutrale Theorie)**

Nukleotiddiversität Maß der genetischen Variabilität einer Population auf der DNA-Ebene; bei Zufallspaarung gleichbedeutend mit Nukleotidheterozygotie

Nukleotidsubstitutionsrate Rate, in der die Divergenzgeschwindigkeit zwischen zwei Spezies auf der DNA-Ebene gemessen wird

Phänotyp Ausprägung eines Merkmals eines Individuums, die durch den Genotyp und die Umwelt bedingt ist

Pleiotropie die genetische Variation an einem Locus beeinflusst mehrere phänotypische Merkmale

Polygene Selektion Selektion auf ein quantitatives Merkmal, bei der sehr viele Gene mitwirken

Polymorphismus Zustand, in dem eine Population mehr als ein Allel an einem Locus besitzt

Populationsflaschenhals *(population bottleneck)* eine temporäre, meist starke Reduktion der Populationsgröße

Populationsgenomik Populationsgenetik, die auf der Analyse von großen (genomweiten) (Sequenz-)Datensätzen beruht

Populationsgröße die Census-Populationsgröße, d. h. die Anzahl der Individuen einer Population, ist N; die effektive Populationsgröße, die – grob gesagt – die an der Reproduktion beteiligten Individuen angibt, ist N_e. Im Wright-Fisher Modell sind beide Größen identisch, meist aber gilt $N_e \ll N$. N_e kann mithilfe der Koaleszenztheorie definiert werden **(koaleszenzeffektive Populationsgröße)**

Purifizierende Selektion bewirkt, dass die meisten nachteiligen Mutationen an der Frequenzzunahme in der Population gehindert werden und schließlich verloren gehen; spielt eine wichtige Rolle in Othas fast-neutraler Theorie der molekularen Evolution

Quantitative Genetik die Wissenschaft, die sich mit der Genetik quantitativer Merkmale befasst und sowohl deren genetische Basis als auch deren Beeinflussung durch die Umwelt untersucht

Quantitatives Merkmal hat typischerweise eine (nahezu) kontinuierliche Variation und ist i. a. **polygen** (d. h. es wird von vielen Genen kontrolliert). Neben diesen **kontinuierlichen** oder **metrisch** genannten Merkmalen gibt es **kategoriale** Merkmale, die aus abzählbar vielen Phänotypen bestehen, und **Schwellenmerkmale** mit nur zwei diskreten Phänotypen

Quantitative trait locus **(QTL)** genomische Region, für die ein Einfluss auf die Ausprägung eines quantitativen Merkmals des betreffenden Organismus nachgewiesen wurde

QTL-Analyse statistisches Verfahren zur Lokalisierung von QTL eines quantitativen Merkmals im Genom

Räumlich-zeitlich variierende Selektion Selektionsdruck, der zwischen verschiedenen Subpopulationen und/oder zeitlich variiert; eine Form von balancierender Selektion

Räumlich-zeitliche Populationsstruktur Charakterisierung einer Population, die in **Subpopulationen** (Inseln) aufgeteilt ist, zwischen denen Migration herrscht und deren Größe zeitlichen Schwankungen unterworfen sein kann

Rekombination entsteht durch Crossing-over von Chromosomen während der Meiose und führt zum Austausch von genetischem Material zwischen den beteiligten Schwester-Chromosomen

Relative Fitness wird berechnet, indem die Fitnesswerte der Genotypen durch den höchsten Fitnesswert geteilt werden

Resistenzallel macht Individuen einer Wirtspopulation resistenter gegen Parasiten als die übrige Wirtspopulation

Selektion (meistens gleichbedeutend mit **natürlicher Selektion**) Prozess, durch den die Individuen in einer Population, die am besten angepasst sind, in der Frequenz gegenüber den weniger angepassten Individuen zunehmen. Im Gegensatz dazu versteht man unter **künstlicher Selektion** die Änderung des Genpools einer Population durch den Menschen

Selective sweep *hitchhiking*-Effekt eines einzelnen vorteilhaften Allels, dessen Haupteigenschaft die starke Reduktion der neutralen Variation in der Nähe des selektierten Locus ist; **rekurrente** *selective sweeps* werden durch die aufeinander folgenden Fixierungen von mehreren vorteilhaften Allelen in einem engen Zeitbereich in genomischen Regionen mit niedriger Rekombinationsrate verursacht

Site frequency spectrum **(SFS)** das relative (auf 1 normierte) Frequenzspektrum der Polymorphismen einer Stichprobe

Soft sweep mehrere vorteilhafte Haplotypen, die bereits in der Population vorhanden waren, werden nach einer Umweltänderung in einer Population selektiert; sie unterscheiden sich zwar nicht am selektierten Locus, aber an daran gekoppelten, neutralen Nukleotidstellen

Stabilisierende Selektion Form der Selektion, die die Verteilung eines quantitativen Merkmals erhält; d. h. Individuen nahe am Mittelwert eines Merkmals haben eine hohe Fitness, während die mit extremen Werten eine niedrige Fitness aufweisen

Stepping-stone-**Modell** berücksichtigt die räumliche Anordnung von Subpopulationen und damit auch bis zu einem gewissen Grad deren geographische Distanz

Sympatrische Artbildung Artbildung im geographischen Verbreitungsgebiet der Ursprungsart

Synonyme, nicht-synonyme und stille Nukleotidstellen Nukleotidaustausche an synonymen Nukleotidstellen verändern die Aminosäuresequenz eines Proteins nicht, im Unterschied zu den Mutationen an nicht-synonymen Stellen. Stille Nukleotidstellen umfassen synonyme Stellen und solche, die in Introns, in flankierenden Genregionen oder in transkribierten, aber nicht-translatierten Bereichen vorkommen

Tajimas *D*-Statistik Teststatistik für die Abweichung des SFS von der strikt-neutralen Theorie

Telomer Ende eines linearen Chromosoms

Trans-Spezies-Polymorphismus ein balancierter Polymorphismus, der schon vor der Divergenz der bestehenden Arten existierte und den Artbildungsprozess überdauerte

Verlust eines Allels Zustand, in dem ein Allel in einer Population die Frequenz null erreicht

Virulenzallel Parasiten mit diesem Allel können Wirtsindividuen infizieren, die resistent gegenüber dem vorherrschenden Parasitengenotyp sind

Wright-Fisher-Modell ein Nullmodell der Populationsgenetik, das eine endlich große, meist diploide Population beschreibt, in der es ein 1:1 Verhältnis der Geschlechter mit Zufallspaarung der Individuen gibt; Mutation, Selektion, Rekombination und Migration spielen dabei keine Rolle. Das Modell unterscheidet sich vom Hardy-Weinberg-Modell, in dem die Population als unendlich groß angenommen wird

Zufallspaarung (gleichbedeutend mit **Panmixie**) jedes Individuum einer Population kann sich mit jedem anderen Individuum mit gleicher Wahrscheinlichkeit paaren (gilt z. B. nicht für eine räumlich strukturierte Population)

Züchtergleichung (*breeder's equation*) dient der Berechnung der erblichen Veränderung des Populationsmittelwertes eines bestimmten Merkmals nach einer Generation von künstlicher Selektion

Stichwortverzeichnis

© Springer-Verlag GmbH Deutschland, ein Teil von Springer Nature 2019
W. Stephan und A. C. Hörger, *Molekulare Populationsgenetik*,
https://doi.org/10.1007/978-3-662-59428-5

Printed in the United States
By Bookmasters